# 電気・電子材料

新装版

赤﨑 勇
[編]

沢木宣彦
吉田 明
水谷照吉
綱島 滋
[著]

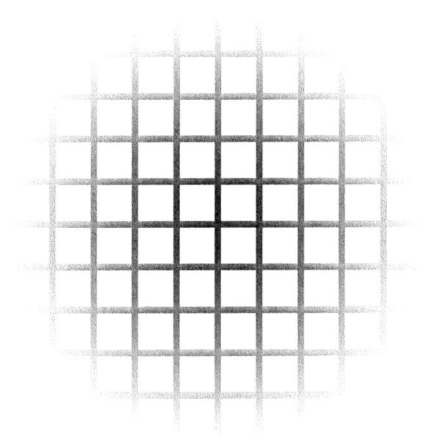

朝倉書店

- ● 編者 ────────────────────────────────
  　　赤﨑　　勇　　名城大学教授・工学博士
  　　　　　　　　　名古屋大学名誉教授
- ● 執筆者 ───────────────────────────────
  　　沢　木　宣　彦　　名古屋大学名誉教授・工学博士（1章，5章（5.2を除く））
  　　吉　田　　　明　　豊橋技術科学大学名誉教授・工学博士（2章）
  　　水　谷　照　吉　　愛知工業大学客員教授
  　　　　　　　　　　　名古屋大学名誉教授・工学博士（3章）
  　　綱　島　　　滋　　名古屋大学教授・工学博士（4章，5.2）

# 序

　電気・電子工学は，トランジスタの発明とそれにつづく多くの電子デバイスの進歩によって，通信・情報工学等を包含しながら目覚しい発展をつづけている．これらのデバイスの誕生には，量子力学に基礎をおく固体物理学の発展と，材料物性の制御技術の進歩が不可欠であった．このように，トランジスタと半導体材料の関係のみならず，新しい科学・技術の台頭の背景には，必ずと言ってよいほど新材料の出現ないしは材料技術の飛躍的進歩がある．科学・技術における材料研究の重要性がますます高まる所以である．

　本書は，"電気・電子材料"について，電気・電子・通信・情報工学関係の大学学部および高等工業専門学校の学生を対象とした教科書として書かれている．同時に，応用物理学，金属工学，化学系の学生や，工学系大学院生，関連分野の研究者，技術者の参考書としても役立つことを目的としている．

　本書の特色は次の三点である．第一に，全章を通して，数式の誘導は最小限にとどめ，種々の現象の電子素過程を良く理解できるよう記述に配慮した．第二に，材料評価技術にかなりの紙面をさいた．これは理論的予測と材料プロセス技術の総合としての材料の諸特性を自ら測り，評価することによってはじめてその材料を深く理解できる――という編著者の考え方に基づくものである．次に，本分野に関係する材料は極めて多岐に亘り，しかも日進月歩であって，これらをすべて網羅することは不可能であるから，現在理論的にも実用上も最も重要と思われる半導体，誘電体および磁性体材料に焦点を絞り，紙面の許す限り詳述した．したがってどの章を単独に利用しても，十分目的を達することができるよう配慮してある．

　本書は，昭和41年，朝倉書店から出版された"電気材料"の改訂版として名古屋大学名誉教授上田　実博士がご編集になる予定であったが，都合によって私が引きつぐことになった．構成などに関して同教授に有益なご意見を頂いたことを感謝する．執筆は，電気・電子材料のそれぞれの分野で，教育・研究の第一線で

ご活躍の先生方にお願いした．前記基本方針に沿ってそれぞれ自由に執筆していただき，最後に私が若干の調整を行った．記号等はできるだけ統一するよう心がけたが，一部不揃いも残っていることをお赦しいただきたい．

また当初計画していた，超伝導，有機半導体，アモルファス，超薄膜等の材料および演習問題は紙数の関係で割愛せざるを得なかった．いずれ改訂の機会に補足充実させたい．

内容を分りやすくするため多くの成書や文献を参考にし，また新鮮味を加えるよう新しい実験例をもり込んだ．これらの貴重なデータや文献を引用させていただいた方々に，心から感謝の意を表したい．

また構成や内容について不備な点や誤りがないとはいえない．皆様方のご意見，ご叱正をお願いしたい．

本書が，電気・電子材料に関心をもち，その発展を担う方々のご参考になれば，編著者一同，望外のよろこびである．

最後に，本書出版に当り，種々お世話になった朝倉書店の関係者の方々に厚くお礼を申し上げる．

　　　昭和60年盛夏の名古屋にて

　　　　　　　　　　　　　　　　　　　　　　　　編　者

# 目　　次

**1. 電気・電子材料の基礎物性** ……………………………………………1
　1.1　物質の構造……………………………………………………………1
　　1.1.1　原子構造…………………………………………………………1
　　1.1.2　分　　子…………………………………………………………4
　　1.1.3　原子間力と結合状態……………………………………………6
　1.2　統計力学概論…………………………………………………………8
　　1.2.1　気体運動論………………………………………………………8
　　1.2.2　拡　　散………………………………………………………12
　　1.2.3　フェルミ分布とボーズ分布……………………………………13
　1.3　固体の構造と性質…………………………………………………17
　　1.3.1　結　　晶………………………………………………………18
　　1.3.2　非晶質（アモルファス）………………………………………20
　　1.3.3　高分子物質……………………………………………………20
　　1.3.4　固体の電子論…………………………………………………21
　　1.3.5　金属と絶縁体…………………………………………………27
　　1.3.6　金属の電気伝導………………………………………………30
　1.4　状態図と材料作製法………………………………………………33
　　1.4.1　状　態　図……………………………………………………34
　　1.4.2　多成分系の状態図……………………………………………36
　　1.4.3　合　　金………………………………………………………40
　　1.4.4　金属間化合物…………………………………………………41

**2. 半導体材料**……………………………………………………………44
　2.1　半導体の一般的性質………………………………………………44
　　2.1.1　半導体の特徴…………………………………………………44

  2.1.2 半導体材料の種類 …………………………………………………44
  2.1.3 半導体のエネルギー帯図 …………………………………………47
  2.1.4 真性半導体と不純物半導体 ………………………………………49
  2.1.5 キャリヤの分布 ……………………………………………………52
  2.1.6 キャリヤの運動 ……………………………………………………56
  2.1.7 少数キャリヤの注入, 拡散, 再結合 ……………………………58
  2.1.8 半導体の光電現象 …………………………………………………59
  2.1.9 半導体の磁気電気現象 ……………………………………………61
  2.1.10 半導体の熱電現象…………………………………………………62
 2.2 半導体デバイス ………………………………………………………63
  2.2.1 ダイオード …………………………………………………………63
  2.2.2 トランジスタ, スイッチング素子 ………………………………70
  2.2.3 光電変換素子 ………………………………………………………75
  2.2.4 マイクロ波素子 ……………………………………………………79
  2.2.5 その他の変換素子 …………………………………………………81
 2.3 半導体材料技術 ………………………………………………………81
  2.3.1 半導体材料の精製と単結晶作製 …………………………………81
  2.3.2 半導体素子の製造技術 ……………………………………………84
 2.4 集積回路 (IC) …………………………………………………………87

3. 誘電・絶縁材料……………………………………………………………89
 3.1 誘電特性 ………………………………………………………………89
  3.1.1 誘電分極と誘電率 …………………………………………………89
  3.1.2 誘電分極の機構 ……………………………………………………91
  3.1.3 複素誘電率 …………………………………………………………93
  3.1.4 誘電余効 ……………………………………………………………93
  3.1.5 誘電分散と誘電吸収 ………………………………………………95
 3.2 電気絶縁特性 …………………………………………………………97
  3.2.1 高電界電気伝導 ……………………………………………………97
  3.2.2 絶縁破壊 ……………………………………………………………99

3.2.3　絶縁劣化･････････････････････････････････････････101
　3.3　強誘電体･････････････････････････････････････････････101
　　3.3.1　ヒステリシス曲線と分域･････････････････････････101
　　3.3.2　キュリー-ワイスの法則･････････････････････････102
　　3.3.3　強誘電体と反強誘電体･･････････････････････････103
　3.4　圧電・焦電効果･･････････････････････････････････････104
　　3.4.1　圧電効果････････････････････････････････････････104
　　3.4.2　焦電効果････････････････････････････････････････105
　3.5　電気光学効果････････････････････････････････････････106
　3.6　絶縁材料の種類と特性･･････････････････････････････109
　　3.6.1　絶縁材料の分類法････････････････････････････････109
　　3.6.2　気体絶縁材料････････････････････････････････････112
　　3.6.3　液体絶縁材料････････････････････････････････････112
　　3.6.4　有機固体絶縁材料･･････････････････････････････113
　　3.6.5　無機固体絶縁材料･･････････････････････････････118
　3.7　強誘電体材料････････････････････････････････････････120
　3.8　圧電・焦電材料および電気光学材料･････････････････122

4. 磁性材料････････････････････････････････････････････････124
　4.1　磁性材料の基礎･･････････････････････････････････････124
　　4.1.1　物質の磁性･･････････････････････････････････････124
　　4.1.2　磁化曲線････････････････････････････････････････126
　　4.1.3　原子の磁気モーメント･････････････････････････128
　　4.1.4　分子磁界理論････････････････････････････････････130
　　4.1.5　磁気異方性と磁気ひずみ････････････････････････132
　　4.1.6　磁区と磁壁･･････････････････････････････････････133
　　4.1.7　磁化過程････････････････････････････････････････135
　　4.1.8　磁化の運動と損失･･････････････････････････････139
　　4.1.9　強磁性物質･･････････････････････････････････････142
　4.2　永久磁石材料････････････････････････････････････････147

4.2.1 概説 …………………………………………………147
　　4.2.2 析出合金磁石 …………………………………………150
　　4.2.3 フェライト磁石 ………………………………………151
　　4.2.4 希土類コバルト磁石 …………………………………152
　　4.2.5 その他の永久磁石材料 ………………………………153
　　4.2.6 半硬質磁性材料 ………………………………………154
　4.3 軟磁性材料 …………………………………………………155
　　4.3.1 概説 …………………………………………………155
　　4.3.2 鉄系材料 ………………………………………………156
　　4.3.3 ニッケル-鉄合金 ……………………………………158
　　4.3.4 その他の高透磁率合金 ………………………………160
　　4.3.5 高透磁率フェライト …………………………………162
　4.4 磁気記憶・記録材料 ………………………………………164
　　4.4.1 概説 …………………………………………………164
　　4.4.2 磁気記録媒体 …………………………………………165
　　4.4.3 磁気バブル材料 ………………………………………168
　　4.4.4 光磁気記録材料 ………………………………………170
　4.5 特殊材料 ……………………………………………………172
　　4.5.1 マイクロ波材料 ………………………………………172
　　4.5.2 磁気光学材料 …………………………………………173
　　4.5.3 磁気ひずみ材料 ………………………………………174

5. **材料評価技術** …………………………………………………176
　5.1 電気的性質 …………………………………………………176
　　5.1.1 抵抗率測定 ……………………………………………176
　　5.1.2 ホール効果 ……………………………………………178
　　5.1.3 深い準位に基づく電気的性質の評価 ………………179
　　5.1.4 比誘電率・誘電損 ……………………………………181
　　5.1.5 高抵抗物質の伝導度測定 ……………………………182
　5.2 磁気測定 ……………………………………………………185

|  |  |  |
|---|---|---|
| 5.2.1 | 静磁気測定 | 185 |
| 5.2.2 | 微視的磁気測定 | 188 |
| 5.2.3 | 交流および高周波磁気測定 | 189 |

5.3 光学的性質 190
 5.3.1 ルミネセンス 190
 5.3.2 光 伝 導 195
 5.3.3 吸収, 反射による方法 197
5.4 結晶の評価 201
 5.4.1 エッチング 201
 5.4.2 X 線 回 折 203
 5.4.3 電子顕微鏡 207
 5.4.4 光学顕微鏡による方法 211
 5.4.5 偏光解析法（エリプソメトリ） 213
5.5 分光分析法 214
 5.5.1 電子線回折 215
 5.5.2 オージェ電子分光 218
 5.5.3 X線マイクロアナリシス 219
 5.5.4 光電子分光 220
 5.5.5 二次イオン質量分析 221
 5.5.6 イオン後方散乱法 223

索 引 227

# 1. 電気・電子材料の基礎物性

　今日の,非常に多岐に亘る電子デバイスに用いられる物質は,主として固体材料であり,これら材料の電気的,光学的,誘電的,磁気的性質が,電子デバイスの機能や特性と密接な関係にあることはいうまでもない.固体材料のこれらの性質を固体物性と呼び,これを扱う学問は固体物理学と呼ばれている.今日のエレクトロニクス時代の開花が半導体ICによってもたらされたとするならば,この基礎は量子力学を基盤とする固体物理学の発展にあったといっても過言ではない.本章では電気・電子材料の種々の性質を理解する上で必要最小限の固体物性に関する事柄を概説する.

## 1.1 物質の構造

　電気・電子材料として用いられる材料は非常に多岐に亘り,その利用方法も多種多様である.しかし,最も基本的な単位にまで材料を小さくしてゆくと,そこには普遍的な構造を見い出すことができる.固体を構成する原子は,その原子に固有の性質を反映した結合方法で結合し,大きな組織――固体を作っている.本節では,固体の最も基本的な単位を作っている原子と,それらを結び付ける結合力について述べることとする.

### 1.1.1 原子構造

　すべての物質は原子から成り立っている.中性原子は正の電荷をもった原子核と,そのまわりを回るいくつかの電子から成り立っている.原子の物理的性質は,原子核に含まれる陽子の数(原子番号)と中性子の数により,また化学的性質は主として価電子の数により決まっている.これらは周期律表という形で分類・整理されている.原子の構造は1913年にボーアが提唱した量子論により大よそが理解されたが,1924年シュレディンガーにより提出されたシュレディンガー方程式により量子力学の基礎が確立し,原子構造の詳細が理解できるように

なった．

　量子力学によれば，原子核のまわりに存在する電子の状態はシュレディンガー方程式の解（確率波）により記述される．すなわち，

$$-\frac{\hbar^2}{2m}\nabla^2 \Psi + V\Psi = \mathcal{E}_n(k)\Psi \tag{1.1}$$

なる波動方程式の解を用い，電子の存在確率が，

$$\int \Psi^* \Psi d\tau \quad \text{または，} \quad \int |\Psi|^2 d\tau$$

で与えられる．ここに$m$は電子の質量，$\hbar = h/2\pi$（$h$はプランク定数），また$V$は原子核や他の電子の存在により着目する電子の感ずる実効的なポテンシャルの総和である．定常状態に対する方程式 (1.1) の解は，エネルギー固有値$E_\nu$と固有関数$\Psi_\nu$（$\nu = 1, 2, 3, \cdots$）とのいくつかの組より成り，$E_\nu$はポテンシャル$V$の形により決まる離散的な値をとる．$\nu$を量子数と呼ぶ．

　簡単なモデルとして水素様原子を考え，この電子の性質を取り上げる．水素様原子モデルでは，原点（$r=0$）にある原子番号$Z$の原子核のまわりの電子に対するポテンシャルエネルギーを次式で近似する．

$$V(r) = -\frac{Zq^2}{4\pi\epsilon r} \tag{1.2}$$

ただし，$\epsilon$は誘電率である．定常状態に対するシュレディンガーの波動方程式は球座標系で，

$$\frac{1}{r^2}\frac{\partial}{\partial r}\left(r^2 \frac{\partial \phi}{\partial r}\right) + \frac{1}{r^2 \sin^2\theta}\frac{\partial^2 \phi}{\partial \varphi^2} + \frac{1}{r^2 \sin\theta}\frac{\partial}{\partial \theta}\left(\sin\theta \frac{\partial \phi}{\partial \theta}\right)$$
$$+ \frac{2m}{\hbar^2}\left(\mathcal{E} + \frac{Zq^2}{4\pi\epsilon r}\right)\phi = 0 \tag{1.3}$$

となる．この偏微分方程式の解を，

$$\phi(r, \theta, \varphi) = R(r)\Theta(\theta)\Phi(\varphi) \tag{1.4}$$

なる変数分離形で求めると，次の形の固有値，固有関数が得られる．

$$\mathcal{E}_n = -\frac{mq^4}{32\pi^2 \epsilon^2 \hbar^2} \cdot \frac{Z^4}{n^2} \tag{1.5}$$

$$\phi_{nlm}(r, \theta, \varphi) = C_{nl} e^{\pm im\varphi} \Theta_{lm}(\theta) R_{nl}(r) \tag{1.6}$$

ここで，$C_{nl}$は規格化の定数，$\Theta_{lm}(\theta) = P_l^m(\cos\theta)$はルジャンドルの陪関数であり，動径関数$R_{nl}(r)$は，

$$R_{nl}(r) = \exp\left(-\frac{Zr}{na_0}\right)\left(\frac{r}{a_0}\right)^l L_{n+1}^{2l+1}\left(\frac{2Zr}{na_0}\right) \tag{1.7}$$

としてラゲール陪関数 $L_{n+1}^{2l+1}(z)$ とボーア半径,

$$a_0 = \frac{4\pi\epsilon\hbar^2}{mq^2} \tag{1.8}$$

とを用いて与えられる. $n, l, m$ はそれぞれ,主量子数,方位量子数,磁気量子数と呼ばれ,周期律表に並べられた元素の大方の性質はこれにより分類,説明できる.すなわち,電子のエネルギー準位は主量子数 $n$ で決まり,電子の半径方向への分布を表わす動径関数 $R$ は $n$ と $l$, $\theta$ 方向の分布は $l$ と $m$, $\varphi$ 方向の分布は $m$ で決まる.たとえば,$l=0$ の場合は原点のまわりに球対称な分布(s 波)を示すが,$l \neq 0$ の場合は単純な円や球でなく,方向性の強い分布をとることを示すことができる.これらの解が物理的に意味があるためには,$n, l, m$ の間には次の制約があることが知られている.

主量子数 $n=1, 2, 3, 4, \cdots\cdots$

方位量子数 $l=0, 1, 2, \cdots\cdots, n-1$

磁気量子数 $m=-l, -l+1, \cdots\cdots, l-1, l$

さらに,電子の自転に相当する電子スピンを考えると,これは $\pm 1/2$ の 2 種の値をとることができるので,$(n, l, m)$ で決まる 1 つの状態には,スピン量子数 $\sigma$ も考慮に入れると,$(n, l, m, 1/2)$ と $(n, l, m, -1/2)$ の 2 つの状態が存在することになる.

以上のことを考慮して,種々の $Z$ の値に対して(すなわち中性元素の場合,電子の数が $Z$ 個),エネルギーの低い方から順に電子を配置してゆくと,表 1.1 の配列表を作ることができる.

この配列表に示された電子の配置は,パウリの排他律による,同じ量子数のところに 2 個以上の電子が入れないという性質と,全エネルギーを最小にするという熱力学の原理により決められたもので,たとえば,Na の電子配置は,

Na : $1s^2\ 2s^2p^6\ 3s^1$

のように記すこともある.表 1.1 はメンデレーフの周期律表に対応するので,元素の化学的性質を統一的に説明するものであり,量子論の成果の一つである.たとえば,不活性ガスとして知られる元素 (He, Ne, A, Kr など) は各々のエネ

表 1.1 元素の電子配置（$Z=1 \sim 15$ を示した）

| $Z$ | 元素 | K殻 $n=1$ $l=0$ | L殻 $n=2$ $l=0$ | L殻 $n=2$ $l=1$ | M殻 $n=3$ $l=0$ | M殻 $n=3$ $l=1$ | M殻 $n=3$ $l=2$ |
|---|---|---|---|---|---|---|---|
| 1 | H  | 1 |   |   |   |   |   |
| 2 | He | 2 |   |   |   |   |   |
| 3 | Li | 2 | 1 |   |   |   |   |
| 4 | Be | 2 | 2 |   |   |   |   |
| 5 | B  | 2 | 2 | 1 |   |   |   |
| 6 | C  | 2 | 2 | 2 |   |   |   |
| 7 | N  | 2 | 2 | 3 |   |   |   |
| 8 | O  | 2 | 2 | 4 |   |   |   |
| 9 | F  | 2 | 2 | 5 |   |   |   |
| 10 | Ne | 2 | 2 | 6 |   |   |   |
| 11 | Na | 2 | 2 | 6 | 1 |   |   |
| 12 | Mg | 2 | 2 | 6 | 2 |   |   |
| 13 | Al | 2 | 2 | 6 | 2 | 1 |   |
| 14 | Si | 2 | 2 | 6 | 2 | 2 |   |
| 15 | P  | 2 | 2 | 6 | 2 | 3 |   |

ルギー準位がちょうど満席で閉殻構造をとり，全体としての磁気能率・電気能率が打ち消し合って零に近く，イオン化しにくい．また外部からの作用を受けにくい．すなわち，化学的に極めて安定であることを示している．また，アルカリ金属（Li, Na, K など）の最外殻電子（最も高いエネルギーにある電子）は $ns^1$ の形をとり，球対称な s 波1個により成り立っていることがわかる．アルカリ金属はこの1個を放出して，閉殻構造をとり安定な1価の正イオンになりやすいという性質をもっている．逆にⅦ族の元素（ハロゲン：F, Cl, Br, …）は電子1個を加えて1価の負イオンとなることにより閉殻構造になりやすい性質のあることが理解される．

周期律表の大方の性質は上記で理解できるが，19番目のKから29番目のCuまではd電子（$l=2$）と次のs電子との配置が逆転していて，3d電子は不完全d殻を作っている．この間にある Cr, Mn, Fe, Co, Ni などを遷移金属と呼ぶ．この不完全d殻のために，電子スピンによる磁気モーメントの総和が零とならず，大きな磁気モーメントの源となり，これらの元素を含む材料の磁気的性質の主要な要因となっている．

### 1.1.2 分　　子

不活性ガス元素以外の元素は，ほとんど分子または化合物固体として存在し，単一の原子のままで安定であることはまれである．水素は $H_2$ なる二原子分子として安定であるし，Fe は金属固体として存在するのが普通である．これらの事実は，複数の原子の集合体は単体であるよりも，分子または化合物，固体の形である方がエネルギー的に得であることを意味している．この得になるエネルギー

を結合エネルギーと呼んでいる.

水素分子 $H_2$ を例にとって考えてみよう. 水素の電子配位は $1s^1$ であり不完全 s 殻を作っている. 2個の水素が互いに1個ずつの電子を出し合い, 2個の電子を共有することにより, 電気的にも中性のまま, エネルギー的により安定な状態となることができる. この結合形態は共有結合と呼ばれる. 量子力学的にこの問題を解くのは, ハイトラーとロンドンの方法によるが, 2つの $1s^1$ の波動関数の重なり方により対称関数と反対称関数の2つの状態が出現する(図1.1). 電子の

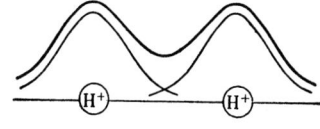
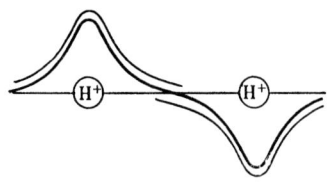

（a）対称関数（結合状態）2つの水素原子の中間で電子密度はゼロにならない.

（b）反対称関数（反結合状態）2つの水素原子の中間に電子密度がゼロになるところがある.

図 1.1 水素分子の電子状態

エネルギー固有値は各々の原子が孤立して互いに独立であったときの値と異なり, 2つの状態に対応して2つの値に分離する(これを縮退が解けるという). 前者のエネルギー準位は低くなり結合状態を表わし, スピンの+-に応じて2個の電子がここに納まり水素分子が出現する.

このような共有結合による分子の形成は, 水素分子の他に高分子化合物にみられる炭化水素の結合 C-H や, ダイヤモンド, シリコンなど多くの例がある. 原子と原子をつなぐ力（引力, 結合力）は共有結合のほかにもいろいろあり, 詳細は次節で述べるが一般に原子と原子との間隔（原子間距離）が小さいほど

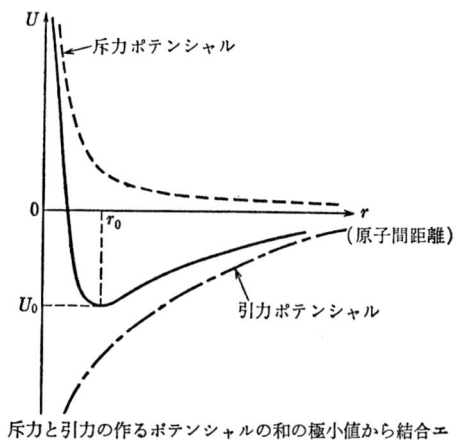

斥力と引力の作るポテンシャルの和の極小値から結合エネルギー $|U_0|$ と平衡原子間距離 $r_0$ が定まる.

図 1.2 ポテンシャルの極小値と結合エネルギー

大きい.しかし,原子はそれをとりまく電子をも含めて,有限の大きさをもっているので,原子間距離はむやみと小さくはなれない.近づくことにより斥力が発生する.この斥力は主として閉殻構造をもつ原子には他の電子が入れないというパウリの排他律に基づくものである.このような電子の波動関数は互いに重なることが許されず,無理に近づけるためには波動関数をひずませることが必要で,非常に大きなエネルギーを必要とする.すなわち,反発力となるのである.この斥力と前述の引力との兼ね合いで,平衡距離と結合エネルギーが決まる.図1.2に,斥力によるポテンシャルエネルギーと引力によるポテンシャルエネルギーとの和から,合成のポテンシャルエネルギーに最小値が生ずることを示した.この最小値の大きさ $|U_0|$ が結合エネルギーに相当するものである.

### 1.1.3 原子間力と結合状態

液体や固体を構成する原子間の結合力の原因となる引力には,①イオン性結合,②共有結合,③金属結合,④分子性結合,⑤水素結合,の5種が考えられている.以下順を追ってその特徴を述べる.

**a. イオン性結合** NaCl結晶はイオン性結合結晶の代表例である.Naの電子配位は $1s^22s^22p^63s^1$ であり最外殻電子 $3s^1$ を放出して1価の正イオン $Na^+$ となり,$1s^22s^22p^6$ の閉殻構造をとりやすい.他方Clの電子配位は $1s^22s^22p^63s^23p^5$ で1個電子をもらって,1価の負イオン $Cl^-$ となって $1s^22s^22p^63s^23p^6$ の閉殻構造となりやすい.$Na^+$ と $Cl^-$ とは互いにクーロン引力により引き寄せられ,これが引力ポテンシャルの原因となる.両者の閉殻構造の重なりにより生ずるパウリの排他律による反発力との平衡点で $Na^+Cl^-$ の原子間隔が決まる.NaCl結晶は多くの $Na^+$ イオンと $Cl^-$ イオンとが互いに1個おきに並ぶ立方体をとることがわかっている.このために,全クーロン引力は,複数の正負イオンの幾何学的構造をも考慮に入れた上での総和を考える必要がある.これによると電荷 $Z_1q$ の陽イオンと電荷 $-Z_2q$ の負イオンからなるイオン性結晶のクーロン引力は,

$$V(r) = -\alpha \frac{Z_1 Z_2 q^2}{4\pi\epsilon r} \quad (r: 最近接原子間距離) \quad (1.9)$$

と書くことができる.$\alpha$ はマーデルング定数と呼ばれ,結晶の幾何学的構造のみで決まる定数である.NaClの場合 $\alpha = 1.747558$ である.

**b. 共有結合** 先に述べた H-H や C-H 結合のほかに,半導体材料であるシ

リコン Si やゲルマニウム Ge などでは，イオンとなって閉殻構造をとるには，移動すべき電子の数が多すぎて，非常に大きなエネルギーを必要とする．それより2個またはそれ以上の原子が互いに他の原子と電子を共有することにより，あたかも閉殻構造のようになり，安定な結合状態になった方が有利である．共有結合では，電子の波動関数は，互いに共有し合う原子の方向に偏り，方向性の強い結合形態をとる．たとえばベンゼン環では六角形となり，ダイヤモンドやシリコンでは四面体配位と呼ばれる正四面体の4つの頂点の方向に結合の手が伸びる．結合の手の数は，価電子と呼ばれる最外殻電子の数で決まる．たとえばカーボン C は4価で4つの方向に結合の手をもっている．電子の波動関数は $1s^2 2s^2 p^2$ であるが，結合状態ではこの4個の電子の再配列が起こる．これを混成軌道と呼び，その形は，ダイヤモンド，メタン $CH_4$ やエチレン $CH_2=CH_2$ などの構造を決める重要な要因となっている．

半導体材料の中には，発光ダイオード (LED) やレーザーダイオード (LD) に使われる GaAs などの化合物半導体がある．これらの物質は，イオン性結合と共有結合の中間の性質をもち，その度合をイオン性度と呼ばれる尺度で表わすことがある．電気的・熱的性質や光学的性質はこれらの結合形態と密接な関係にあるので，材料制御にイオン性度のものさしが重要な役割を演ずるといわれている．

**c. 金属結合** 銅 Cu，金 Au，アルミニウム Al などの導電物質は金属と呼ばれる．アルカリ金属（Ia 族）の1つ，Na 金属を構成する Na 元素の最外殻電子 $3s^1$ は Na 原子を離れ，閉殻構造の $Na^+$ イオンと自由電子とに分かれる．多くの自由電子で作られる一様な負電荷の中に $Na^+$ イオンはクーロン力で束縛される．これが金属結合の特徴である．閉殻の $Na^+$ イオンは球対称で，方向性がないので結晶の形は最密構造 (fcc) をとりやすいし，また外部からの力に対し変形しやすい．これらの特徴は Au，Ag，Cu などでも同様である．遷移金属では，s 電子による自由電子の一様な負電荷のほかに，部分的につまった d 電子が存在し，これはある程度方向性をもった共有結合的な結合力に寄与する．Fe，Ni，Co などが少し硬いのはこのためだと考えられている．後述するように，金属の電気抵抗が低いのは，主としてこの多くの自由電子の存在によるものである．

**d. 分子性結合（ファン・デル・ワールス力）** ネオン Ne，アルゴン Ar など不活性ガス元素の電子配置は閉殻構造をもち，化学的に不活性であるが低温で

は固体になる．この結合力の源はファン・デル・ワールス力と呼ばれる非常に弱い双極子-双極子相互作用によるものである．もともと正の電荷をもつ原子核と，それをとりまく電子の負電荷とから構成される原子は，それ自体何らかの外的要因により，その電荷中心がずれることにより有限の双極子能率をもちうる．複数の中性原子が集まり，この双極子-双極子相互作用による引力を計算するのは簡単な電磁気学の演習問題である．このポテンシャルエネルギーは一対の原子の原子間距離 $r$ の 6 乗に逆比例する短距離力である．不活性ガスが低温でしか固体になれない（融点が低い）のは，このような原子の双極子能率そのものが非常に小さいので，結合エネルギーが小さいことによるものである．

**e. 水素結合**　水は 0°C で固体となる．イオン半径の大きな酸素と，小さな水素とからなる水の分子（$H_2O$）が固体となるための結合力は，小さな水素イオンが大きな酸素イオンの中間に入り電気的中性を保ちながら静電的なクーロンポテンシャルを作り出すことによるものと考えられている．タンパク質などの高分子でもこのような結合形態があると考えられている．

以上に述べてきた種々の結合形態と結合エネルギーに関する種々の物理量は融点や圧縮率などの測定から決定されている．これらは固体物理学のテキストに表として与えられているので参照されたい[1]．

## 1.2　統計力学概論

電流とか温度など我々が観測することのできる物理量は，多くの場合 1 個の原子，あるいは 1 個の電子の独立した運動による場合は非常にまれで，ほとんどの場合は多粒子の集団運動の平均値によっている．統計平均の考え方の必要性はこの点にある．

### 1.2.1　気体運動論

古典的に粒子の運動を論ずる場合，ニュートンの運動方程式が用いられるが，これは粒子の質量とそれに加わる外力により決まる．粒子の運動はある時刻における位置と運動量を指定すれば完全に記述できる．すなわち位置と運動量とを座標軸とする空間（位相空間と呼び 6 次元ベクトル空間となる）内の 1 つの点で粒子の状態が記述できる．このことを多粒子系に拡張し，位相空間上に多くの粒子を各々の粒子の状態に応じて配置させると，1 つの密度分布を得ることができる．

## 1.2 統計力学概論

粒子の数が非常に多くて，統計的手法が使える場合には，この密度分布を位相空間上で，連続な確率分布関数とみなすことができる．これを統計力学では単に分布関数と呼ぶ．この分布関数を $f(\boldsymbol{p}, \boldsymbol{r}; t)$ と書き，これを運動量 $\boldsymbol{p}$，位置 $\boldsymbol{r}$，時刻 $t$ の関数であるとすれば，点 $\boldsymbol{r}$ における粒子密度は，

$$n(\boldsymbol{r}; t) = \int f(\boldsymbol{p}, \boldsymbol{r}; t) \mathrm{d}\boldsymbol{p} \tag{1.10}$$

と書けるし，運動量 $\boldsymbol{p}$ をもつ粒子の総数は，

$$n(\boldsymbol{p}; t) = \int f(\boldsymbol{p}, \boldsymbol{r}; t) \mathrm{d}\boldsymbol{r} \tag{1.11}$$

と書くことができる．式 (1.10) や (1.11) で与えられる量が統計平均値として観測される量である．

気体分子運動論は，古典的ガスを対象とするものであり，以下にこれによる分布関数の性質の概略を示す．詳しくは統計力学に関する成書を参照されたい．簡単のため，場所 $\boldsymbol{r}$ と時刻 $t$ によらない，熱平衡状態にある $N$ 個の粒子系を考える．運動量 $\boldsymbol{p}$ の大きさ $p$ が $p$ と $p+\mathrm{d}p$ の間にある粒子数は，分布関数を，

$$f(\boldsymbol{p}) = f(p_x, p_y, p_z) \tag{1.12}$$

と書くと，

$$dN = f(p_x, p_y, p_z) 4\pi p^2 \mathrm{d}p \tag{1.13}$$

と書ける．熱平衡状態で分布に方向性がなければ，$p_x$，$p_y$，$p_z$ は同等であり，

$$f(p_x, p_y, p_z) = g(p_x) g(p_y) g(p_z) \tag{1.14}$$

と書くことができ，

$$p^2 = p_x^2 + p_y^2 + p_z^2 \tag{1.15}$$

である．

$p$ を一定として，最も確からしい分布の形 $g(p_i)$ は，ラグランジェの未定乗数法を使って最大確率を求めることにより得られる．未定係数を $\alpha$ とすれば，

$$\left\{\frac{g'(p_x)}{g(p_x)} + 2\alpha p_x\right\} \mathrm{d}p_x + \left\{\frac{g'(p_y)}{g(p_y)} + 2\alpha p_y\right\} \mathrm{d}p_y$$
$$+ \left\{\frac{g'(p_z)}{g(p_z)} + 2\alpha p_z\right\} \mathrm{d}p_z = 0 \tag{1.16}$$

すなわち，

$$\frac{g'(p_i)}{g(p_i)} + 2\alpha p_i = 0 \quad (i = x, y, z) \tag{1.17}$$

式 (1.17) の解は，
$$g(p_i) = C\exp(-\alpha p_i^2) \tag{1.18}$$
と書くことができるので分布関数として，
$$f(p_x, p_y, p_z) = C^3 \exp\{-\alpha(p_x^2 + p_y^2 + p_z^2)\} \tag{1.19}$$
を得る．

ここで運動量 $p$ を，運動エネルギー $\varepsilon$ に書き直すと，
$$p_x^2 + p_y^2 + p_z^2 = 2m\varepsilon = 2m\left(\frac{1}{2}mv^2\right)$$
$$= m^2(v_x^2 + v_y^2 + v_z^2) \tag{1.20}$$
などと書くこともできる．式 (1.19) は一般に，
$$f(v) = A\exp\left\{-\beta\left(\frac{1}{2}mv_x^2 + \frac{1}{2}mv_y^2 + \frac{1}{2}mv_z^2\right)\right\} \tag{1.21}$$
とも書かれ，これはマクスウェル-ボルツマン分布と呼ばれている．次に式 (1.21) の $A$ と $\beta$ を決定しよう．全粒子数を $N$ とすれば，分布関数の定義から $f(v)$ を全速度ベクトル空間で積分した値は粒子数 $N$ に等しいはずで，

$$N = \int f(v)dv$$
$$= \int_{-\infty}^{\infty}\int_{-\infty}^{\infty}\int_{-\infty}^{\infty} A\exp\left\{-\beta\left(\frac{1}{2}mv_x^2 + \frac{1}{2}mv_y^2 + \frac{1}{2}mv_z^2\right)\right\}dv_x dv_y dv_z \tag{1.22}$$

これより，
$$A = N\left(\frac{\beta m}{2\pi}\right)^{3/2} \tag{1.23}$$
が得られる．全空間で $N$ を 1 とすることもありこの場合には，$A = (\beta m/2\pi)^{3/2}$ となる．

また，3 次元の等方的空間にある質量 $m$ の粒子が温度 $T$ で熱平衡状態にあるときの熱エネルギー（運動エネルギー）の平均値は熱力学により，
$$\langle \varepsilon \rangle = \left\langle \frac{1}{2}mv^2 \right\rangle = \frac{3}{2}k_B T \tag{1.24}$$
であることがわかっている．ここに $k_B$ はボルツマン定数である．分布関数を用いてこれを計算するには，
$$\left\langle \frac{1}{2}mv^2 \right\rangle = \frac{1}{N}\int_{-\infty}^{\infty}\int_{-\infty}^{\infty}\int_{-\infty}^{\infty} \left(\frac{1}{2}mv^2\right)f(v)dv_x dv_y dv_z \tag{1.25}$$
を使えばよい．これにより $\beta$ を決めると，

$$\beta = \frac{1}{k_B T} \tag{1.26}$$

となる．以上によりマクスウェルの速度分布関数は等方的媒質内で，

$$f(v)\mathrm{d}v = N\left(\frac{m}{2\pi k_B T}\right)^{3/2} \exp\left(-\frac{mv^2}{2k_B T}\right) 4\pi v^2 \mathrm{d}v \tag{1.27}$$

と書くことができた．$f(v)$ は図1.3に示すように，$v=(2k_B T/m)^{1/2}$ に最大値をもつ関数である．この最大値を与える $v$ の値が，運動エネルギーの平均値を与える $v$ の値と等しいことを注意しておく．

ところで $N$ 個の粒子（分子，原子，電子など）がある容器の中にあって，温度 $T$ の熱平衡状態にあるとはどんな意味であろうか．$N$ 個の粒子は互いに独立で，静止しているのではなく，衝突や，熱による励起な

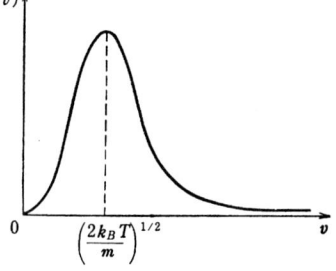

図1.3 マクスウェル速度分布関数

どの力を受けて常に運動し，その運動量（あるいは速度ベクトル）も絶えず変化している．衝突する相手は，同種粒子のこともあるし，異種粒子のこともあり，またまれには容器の壁に当たることもある．このような衝突の際には，運動量と運動エネルギーのやりとりが行われる．$N$ 個の粒子はそれの入っている容器の壁をも含めて，平均として同じエネルギー（熱エネルギー，すなわち温度）を保つことができるようになっている．外から電界や磁界，あるいは温度勾配などの力を加えないかぎり，容器の中の $N$ 個の粒子の平均の熱エネルギー（温度）は変わらない．このような情況を熱平衡と呼ぶ．物質の電気的性質や光学的性質は，このような熱平衡にあるものに電界や光など外力を加えその応答を観ることになるが，この外力による粒子系の熱平衡からのずれは通常非常に小さい．

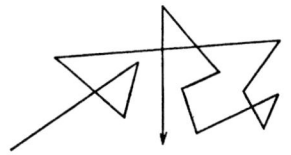

図1.4 熱平衡にある粒子の軌跡

熱平衡にある $N$ 個の粒子のうちのある1つの粒子に着目すると，図1.4に示すように，衝突を繰り返しながら絶えず運動の方向が変わる軌跡を描くことができる．衝突と衝突の間の自由運動による直線部分の長さはまちまちであるが，この平均値を平均自由行程と呼ぶ．平均自由行程が大きいか小さいかは空間内（固体の場合は固体

内) での粒子の動きやすさを示す尺度であり, 後に述べる拡散係数や易動度と密接な関係にある. 図1.4からも明らかなように, 衝突により位置座標は連続的変化を行うが, 運動量は非連続的な変化をする. しかし, 多くの粒子を考え, これらの衝突による軌跡の平均を考えるときには, この非連続的変化を分布関数の連続的な変化で近似することができる. もちろん, 軌跡の出発点 (粒子の初期状態) は何回かの衝突を繰り返しているうちにはまったく問題にならず, すべての衝突はランダムな確率過程とみなすことができる. ボルツマン方程式はこのような仮定のもとに生まれた, 分布関数の外力による変化を決める方程式であり, 物質の電気的性質や熱的性質を決める基礎方程式である.

位相空間で定義された分布関数 $f(\boldsymbol{p},\boldsymbol{r};t)$ の外力 $\boldsymbol{F}$ (電界, 磁界など) と濃度勾配 (温度勾配を含む) による変化は,

$$\frac{df}{dt}=\frac{\partial f}{\partial t}+\frac{\partial \boldsymbol{p}}{\partial t}\cdot\frac{\partial f}{\partial \boldsymbol{p}}+\frac{\partial \boldsymbol{r}}{\partial t}\cdot\frac{\partial f}{\partial \boldsymbol{r}}$$

$$=\frac{\partial f}{\partial t}+\boldsymbol{F}\cdot\frac{\partial f}{\partial \boldsymbol{p}}+\frac{\boldsymbol{p}}{m}\cdot\frac{\partial f}{\partial \boldsymbol{r}}$$

と書ける. これが衝突による変化分 $(\partial f/\partial t)_c$ をも含めて保存されるという仮定から,

$$\frac{\partial f}{\partial t}+\boldsymbol{F}\cdot\frac{\partial f}{\partial \boldsymbol{p}}+\frac{\boldsymbol{p}}{m}\cdot\frac{\partial f}{\partial \boldsymbol{r}}-\left(\frac{\partial f}{\partial t}\right)_c=0$$

が得られ, これをボルツマン方程式と呼ぶ. たとえば電界により生ずる電流は第2項から, 濃度勾配により生ずる拡散現象は第3項をもとに調べることができる.

### 1.2.2 拡　　散

$n$ 個の粒子からなるガスに濃度の勾配があるとき, ガス分子はこの濃淡を緩和する方向に移動する. この現象を拡散と呼ぶ. このときに生ずる流れはやはり1個の粒子の動きではなく, 多くの粒子が互いに衝突を繰り返しながら移動する平均としての流れである. 前節で述べたボルツマン方程式から, このような現象を記述することもできるが, 拡散の問題はガスが粒子よりなることを忘れると熱伝導の問題との類似として考えることができ, 一般にはこれを拡

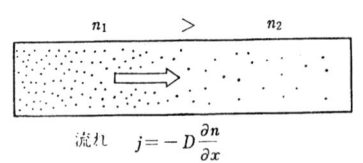

図 1.5 拡散による流れ

散方程式と呼ぶ方程式で記述している．

$$D\frac{\partial^2 n}{\partial x^2}=\frac{\partial n}{\partial t} \tag{1.28}$$

ただし，$D$ は拡散係数で m²/s のディメンジョンをもつ．この式は流れの式，

$$j=-D\frac{\partial n}{\partial x} \tag{1.29}$$

と粒子保存則，

$$\frac{\partial n}{\partial t}=-\frac{\partial j}{\partial x} \tag{1.30}$$

とから得られた．

式 (1.28) が成り立つのは，濃度勾配 $\partial n/\partial x$ がさほど大きくない場合に限られる．$\partial n/\partial x$ が大きいときには $D$ を定数とみないという一般化が必要である．

拡散現象の本質はもちろん粒子間の互いの衝突による熱エネルギーと運動量のやりとりにあるので，拡散方程式を特徴づける拡散係数はボルツマン方程式に現われる平均自由行程と無関係ではない．両者の関係は，後述する平均自由行程と移動度との関係から，その温度での移動度と拡散係数との関係として表現することが多く，アインシュタインの関係と呼ばれているものである．熱・統計力学では揺動-散逸の定理という基礎定理として一般化されている．

粒子が電気的に中性でなく，電荷を持っている場合には，この拡散による流れに伴い電流が生ずる．これを拡散電流と呼ぶが，同時に電荷移動に伴う新たな電界が生じ，この電界により生ずる荷電粒子の逆方向への流れとの総和が正味の電流となる．半導体では，電気抵抗が金属ほど小さくはなく，キャリヤの数密度も多くないので，容易に濃度勾配と電界を作ることができる．このことが，非常に多様な電子デバイスの可能性の基礎となっている．具体例については第 2 章を参照されたい．

### 1.2.3 フェルミ分布とボーズ分布

1.2.1 で述べたマクスウェル分布は標題のように，粒子数 $n$ の比較的小さい気体（ガス）に対して適用できるものである．粒子数の多い，たとえば液体状態になると分子はもはや自由に空間内を動きまわることができなくなり，$(3/2) k_B T$

のような考え方*の成立しないことは明らかであろう．固体中の電子も数が多くなると上述と同様なことが起こり，電子はコップに入れた水のように，入れもの（容器）の形に応じて分布し，水面はほぼ一定となる．この新しい分布の様子を，粒子の量子力学的性質に応じてフェルミ分布またはボーズ分布と呼んでいる．水が高温でガスになるのと類似して（同じではない），これらの分布は高温ではマクスウェル分布に移行する．すなわち，フェルミ分布やボーズ分布は高温ではマクスウェル分布で近似できる．次にこれをやや詳しく説明する．

1.1節で述べたように，物質の構成は量子力学により記述される．古典力学では連続的に許されていた粒子の取りうるエネルギーの値は，シュレディンガー方程式の教える離散的な固有値しか取りえないし，粒子がパウリの排他律に従う場合には1つの状態には1個の粒子しか入れないという制約もある．マクスウェル分布を導いた古典的な統計は，電子や分子の詳しい議論には不十分で，量子論に基づいた形に書き直さなければならない．先に述べた水の例によれば，コップの形を決めることが，あるエネルギーにおける許された状態の数を決めることに対応し，ここにどのように粒子を入れるかは，パウリの排他律を考えるか（フェルミ粒子）考えないか（ボーズ粒子）により分布関数を決めることに対応している．

**a. フェルミ分布** 半導体や金属中の電子は，スピン量子数が$\pm 1/2$の半整数である．このような粒子をフェルミ粒子といい，パウリの排他律により1つの量子化レベル（量子状態）には1個しか粒子が入ることができないという性質をもっている．フェルミ分布は，$N$個のフェルミ粒子をいくつかのエネルギー準位に分配するときの確率分布関数である．

一般に，いくつかの量子状態は同一のエネルギー固有値をもつことが多く，これを縮退しているという．$i$番目のエネルギー準位 $\varepsilon_i$ が $g_i$ 重に縮退していて（$g_i$個の量子化準位があって），ここに $n_i$ 個の電子を分配するとすれば，この分配の仕方はパウリの排他律により重複を許さないので，

$$_{g_i}C_{n_i}$$

通りの方法がある．レベルが $i=1, 2, \cdots, M$ と $M$ 個あるとすれば，全体に対する

---

\* ボイル・シャルルの法則はもともと気体の理論である．

分配の仕方は，
$$W = \prod_{i=1}^{M} {}_{g_i}C_{n_i} \tag{1.31}$$
である．全エネルギーは，
$$E = \sum_{i=1}^{M} n_i \varepsilon_i \tag{1.32}$$
全粒子数は，
$$N = \sum_{i=1}^{M} n_i \tag{1.33}$$
と書くことができる．$g_i, n_i$ は非常に大きな数であるのが普通で，分布関数は $n_i/g_i$ をエネルギー $\varepsilon_i$ の関数として求めることになる．これは式 (1.32) と (1.33) を条件として式 (1.31) で与えられる $W$ を最大にするような $n_i$ の値を求めることにより与えられる．ラグランジェの未定乗数法によりこれを求めると，$g_i$ も $n_i$ も非常に大きな数である場合には，
$$f(\varepsilon_i) \equiv \frac{n_i}{g_i} = \frac{1}{\exp(\alpha + \beta \varepsilon_i) + 1} \tag{1.34}$$
となる．ただし，$\alpha, \beta$ は未定乗数である．次になすべきことは，$\alpha$ と $\beta$ とを決めることであるが，これは前節のマクスウェル分布と同様熱力学との対応関係から決定される．式 (1.34) を求めた変分の式は，
$$\delta \ln W - \alpha \delta N - \beta \delta E = 0 \tag{1.35}$$
である．熱力学のエントロピーの式，
$$S = k_B \ln W \tag{1.36}$$
を用いると式 (1.36) は，
$$\frac{\delta S}{k_B} - \alpha \delta N - \beta \delta E = 0 \tag{1.37}$$
と書くことができる．これと熱力学の第一法則から得られる式，
$$\delta E = -p \delta V + T \delta S + \mu \delta N \tag{1.38}$$
と比較することにより，体積一定 ($\delta V = 0$) のもとで，
$$\alpha = -\beta \mu, \quad \beta = \frac{1}{k_B T} \tag{1.39}$$
であることがわかる．フェルミ分布関数は，
$$f(\varepsilon) = \frac{1}{\exp\left(\frac{\varepsilon - \mu}{k_B T}\right) + 1} \tag{1.40}$$

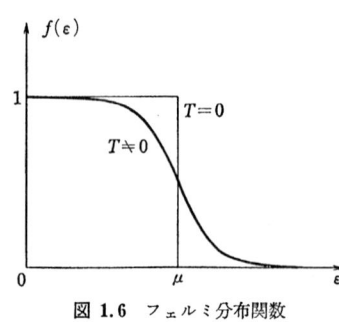

図 1.6 フェルミ分布関数

と与えられる．ただし，$\mu$はケミカルポテンシャル*である．$f(\varepsilon)$ を $\varepsilon$ の連続関数とみなして図示したのが図 1.6 である．$T \sim 0$ の低温では，$f(\varepsilon)$ は $\varepsilon \sim \mu$ を境にして $f(\varepsilon) \sim 1$ から $f(\varepsilon) \sim 0$ に変わる．すなわち，$\varepsilon < \mu$ ではほぼすべての準位が満たされていて，$\varepsilon > \mu$ ではほぼすべての準位がからっぽであることを示している．$\mu$ はコップの水の水面に相当し，これをフェルミ粒子に対するフェルミエネルギー $\mathcal{E}_F$ と呼んでいる．一方，高温では上のような性質は失われる．特に $k_B T \gtrqeq \mu$ 程度の高温では，フェルミ分布関数はすべての準位が部分的に粒子の入った形を示し，マクスウェル分布に近づくことが容易に確かめられる．このことは高いエネルギーをもつ粒子に対しても同様で $\varepsilon - \mu \gg k_B T$ の場合には，

$$f(\varepsilon) \sim \exp\left(-\frac{\varepsilon - \mu}{k_B T}\right) \sim A \exp\left(-\frac{\varepsilon}{k_B T}\right) \tag{1.41}$$

と書くことができ，マクスウェル分布と同じ性質を示すことがわかる．

**b. ボーズ分布** スピンが零または整数の粒子をボーズ粒子と呼ぶ．たとえば He 原子は偶数個の陽子，中性子，電子をもつために，全スピン数は整数となりボーズ粒子である．これにはパウリの排他律が適用されず，1つの量子化準位に何個でも粒子をつめこむことができる．後述する固体の格子振動や，光量子などにはスピンがなくボーズ粒子である．これらの粒子の満たすべき分布関数をボーズ分布と呼ぶ．

フェルミ分布関数を求めたのと同様，$i$ 番目のエネルギー準位 $\varepsilon_i$ に $g_i$ 個の量子化準位を考える．ここに $n_i$ 個の粒子を重複を許して分配する分配の方法は，

$$\frac{(g_i + n_i - 1)!}{n_i!(g_i - 1)!}$$

通りある．全体で $M$ 個のエネルギー準位があるとして前と同様の式の組を書くと，

---

\* 電子1個のもっている熱力学的ポテンシャルで，電子系の分布を取り扱う場合 $\mathcal{E}_F$（フェルミエネルギー）と書く（第2章 p.53 参照）．

$$W = \prod_{i=1}^{M} \frac{(g_i + n_i - 1)!}{n_i!(g_i - n_i)!} \tag{1.42}$$

$$E = \sum_{i=1}^{M} n_i \varepsilon_i \tag{1.43}$$

$$N = \sum_{i=1}^{M} n_i \tag{1.44}$$

となる．フェルミ分布関数を求めたと同じ手続きによりボーズ粒子に対する分布関数は，

$$f(\varepsilon_i) = \frac{n_i}{g_i} = \frac{1}{\exp(\alpha + \beta \varepsilon_i) - 1} \tag{1.45}$$

で与えられることを示すことができる．ここに $\alpha$ と $\beta$ は式 (1.39) で与えられたものと同じである．

後述する格子振動（フォノン）や光量子（フォトン）の場合，粒子数 $N$ に対する制約条件 (1.44) はないので分布関数は，

$$f(\varepsilon_i) = \frac{1}{\exp \beta \varepsilon_i - 1} \tag{1.46}$$

となる．これは光量子仮説としてプランクが導き提案した分布関数でプランク分布と呼ばれるものである．ボーズ分布の特徴は，エネルギーの低いところに多くの粒子が集まる傾向が低温で非常に顕著になるということで，極端な場合には十分低温ですべての粒子が最低レベルに入ってしまう．これはボーズ凝縮と呼ばれ，液体ヘリウムにみられる超流動や超伝導を理解する重要な考え方の一つとなっている．ボーズ分布もフェルミ分布と同様，高温または高エネルギー粒子に対してはマクスウェル分布で近似することができる．

## 1.3 固体の構造と性質

無機固体はその原子の配列の仕方により，結晶と非晶質（アモルファス）に分けることができる．前者は固体を構成している原子が，その物質固有の周期性をもって巨視的な大きさに並んでいるものであり，後者はその周期性の認められないものをいう．電線に使われている銅や，鉄，アルミニウムなどを顕微鏡でみると，規則正しい形をした小さな結晶（微結晶）の集まりであることがわかる．これは多結晶と呼ばれ，ガラスのような非晶質とは熱的性質を異にしている．すなわち結晶には融点が定められるが，ガラスにはそれがないなどである．銅やアル

ミニウムなど金属材料は大きな単結晶を安定に得るには多少の困難を伴うが，半導体材料やダイヤモンド，塩などの絶縁物では大きな結晶を得ることができる．シリコンでは直径 20 cm，長さ 50 cm にも及ぶ単結晶が人工的に得られているし，塩田では一辺 5～10 cm の立方体の NaCl 結晶の得られることがある．この節ではまずはじめに，このような固体の形態の分類を概説し，ついでその電気的・光学的性質を決める電子論について述べる．

### 1.3.1 結　晶

単結晶・多結晶を問わず，結晶の特徴は原子と原子の相対的位置が規則正しく並んでいることであり，この最小単位を単位胞と呼ぶ．この単位胞の大きさは数 Å 程度の平行六面体であり，これを無数に隙間なく，重なることもなく積み上げ

表 1.2　七 晶 系

| 晶 系 | 単位胞の性質 | 例 |
|---|---|---|
| 三斜晶系 | $a \neq b \neq c$<br>$\alpha \neq \beta \neq \gamma$ | |
| 単斜晶系 | $a \neq b \neq c$<br>$\alpha = \beta = 90°, \gamma \neq 90°$ | $\beta$-硫黄 |
| 斜方晶系 | $a \neq b \neq c$<br>$\alpha = \beta = \gamma = 90°$ | $\alpha$-硫黄 |
| 正方晶系 | $a = b \neq c$<br>$\alpha = \beta = \gamma = 90°$ | |
| 立方晶系 | $a = b = c$<br>$\alpha = \beta = \gamma = 90°$ | ZnS, NaCl |
| 菱面体晶系 | $a = b = c$<br>$\alpha = \beta = \gamma \neq 90°$ | |
| 六方晶系 | $a = b \neq c$<br>$\alpha = \beta = 90°, \gamma = 120°$ | サファイア，水晶 |

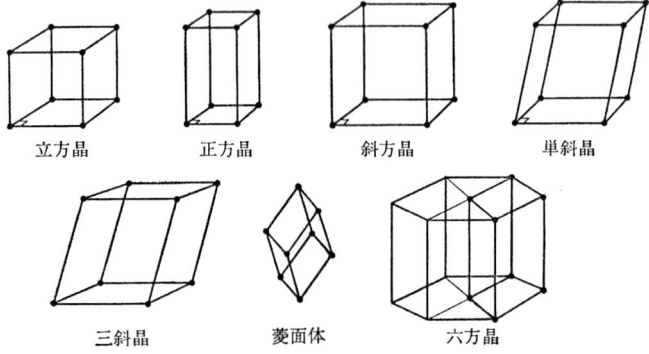

図 1.7　七晶系の単位胞

ることによって結晶がで
き上がっている．平行六
面体の形によって，すべ
ての結晶は表1.2に示す
7つの晶系のうちのいず

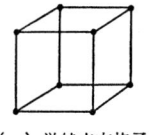
（a）単純立方格子
（sc）

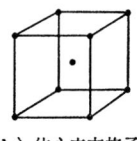
（b）体心立方格子
（bcc）

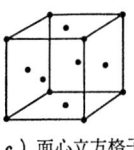
（c）面心立方格子
（fcc）

図1.8 立方晶の単位胞

れかに分類できる．図1.7にはそれぞれの晶系の代表的な単位胞の形を示したが，この単位胞にはさらに細かく分けるといくつかの種類が含まれている．たとえば立方晶系では図1.8に示す3種類の形がある．このような原子の配列の形態の詳細は，顕微鏡観察のような目視では観ることはできないが，X線回折，電子線回折，中性子線回折などの実験を行うことにより，格子定数 $a, b, c$ や角度 $\alpha, \beta, \gamma$ などを決めることができるし，多種原子からなる結晶においてはその配列の順序に至るまで正確に決めることができる（第5章参照）．

　原子が集合して固体を形成することは前節に述べたが，この結合エネルギーの形により，結晶の構造（単位胞の形）が決まると考えられる．たとえば，ダイヤモンドやシリコンは4価の共有結合結晶であり，3次元空間で対称に4本の結合手をのばすためには，四面体配位が最も対称性がよい．これを規則正しく積み上げるとダイヤモンド構造が得られ，これはfcc構造の一種になる．またアルゴンなど希ガス結晶は方向性のない剛体球を空間に積み上げることになり，fccまたはhcp構造（六方最密構造）をとりやすい．

　結晶は巨視的な大きさに至るまで，完全に周期性が保たれることはまれで，異種原子が不純物として混じることもあるし，結晶原子がぬけたり（格子空孔）正規の位置でない所に入ったり（格子間原子）する格子欠陥や，格子のずれを生ずる転位などを含むことが多い．これらを完全に取り除くことは不可能で，むしろこれらを積極的に利用しているケースが多い．たとえば半導体の電気抵抗は主として不純物の量を増減することにより任意に変えられるし，宝石などの美しい色は色中心とも呼ばれる不純物や欠陥によるものである（第2章参照）．

　結晶格子の規則性の乱れは上に述べた不純物や欠陥などのほかに温度による原子の熱振動のあることも忘れてはならない．この振動は格子振動と呼ばれ，固体中音波の伝播や熱伝導などの担い手となっているばかりか，後に述べる電気抵抗を決める高温における重要な因子となっている．

## 1.3.2 非晶質（アモルファス）

単結晶・多結晶を問わず結晶には融点が明確に定義でき，この点で固体⇄液体の転移や比熱の急激な変化などが観測されるのに対して，非晶質物質にはこのような明確な点が存在しない．ガラスはいわば液体状態にある原子の乱れた状態をそのまま固化したようなものである．工業的には太古の昔からガラス器具がその典型例として使われ，融点のはっきりしない点が多くのガラス工芸品の製作を可能にしてきた．近年アモルファスシリコンを用いた太陽電池や，アモルファス磁性薄膜を用いた磁気記録素子などの実用化とともに，にわかにアモルファス材料の研究が活発となった．最近の研究によれば，原子の配列に周期性はない（長距離秩序がない）が，原子と原子の結合力は主として最近接原子との位置関係で決まり，この形にはある程度の規則性のあることが認められている．これは結晶シリコンと非晶質シリコンの光学的性質がそれほど違わないことなどにも表われているが詳しくは第5章に述べるX線回折から得られる原子の分布関数（RDF）にいくつかのピークのみられることに表われている．

アモルファス固体の一般的特徴は，構成原子が周期的に規則正しく並んでいないことにあり，このために後に述べる電子の運動は非常に制限され電気抵抗は非常に高くなってしまう．電子複写機に用いられるSeの感光膜はこの性質を利用した例である．アモルファス材料については第2章と第4章に述べられるのでそちらを参照されたい．

## 1.3.3 高分子物質

高分子とは分子量が数万から数百万にも達する巨大な分子である．このような巨大な分子量をもつ分子には当然，非常に多数の原子が含まれこれらが鎖状（鎖状高分子）または網目状（網目状高分子）に配列している．この分子がさらに結晶のように規則正しく並ぶ多結晶構造か，あるいはまったく乱雑に並ぶ無定形構造を形成して固体となっている．

高分子は結晶と異なり，融点は定義できないものがほとんどであり，弾性定数も定義できない．前者に相当するものは軟化点であり，後者に相当するものは粘弾性率である．結晶と液体の中間の性質をもつもののように記述されるので，結晶とは区別しなければならない側面をもっている．

電気的にはほとんどのものが絶縁物であり，電子材料として用いられるものも

ある.高分子の電気伝導はイオンによるものが多く,電子による伝導については未だ不明の部分が多い.高分子物質の具体例と性質の詳細は第3章を参照されたい.

### 1.3.4 固体の電子論

金属の電気伝導度や比熱の実験は古く19世紀の末頃から行われ,金属内にあるキャリヤの存在が予想され20世紀初頭の原子論,電子論により,より詳しく論じられた.古典的な電子論はドルーデの理論と呼ばれ,金属中の自由電子の熱運動から平均自由行程や,電界によるドリフト速度や比熱などを求めたものである.ドルーデの理論は,金属の伝導度などのいくつかの性質を説明することに成功したが,比熱や電気伝導度の温度変化などはうまく説明できなかった.すなわち数オングストロームの間隔に並べられた結晶原子のポテンシャル内を自由電子が運動するときの平均自由行程が原子間距離あるいは格子定数よりはるかに大きいという事実,金属の電気抵抗率が温度上昇とともにほぼ直線的に増加するという事実,さらに比熱の値が低温では著しく小さくなることなどは古典的な理論では説明することができず,量子力学に基づく電子論によってはじめて結晶や非晶質固体の電気的・光学的・熱的性質が説明された.

量子論に基づく固体の電子論の要点は,孤立した原子に対してシュレディンガー方程式により決定されたエネルギー準位が,多くの原子が集まって固体を作るとき,お互いのポテンシャルの相互作用または電子の波動関数の重なりによりエネルギー帯(エネルギーバンド)を形成するというものである.個々の原子の性質はすべてこのエネルギー帯の性質の中にとりこまれ,固体内の電子の運動はこのエネルギー帯の性質により決定される.図1.9にNaClのエネルギー準位が,原子間距離を小さくすることによりバンドを形成する概念図を示した.$N$個の原子からなる固体を考えるとき,原子間距離$r$が無限大で,原子間の相互作用が無視できれば,エネルギー準位に広がりはなく$N$重に縮退していることになるが,$r$を小さくして,互いの波動関数の重なりが利いてくると,この縮退は解け,有限の幅をもつエネルギー帯を形成する.1.1.3項で述べた平衡格子定数$r_0$の点で与えられるエネルギー帯には,許容帯(図のB-C間とD-E間)と,電子の存在できない禁止帯(図のA-B間とC-D間)とがある.

Cuは1価金属であり,価電子は最外殻の1個のs電子よりなる.$N$個のCu原子により価電子帯ができることになるが,この価電子帯には$2N$個の電子を収

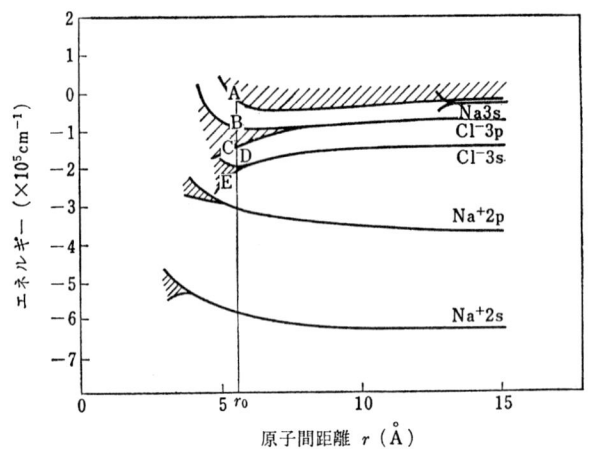

図 1.9 NaCl のエネルギー準位の概念図

容できることが固体の電子論により示される．Cu の価電子帯には $N$ 個の電子しかなく，価電子帯は電子により半分だけ占められる．電子は式 (1.40) で与えられるフェルミ分布関数に従ってエネルギーの低い方から順につめられる．価電子帯のエネルギー帯幅は一般に数 eV と非常に広いのに対して，温度で決まるフェルミ分布のフェルミエネルギー近くでの分布のぼけは，室温でも 25 meV の程度で非常に小さく，大雑把にいって価電子帯の下半分に電子がつまり，上半分は空ということになる．

さて，エネルギー帯を形成した価電子帯にある $N$ 個の電子は，本来各々が孤立した原子に局在したものであったが，価電子帯を形成するに従い結晶全体に広がったものとなることが詳しい理論により証明されている．この広がりの程度は結晶の完全性によって決まり，結晶欠陥がある場合や非晶質物質では若干異なった性質を示すことは自明であろう．図 1.10 に以上のことを概念的に示した．やや深い準位にある 2s, 2p 電子は各々の原子に強く束縛されていて，波動関数の広がりが小さいために固体を構成しても波動関数の重なりは無視できるほど小さく，この電子は結晶全体を動くことはできない．これは価電子とはなれないことに対応している．他方，3s 電子の波動関数は十分広がっていて，固体の形成とともに全体に連なった結合状態としての波動関数となる．このような電子状態は，もはや各々の原子に局在したものと考えることはできず，振幅が原子の並び方に

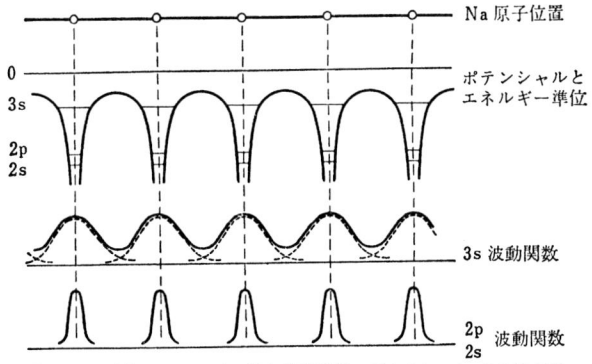

図 1.10 固体のエネルギー帯と波動関数の重なりについての概念図

よって,すなわち原子の作るポテンシャルの性質を反映した形に変調された平面進行波の合成波で記述できるようなものに変わる.固体内の電子がしばしば自由電子と考えられ,自由空間中の平面波で表現されるのはこの理由によるのである.

電子のこのような性質は次のシュレディンガー方程式を固体に対して解くことにより調べることができる.すなわち,

$$-\frac{\hbar^2}{2m}\nabla^2\phi(r)+V(r)\phi(r)=\mathcal{E}\phi(r) \tag{1.47}$$

のポテンシャルエネルギーはたとえば,

$$V(r)=\sum_m\sum_{R_n}v_m(r-R_n) \tag{1.48}$$

のような形で表現することができる.これは $m$ 番目の種類の位置 $R_n$ にある原子の作るポテンシャルの和として表現されているが,実際には各々の原子が固体内で作るポテンシャルの形を決めることは困難で,上の方程式の正確な解は得られないのが現状である.$v_m(r)$ を適当な近似形で与えて方程式の近似解を求め種々の固体の電気的・光学的性質を説明する試みが多くの研究者によって行われている.

$v_m(r)$ の正確な形がわからなくても,もし $R_n$ が規則正しく並んでいれば,ポテンシャル項の適当な組み合わせにより,

$$V(r)=\sum_{R_l}v(r-R_l) \tag{1.49}$$

のような完全に規則正しく並んだ格子点 $R_l$ に対するポテンシャルの和で表わすことができ,これは明らかに,

$$V(r)=V(r+R_l) \tag{1.50}$$

なる周期性をもつ．この場合シュレディンガー方程式の解は，

$$u_k(r) = u_k(r+R_l) \tag{1.51}$$

なる周期性をもつ関数を使って，

$$\phi_k(r) = u_k(r) e^{ikr} \tag{1.52}$$

という形に変調された平面波の線形結合，

$$\phi = \sum_k a_k \phi_k(r) \tag{1.53}$$

で与えられることが証明できる．これはブロッホの定理と呼ばれ現代の固体の電子論の発展に大きな貢献をした考え方である．この理論の詳細を述べることはしないが，ここではこれにより得られた重要な結果の一部を紹介しよう．

ポテンシャルが零の自由空間を伝播する自由電子の波動関数は平面波 $e^{ikr}$ で与えられ，この運動エネルギーと波数の関係は，

$$\varepsilon_k = \frac{\hbar^2 k^2}{2m} \tag{1.54}$$

で与えられることはシュレディンガー方程式を解けば容易に示すことができる．周期ポテンシャル (1.50) 中を運動する電子の波動関数とそれに対応する固有エネルギー $\varepsilon(k)$ の $k$ 依存性は自由電子のそれとはいささか異なったものとなる．図 1.11 には簡単のために一次元モデルに対して得られた結果の例を示した．ポテンシャルの周期を $a$ とした場合，電子の波数が $\pi/a$ の整数倍の位置にエネルギーギャップ $\varDelta\varepsilon$ ができる．このギャップの大きさは簡単な理論から周期ポテンシャルのフーリエ変換，

$$V(k) = \frac{1}{\sqrt{2L}} \int_{-L}^{L} e^{ikx} V(x) \, \mathrm{d}x \tag{1.55}$$

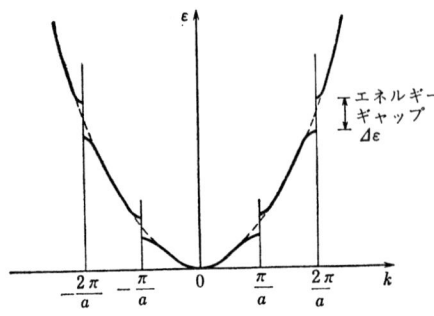

**図 1.11** 固体内電子のエネルギー対波数の関係

を用いて，

$$\varDelta\varepsilon\left(n\frac{\pi}{a}\right) = 2\left|V\left(n\frac{2\pi}{a}\right)\right| \tag{1.56}$$

で与えられる．ただし $2L$ は結晶の大きさを与える非常に大きな数である．エネ

ルギーギャップを生ずる波数はその 2 倍の波数に対するポテンシャルのフーリエ係数により与えられることになるが，この値，

$$G = n\frac{2\pi}{a} \tag{1.57}$$

は逆格子ベクトルと呼ばれる量である．

三次元結晶の場合には，逆格子ベクトルは 3 つのベクトル成分によって与えられ，実空間で与えられる結晶格子に対応する逆格子ベクトル空間を作る．実空間での結晶の基ベクトルを $(a, b, c)$ で与えると，逆格子ベクトルの基ベクトルは大きさが逆数の $2\pi$ 倍で，方向は直交する次の形で与えられる．

$$A = 2\pi \frac{b \times c}{a \cdot (b \times c)}, \quad B = 2\pi \frac{c \times a}{a \cdot (b \times c)}, \quad C = 2\pi \frac{a \times b}{a \cdot (b \times c)} \tag{1.58}$$

式 (1.58) から，実空間での格子ベクトル $R$ と対応する逆格子ベクトル，

$$G = hA + kB + lC \quad (h, k, l \text{ は整数}) \tag{1.59}$$

との間には，

$$R \cdot G = 2\pi \times (\text{整数}) \tag{1.60}$$

の関係のあることがわかる．式 (1.59) で定義された逆格子ベクトルを用いると，3 次元結晶の電子のエネルギーと波数の関係には，

$$2k \cdot G + G^2 = 0 \tag{1.61}$$

を満たす波数 $k$ の位置に，

$$\Delta\varepsilon(k) = 2|V(G)| \tag{1.62}$$

なる大きさのエネルギーギャップの現われることが証明されている．

実空間で考えた結晶のポテンシャルや波動関数が格子定数に対応する周期性をもっているのに対応して，電子のもつ運動エネルギー $\varepsilon(k)$ は，逆格子空間で逆格子ベクトルの作る格子の周期性をもつことになる．すなわち $\varepsilon(k)$ 対 $k$ の関係は図 1.12 に示したような多価関数となる．これによれば $k = n(\pi/a)$ で生ずるエネルギーギャップはそこで交叉する自由電子の 2 つのエネルギーに対応する 2 つの波の干渉の結果生じたものであることを理解することができる． $k = n(\pi/a)$ ごとに区切られた逆格子空間内の各領域をブリルアーン域と呼び，このブリルアーン域ごとに現われる $\varepsilon(k)$ 対 $k$ の関係の周期性から図 1.13 で示された形 で代表させることが多い．エネルギー帯はエネルギーの低い方から，第一バンド，第二

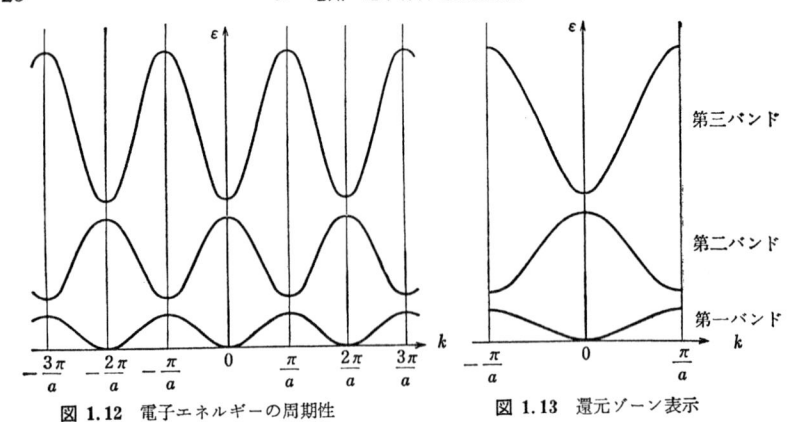

**図 1.12** 電子エネルギーの周期性　　　　**図 1.13** 還元ゾーン表示

バンド，…と呼ばれ，エネルギーギャップで分離された形となる*.

　以上に述べた結果は，原子の作るポテンシャルが結晶内を運動する電子に及ぼす影響についての重要な内容を含んでいる．すなわち，原子の作るポテンシャルはその結晶のエネルギー帯構造（電子のエネルギーと波数との関係，これを分散関係という）の中にすべて取り入れられているということである．アルカリ金属など1価金属のエネルギー帯構造は自由電子の作るものとほぼ等しく，ブリルアーン域の境界でイオンのポテンシャルによるエネルギーギャップの発生と，ほんのわずかのエネルギー分散関係のずれが現われるにすぎない．

　電子のエネルギーと波数との関係と，外力による電子の加速方程式とから，電子の運動を論ずることができる．簡単のために電界を印加した場合の電子の運動を考えてみる．電界 $E_\beta$ により生ずる電子の運動量の変化は，

$$\frac{\partial p_\beta}{\partial t} = \hbar \frac{\partial k_\beta}{\partial t} = -qE_\beta \tag{1.63}$$

であり，運動エネルギー $\varepsilon(k)$ をもつ波束の速度 $v_\alpha$ は，

$$v_\alpha = \frac{\partial}{\partial p_\alpha}\varepsilon(k) = \frac{1}{\hbar}\frac{\partial \varepsilon(k)}{\partial k_\alpha} \tag{1.64}$$

で与えられる．両式から，電界 $E_\beta$ により得られる速度の変化は，

$$\frac{\partial v_\alpha}{\partial t} = -\frac{1}{\hbar^2}\frac{\partial}{\partial k_\beta}\left(\frac{\partial \varepsilon(k)}{\partial k_\alpha}\right)qE_\beta \tag{1.65}$$

で与えられることがわかる．もし式 (1.65) を，

---

\* 図1.11に示したバンドとの対応をみよ．

## 1.3 固体の構造と性質

$$\frac{\partial v_\alpha}{\partial t} = -\frac{1}{m^*_{\alpha\beta}} qE_\beta \tag{1.66}$$

と書くならば，

$$\frac{1}{m^*_{\alpha\beta}} = \frac{1}{\hbar^2} \frac{\partial}{\partial k_\beta}\left(\frac{\partial \varepsilon(k)}{\partial k_\alpha}\right) \tag{1.67}$$

は固体中でイオンのポテンシャルの影響を加味した電子の質量の逆数に対応するもので，有効質量と呼ばれる量である．式 (1.67) で明らかなように，有効質量はテンソルであり固体内電子のエネルギー帯の形により決まる．図 1.14 に式 (1.64) で与えられる電子速度と式 (1.67) で与えられる有効質量の大きさを模式的に示した．重要なことは，① 速度のみならず有効質量も波数 $k$ の関数であることと，② ブリルアン域境界近くで有効質量が負の値をもつことの二点である．第二の点は，電界により波数 $k$ が増加してもそれに対する電子のエネルギーの増加分が減少することに対応しているが，これはこの領域で速度が減少することからも明らかなように，結晶格子によるポテンシャルの影響を受けて電子が動きにくくなっていると考えることもできる．このことはブリルアン域の境界でエネルギーギャップができることとも対応している．負の質量という現象は図 1.13 で示したすべてのエネルギー帯の頂上で起こることであり，結晶を作るポ

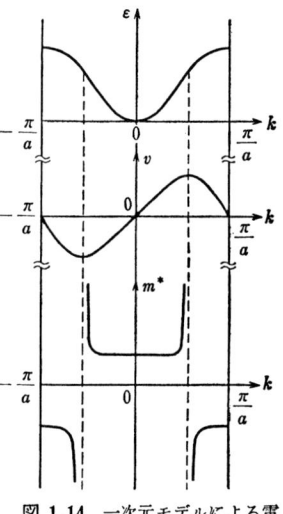

図 1.14 一次元モデルによる電子の速度と有効質量

テンシャルの電子の運動に及ぼす影響を質量という形で表現しようとしたことによる結果にすぎない．有効質量という考え方は，電子の波束の運動を古典的な粒子の運動という形で表現することによる便利さのために導入されたものであり，固体内電子の多くの性質はこれで記述・整理することができるが，バンドの頂上近くでは負の質量，負の電荷をもつ電子を考える代りに，正の質量，正の電荷をもつ粒子を考えることが一般的である．これは正孔（ホール）と呼ばれ，半導体やある種の金属の電気伝導度などを考えるのに重要なものとなっている．

### 1.3.5 金属と絶縁体

前節で述べたエネルギー帯とは，固体内電子の取りうるエネルギーの値であっ

て，ここに電子をいかに入れるかということは別の問題である．$N$ 個の原子からなる固体の 1 つのバンドにはスピンも考えると $2N$ 個の電子を収容することができることはすでに述べた．この事情は図 1.13 に示したブリルアーン域の中の 1 つのバンドについて次のようにして示すことができる．電子の量子状態は波数 $k$ とスピン数 2 で表わすことができるが，1 つの量子状態が占める $k$ 空間での大きさは結晶の体積を $V$ とすると

$$\frac{(2\pi)^3}{V}$$

である．第一ブリルアーン域の体積は逆格子ベクトルを用いると $(A, B, C)$ を三辺とする平行六面体の体積に等しいのでこれを実空間の格子ベクトルで書き表わすと，

$$A \cdot (B \times C) = \frac{(2\pi)^3}{a \cdot (b \times c)}$$

である．したがって第一ブリルアーン域内に含まれる量子状態の数はスピン数 2 も含めて，

$$2 \times \frac{V}{a \cdot (b \times c)}$$

で与えられることがわかる．$a \cdot (b \times c)$ は単位格子の体積であり，結局上の値は体積 $V$ に含まれる単位格子の数 $N$ の 2 倍に等しい．したがって 1 つのバンドに含まれる量子状態の数はスピン数も含め $2N$ 個である．

図 1.12 および図 1.13 に示した多くのエネルギー帯は図 1.9 で示したものと同じであるとすれば，固体内電子のエネルギー帯を考えるということはすなわち，価電子のみならず内殻電子をも含めすべての電子を対象とした議論をしなければならないことになる．実際の物質でこのような議論をすることは非常に複雑な問題を含んでいて不可能に近いので，内殻電子はまったく無視するか，または等価的ポテンシャルで置き換え，近似解を求めるという形で議論しているのが現状である．定性的な議論を行う場合は内殻電子の作るエネルギー準位はまったく無視してしまい，価電子のみについて考察をすれば十分である．

図 1.15 は金属と絶縁体の成り立ちを示す概念図である．1 価の物質を考えよう．$N$ 個の原子からなる固体には $N$ 個の価電子があり上述した理由により第一バンドには半分まで電子がつまり第二バンドの存在は考える必要がない．この場

合には小さな外力で電子は第一バンドの中で比較的自由に動くことができる*.このような形のバンド図の得られるものは金属と呼ばれる.他方図(b)に示された2価の物質を考えると,第一バンドは全部電子で満たされ,第二バンドには電子はまったくないという情況となる.外力により電子が動くことができるためには,エネルギーギャップを越えて第二バンドに入る必要がある.もしエネルギーギャップが大きければこのようなことは起こりにくく,電子は動けない.これは絶縁物の一般的性質を示すものであり,$\varepsilon_g$の小さいものは半導体,大きいものは絶縁体と呼ばれている.エネルギー帯構造という点では両者を明確に区別するものはない.

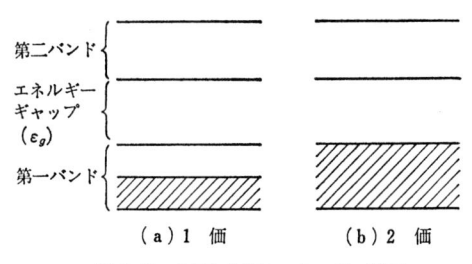

図 1.15 1価と2価のエネルギー帯図

1価の物質 Na, K などが金属であることは上記の説明で理解できるが,2価の物質 Zn や Cd などは電気抵抗は必ずしも大きくなく,やはり金属である.この違いは,三次元結晶に対するエネルギー帯が図1.12や図1.13に示されたもののように単純ではないことによる.三次元結晶のブリルアーン域は多面体となるために,方向によりブリルアーン域の境界に対応する波数ベクトルの大きさが異なり,エネルギー帯の頂上に相当するエネルギーは波数ベクトルの方向により異なる(図1.16).もし,イオンの作るポテンシャルが小さくて,エネルギーギャップ

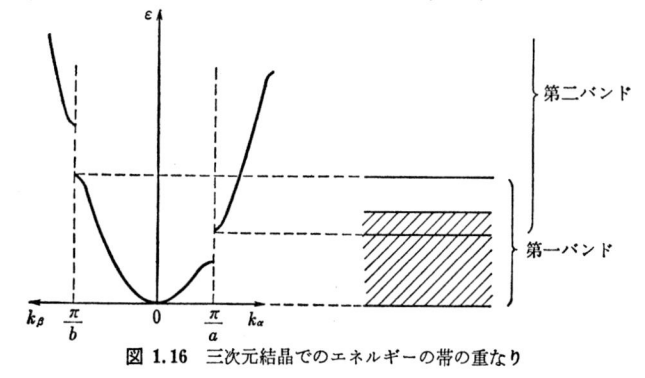

図 1.16 三次元結晶でのエネルギーの帯の重なり

---

\* 外力により運動ができるためには運動量の変化,または運動エネルギーの変化が必要である.

が小さければ,第一バンドの頂上のエネルギーが,第二バンドの底のエネルギーより高いことも生じうるわけで,2価といえども第一バンドが完全に満たされぬまま,第二バンドにいくらかの電子が入りうるのである.周期律表Ⅱ族元素による固体が金属であるのはこの理由による.Ⅳ族元素よりなる,ダイヤモンドやシリコンでは結晶のポテンシャルが大きく,大きなエネルギーギャップを生ずるために,上記に述べたバンドの重なりが生じない.これらの物質は絶縁体または半導体となる.ダイヤモンドと同じ元素,炭素よりなるグラファイトはダイヤモンドと結晶構造が異なり,ブリルアーン域の形も異なる.グラファイトの電気抵抗は小さく,良導体として各種電極材料に用いられている.

最後に,金属原子がアモルファス物質となった場合には電気抵抗が非常に高くなることについて簡単に触れておく.原子が結晶格子を組み,イオンの作るポテンシャルが規則正しく周期的に並んでいる場合には,いままで述べてきたようにイオンのポテンシャルが電子のエネルギー状態に及ぼす影響は,有効質量という形ですべて考慮されることになる.特にポテンシャルがそれほど大きくない場合には,この影響はブリルアーン域の境界近くでのエネルギーギャップとエネルギー対波数ベクトルの関係の自由電子からのずれという形で現われるにすぎない.このことは,全体のイオンのポテンシャル (1.49) をフーリエ変換すると,ポテンシャルの周期性のために,逆格子ベクトル $G$ に相当する波数に対してのみ有限で,他の波数に対してはほとんど零になるということに対応している.結晶格子が定義できないアモルファス物質では,ポテンシャルは不規則であり上述の事情はまったく異なる.ポテンシャルの全フーリエ成分は有限であり,電子はすべての波数でイオンのポテンシャルを感ずることになる.このような場合には有効質量という考え方はもはや有効でない.さらにアモルファス半導体などでの電気伝導は,電子が強いポテンシャルなどにより局在し,ホッピングとよばれる形のものを考える必要があることがわかっている.これら材料の応用例などについては第2章と第4章を参照されたい.

### 1.3.6 金属の電気伝導

前節の最初に述べたように,電子の固体内での量子状態は,波数 $k$ とスピン数で指定できる.三次元結晶のエネルギー帯の形に対応して,波数 $k$ のエネルギーに対する密度が電子を収容することのできる状態密度を与えることは容易に理解

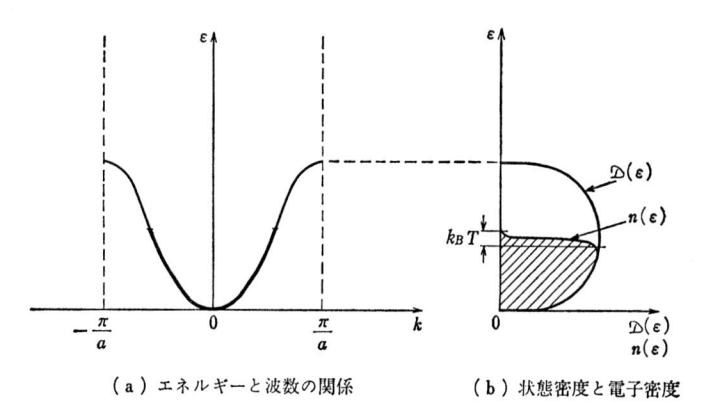

(a) エネルギーと波数の関係　　　(b) 状態密度と電子密度

図 1.17　金属の電気伝導

できよう．図 1.17 はこの事情を模式的に示したもので，状態密度 $\mathcal{D}(\varepsilon)$ はエネルギー帯の底と頂上で零であり，底と頂上付近ではスピン数も入れて，

$$\mathcal{D}(\varepsilon) = V\frac{(2m^*)^{3/2}}{2\pi^2 \hbar^3}\varepsilon^{1/2} \tag{1.68}$$

で近似できることが知られている．

1価金属の場合には，電子は第一バンドの半分だけ電子が入り，しかも電子の分布はフェルミ分布に従うので式 (1.40) を適用すれば，エネルギー $\varepsilon$ における電子密度は，

$$n(\varepsilon) = f(\varepsilon)\mathcal{D}(\varepsilon) \tag{1.69}$$

全電子数は $N = \int_0^\infty n(\varepsilon)\,d\varepsilon$ で与えられることになる．フェルミエネルギー近くでの分布のぼけは $k_B T$ の程度であることは先に述べたが，室温におけるこの値 $k_B T(300\,\mathrm{K}) \cong 0.025\,\mathrm{eV}$ はエネルギーギャップ数 eV に比べて非常に小さく，外力による電子の運動には，エネルギー帯上端のバンドの曲りはほとんど無関係である．1価金属での電子の運動が自由電子とほぼ同じであることはこのような事情によるものと解釈されている．

金属の電気伝導など電子の外力による運動を論ずるのに，結晶格子のポテンシャルはほとんど考える必要のないことを述べてきた．半導体など他の物質でも有効質量を用いることによりまったく同様の議論をすることができる．では電気抵抗は何に起因するのであろうか．

有効質量で記述できる固体内電子の運動をさまたげるものは，上述の完全周期

ポテンシャルからはずれた余分のポテンシャルであり，これが電気抵抗などの原因となっている．

不純物や格子欠陥などで，散乱中心と呼ばれ次のような種類がある．

**a. 静的格子不整**
（1） イオン化不純物
（2） 中性不純物
（3） 磁性不純物
（4） 格子欠陥
（5） 転位

**b. 動的格子不整**
（1） 音響フォノン
（2） 無極性光学フォノン
（3） 極性光学フォノン

各々の詳細は割愛するが，これら散乱の特徴は，中性不純物による散乱を除き，すべて電子のもつ電荷または磁気モーメントと散乱中心との静電的相互作用（クーロン相互作用）または磁気的相互作用によるものであるということである．電気抵抗の大きさはこのような散乱中心による散乱のため，電子の運動量（波数）が変化するときの変化の大きさと頻度により決定される．このことを記述するのに緩和時間や移動度という量が用いられ，電気的性質・熱的性質を決めるパラメータとなっている．

1.2.1項に述べたボルツマン方程式を固体内の電子に対して拡張した式をボルツマン-ブロッホの方程式と呼びこれが固体内電子の運動力学の基礎方程式となっている．これについての詳細を述べることは本書の範囲をこえるのでしないが，先のボルツマン方程式で，運動量 $p$ を $\hbar k$ で置き換えたものである．散乱中心がイオン化不純物散乱のような弾性散乱である場合には，散乱項を緩和時間 $\tau$ を用いて，

$$\left(\frac{\partial f}{\partial t}\right)_c = -\frac{f-f_0}{\tau} \qquad (1.70)$$

で近似する場合が多い．ここに $f_0$ は熱平衡状態に対応する分布関数である．この近似のもとに電界 $E$ のみが存在する場合に得られる速度 $v$ に対する方程式は，

である。

$$\frac{\partial m^*v}{\partial t} = -qE - \frac{m^*v}{\tau} \tag{1.71}$$

である．$v|_{t=0}=0$ を初期条件とする解は，

$$m^*v = -q\tau E(1-e^{-t/\tau}) \tag{1.72}$$

であり，速度 $v$ は $t\to\infty$ で，$v\to -(q\tau/m^*)E$ となることがわかる．これを $v=\mu E$ と記せば，

$$\mu = -\frac{q\tau}{m^*} \tag{1.73}$$

が移動度†（モビリティー）である．式 (1.71) での緩和時間 $\tau$ は 1 回の衝突から次の衝突に至るまでの大よその時間とも解釈されていることからもわかるように式 (1.73) で与えられる移動度は，緩和時間が大きいほど，あるいは散乱確率が小さいほど大きいことになる．有効質量 $m^*$ が小さいほど移動度が大きいということは古典的描像からも明らかであろう．

もし動きうる電子の数（キャリヤ）が単位体積当り $n$ 個であるとすると，電界 $E$ により得られる定常状態での全電流密度は，

$$J = -nqv = \frac{nq^2\tau}{m^*}E \tag{1.74}$$

と得られ，電気伝導度は，

$$\sigma = \frac{nq^2\tau}{m^*} \tag{1.75}$$

で与えられる．金属の電気伝導度が大きいのは主として，電子数 $n$ が大きいことによるもので，移動度は金属中に含まれる多くの不純物原子や，有限温度であることによる格子振動（フォノン）などに起因する散乱を受けるためにさほど大きくはない．金属材料の電気抵抗が高温で大きくなるのは，高温ほど格子振動が激しく緩和時間 $\tau$ が短くなることによるものである．電子材料の電気的性質は主として電気伝導度と移動度の 2 つで決定されることが多い．金属材料では主として前者が，半導体材料では後者が重要な因子となることがある．トランジスタやマイクロ波デバイスなどでは電子の速度そのものが動作特性を決めているからである．

## 1.4 状態図と材料作製法

電子材料として用いられる物質は，Al や Au のように単体の金属や，GaAs の

---

† p.15, 16 のケミカルポテンシャル $\mu$ と混同してはならない．

ように化合物として用いられるものなど多種多様である．これらの材料を作製したり，利用しようとするときには，前節までに述べた一般的な性質のほかに，個々の物質の材料としての性質を理解しておく必要がある．この理解の助けになるのが状態図あるいは相図と呼ばれるもので，物質が熱的平衡にあるときの状態を表わすものである．

半導体の結晶成長などは比較的ゆっくりした過程で，ほぼ熱平衡に近い状態で行われるので，作製条件は相図により理解できる．またICなどのデバイスの電極形成の条件などもAlやAuの合金の相図を参考にすることができる．この節では，まず状態図についてその概略を述べ，次いで合金や金属間化合物の性質や作製法を状態図と関連させて述べる．

### 1.4.1 状 態 図

電子材料として用いられるすべての固体は，融点以上の温度では液体となり，また沸点以上の温度では気体となる．この融点や沸点が圧力$p$の関数であることは周知のことである．理想気体の状態はボイル-シャルルの法則，

$$pv = RT \quad (v は 1 モルの体積) \tag{1.76}$$

で記述できるが，気相・液相・固相が共存する場合には式 (1.76) で系の状態を記述することはできない．このような系を記述するのが，本節で述べる状態図あるいは相図である．

図 1.18 にはアルゴンの状態図を示した．実線はある温度における1モルのアルゴンの体積と圧力との関係を示したもので，点線より上の部分のうち，斜線部は液体アルゴン（液相という），残りが気体アルゴン（気相という）の領域を，点線より下の部分は液相と気相の共存する領域を示すものである．1モルのアルゴンをある温度$T$に保ったまま圧縮すると，$T>T_c$の場合には，ほぼ

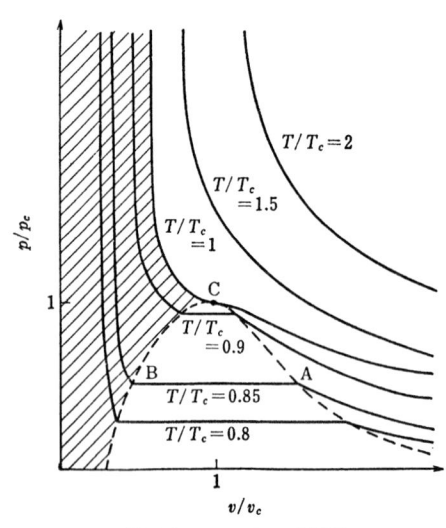

図 1.18 アルゴンの状態図

## 1.4 状態図と材料作製法

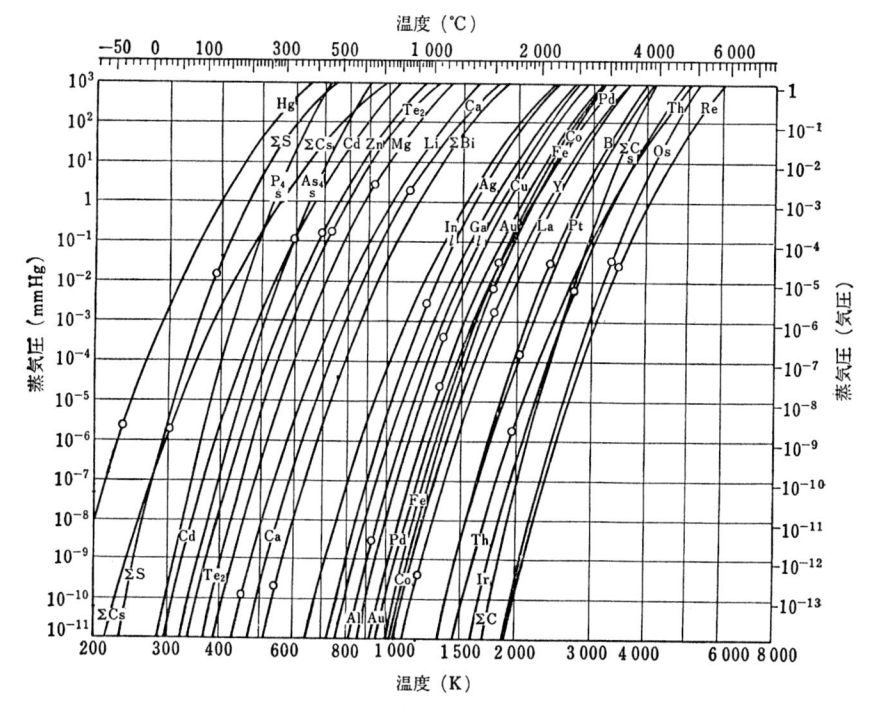

**図 1.19 物質の飽和蒸気圧[8]**
R.E. Honig: RCA Review, 567, 1962. による

式 (1.76) に従い，圧力 $p$ は体積 $v$ に反比例して増加する．温度 $T_c$ は臨界温度と呼ばれ，図では点Cを通る等温線を与える温度である．$T>T_c$ では，いくら圧縮しても液相は現われない．$T<T_c$ の場合に同様の圧縮を行うと，図で気相線と交わる点Aまでは $T>T_c$ の場合と同様の傾向を示すが，それ以下に圧縮しようとすると体積の減少はアルゴンの一部分が液化することにより補われ，圧力は変化せず気相と液相の共存した状態が得られる．このときの圧力は，その温度における飽和蒸気圧と呼ばれる．飽和蒸気圧は温度の関数で，高温ほど高くなることは当然である．さらに圧縮を続け，液相線と交わる点Bに達すると気相は消失し，すべてのアルゴンは液体となる（液相に変わる）．

以上，アルゴンを例にとり，液相-気相の相平衡，相図について説明した．液相-固相，あるいは固相-気相の場合，あるいは固相-液相-気相の相図や相平衡も同様に考えられ，類似の相図を得ることができる．

温度 (℃)

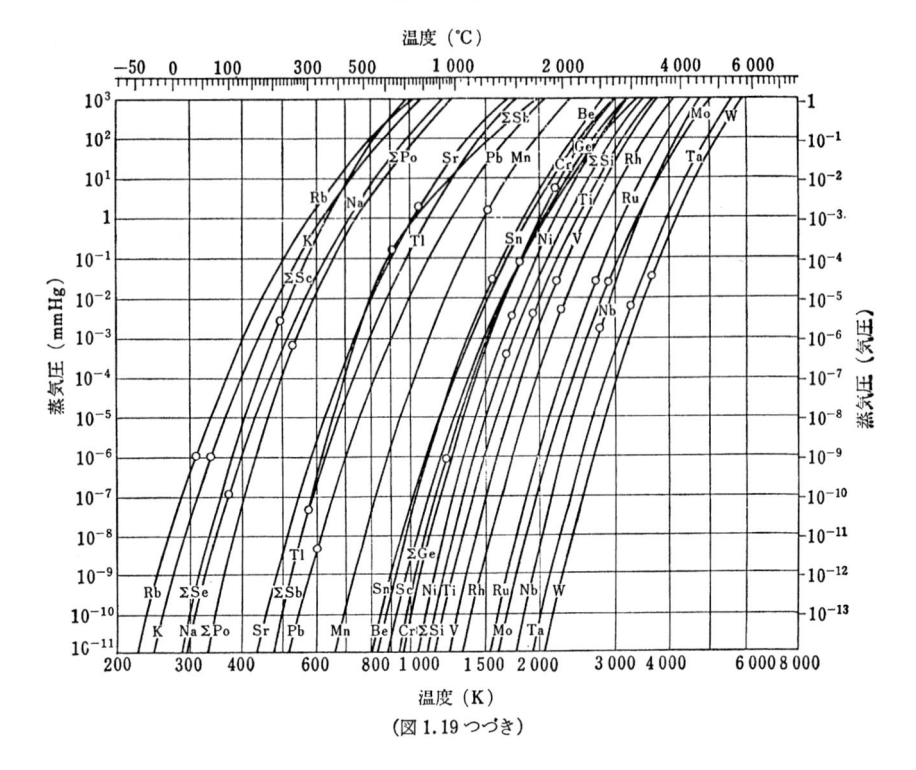

[図: 各種電子材料の飽和蒸気圧の温度依存性(縦軸: 蒸気圧 mmHg / 気圧、横軸: 温度 K)]

(図1.19つづき)

さて，液相-気相の共存状態における相平衡から，飽和蒸気圧が決まることはすでに述べたが，固相-気相の共存状態でも事情は同じである．図1.19には，電子材料として用いられる物質の飽和蒸気圧を，温度の関数として表わしたものを示した．図中○印が各物質の融点であり，○印に相当する温度より高い温度では液相-気相の平衡による蒸気圧を示し，低い温度では固相-気相の平衡による蒸気圧を示している．後に述べる半導体の結晶成長のうち，気相成長法では物質の飽和蒸気圧は非常に重要なパラメータとなっている．

### 1.4.2 多成分系の状態図

合金や金属間化合物と呼ばれる材料では，材料を構成する成分が2つ以上ある．一般に $c$ 個の成分からなる物質が熱平衡にあるときには，相律と呼ばれる次の関係が成り立つことが知られている．

$$f = c - p + 2 \tag{1.77}$$

ここで，$p$ は気相，液相，固相などで表わす共存する相の数，$f$ は温度，圧力，体積などの相を決定する変数の数で自由度と呼ばれる量である．たとえば2成分系（$c=2$）で固相と液相のみの平衡を考えると（$p=2$），
$$f=2-2+2=2$$
となり，温度・圧力・体積などのうち2つの変数を独立変数として自由に変えることができることを意味している．

この例のように気相を考えない場合は，圧力の変化を無視するのが普通で，変えられる変数は圧力を含めて2つとなり，結局自由に変えられるのは圧力以外の1つである．

では多数の成分からなる状態図について述べよう．簡単のために2成分系を考える．AとBの2種類の元素を混ぜるとき，熱平衡における系を記述する相図には，

a. 固溶体形
b. 共晶形
c. 化合物形

の3つの代表的な形がある．このほかにも多くの形があるが，基本的には以上の3つの形の変形あるいは組み合わせと考えれば，大よその理解ができる．次に3つの形の各々の特徴を述べよう．

**a. 固溶体形** 図1.20に，この系の状態図を示した．この図は圧力一定のもとでの温度 $T$ と組成 $X$ に対する状態（相）を書いたもので，$T$-$X$ 状態図とも呼ばれる．左端は元素Aだけの場合，右端は元素Bだけの場合に相当し，横軸目盛は全体の中に占めるBの割合である．$T_A$，$T_B$ は各々の物質の融点を表わし，高温では液相L，低温では固相Sである．

さて，ある組成の混合物を十分高温にすると，すべて融解し液相となる（図の点 a）．これを徐々に温度を下げ（すなわち，系か

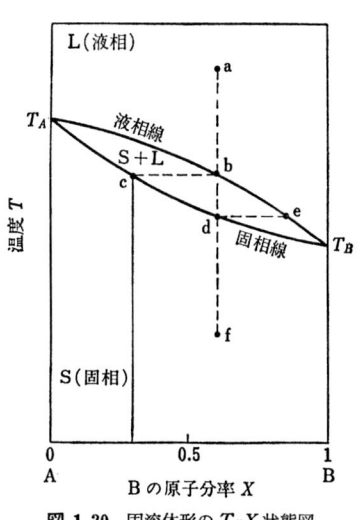

**図 1.20** 固溶体形の $T$-$X$ 状態図

ら熱をうばい）点 b に達すると，この融液の中には点 c の組成をもつ固相が析出する．この状態は，点 c の組成の固相と，点 b の組成の液相が共存した状態で，「2つの相が相平衡にある」，または「熱的に平衡にある」という．温度をさらに下げると，点 c（で表わされる組成）の A を多く含んだ固体の析出により，液相の組成は B の多い方へずれ，液相線上を e に向かって移動する．温度を下げる速度が十分ゆっくりで，常に熱的平衡が保たれていれば固相線上の点も d まで移動し，最終的には最初の液相の組成と同じ組成の固相（d）が出現し，液相は消失する．さらに温度を下げれば d→f の道をたどることになる．

もし冷却の速度が速くて熱的平衡が保たれない場合には，上の考え方は適用できず，析出物の組成は均一とならない．この析出物は，固体として熱的に平衡状態にないので（冷却過程で系から熱エネルギーが完全にははき出されず，余分のエネルギーを持っている），長い間有限の温度で放置しておくと，固相中での原子の拡散，再配列が起こり，熱平衡状態すなわち，均一な組成の方へ近づこうとする．この性質を利用し，融点以下の比較的高い温度で，物質（材料）を安定化させるのが焼鈍（アニール）である．

逆に，このようにしてできた，均一な組成をもつ（A+B）固溶体の温度を上げ，温度が固相線に達すると（図の f→d）この物質の一部分が融け e の組成の液相が出現し，両者が平衡状態となるのはいうまでもない．

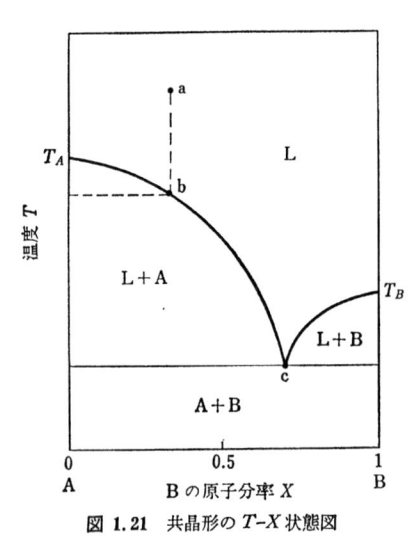

**b. 共晶形**　2つの物質の混合物をある組成比で作ったとき，ある温度で2つの成分が同時に融けるとき，この現象を共晶または共融といい，この組成と温度を $T$-$X$ 状態図上の共晶点という．図 1.21 にこの性質を示す $T$-$X$ 状態図の例を示した．この例は A と B が固溶体を作らない場合で，図中斜めの固相線がない．たとえば点 a の組成の融液を作り，徐々に温度を下げ点 b で液相線に達すると，A が析出する．さらに温度を下げる

図 1.21　共晶形の $T$-$X$ 状態図

と，Aが析出することにより液相の組成はBが多くなり，液相線上を点cに向かって移動する．融液の組成がcに達すると，AとBは同時に析出し，液相はすべて固相に変わってしまう．この混合物を共晶と呼び，点cが共晶点である．

このようにしてできた固体では，最初に析出したAだけの領域と，最後にできた(A+B)の共晶とが入り乱れた微結晶の集合体となり，前の固溶体の例とはまったく異なった固体が得られる．Au-Si, Pb-Sn などがこの形に属する．Au-Si では Au 69%, Si 31%で，融点は370℃となり，Au の融点 1 063℃, Si の融点 1 412℃ より非常に低い．Si に電極を形成するとき，Au 合金を使う理由は，この共晶現象により低温で合金ができることが利用できることにある．Pb-Sn 系合金がハンダろうとして用いられているのは周知のことである．

**c. 化合物形**　2種の原子が結合して，成分原子の性質とはまったく異なる性質をもった新しい化合物を作る場合がこれにあたる．このような形でできる化合物の組成は，$A_mB_n$ と書くとき $m$ と $n$ が簡単な整数比となる．

図1.22には融点が高くなる場合の例を示した．点aの液相から出発し，温度を下げれば，点bで化合物 $A_mB_n$ が析出する．$A_mB_n$ の融点より低い温度で化合物 $A_mB_n$ を作ることができることを意味しており，応用上極めて重要である．GaAs などのⅢ-Ⅴ族化合物半導体やZnSなどのⅡ-Ⅵ族化合物半導体はすべてこの形の状態図をもち，比較的低温で良質な単結晶が得られている．

以上2成分系の $T$-$X$ 状態図の代表的な3つの形の特徴を述べた．圧力はいつも一定として話を進めてきたが，成分元素の飽和蒸気圧の温度変化が激しい場合には，これを考慮しなければならない．上に例として述べたGaAsやZnSでは，AsやSの蒸気圧が無視できず，詳細な議論には圧力をも考慮に入れた $p$-$T$-$X$ 状態図を用いなければならない．成分が3つ以上の多成分系の状態図は，成分の増加により複雑なものとなるが，基本的

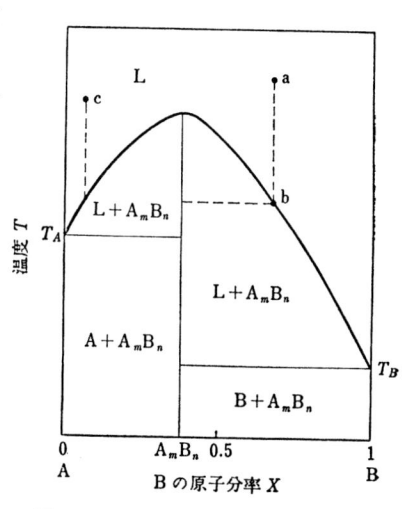

**図 1.22** 化合物を作る場合の $T$-$X$ 状態図

考え方は同じである．

### 1.4.3 合　　金

　一般に合金と呼ばれるものは，前節で述べた3つの状態図の形のうち第一と第二の形により得られるものが多く，第三の形に属するものは，金属間化合物と呼ぶことが多い．Pb-Sn系合金が共晶形に属する性質により，低融点ハンダとして用いられ，Agを含むものも溶接などのろうとして用いられている．

　半導体ICなどの電極材料として用いられるAuやIn系合金はいずれも低融点を利用したものである．たとえばSiにAuで電極を形成する場合を紹介しよう．Si単結晶基板にAuを載せ500〜600°Cに熱すると，両者が接した所ではAu-Siの融液ができる．融液の組成は，その温度に対する液相線上の点で決まる．これを徐々に冷却することによりSi側にはSiの析出が起こるが，この析出はほとんどSi基板上に単結晶の形で起こる．このようにしてできた析出層を再結晶層と呼ぶ．全体が固相になったときにはSi基板上から，Si基板—Si再結晶層—Au-Si共晶層—Au層という形の積層構造が形成され電極となるのである．Auにあらかじめドナ不純物，またはアクセプタ不純物となる元素を微量に混ぜておけば，Si再結晶層にこの不純物元素が取り込まれn形またはp形とすることもできる．この方法によりn形またはp形の基板にオーム性電極を作ることができるし，逆の場合には合金形pn接合とすることもできる．

　導電材料として合金を用いる場合には，合金の電気的性質が重要な要素となる．すでに述べたように合金は成分となる原子が不規則に入り乱れて並んだ結晶である．したがって，この不規則性に基づく余分のポテンシャルによる散乱が増え，電気伝導度は悪くなる．この散乱は合金散乱とも呼ばれているが，温度によるポテンシャルの変化がないことから，これに基づく抵抗の成分には温度変化がない．合金とすることにより電気抵抗が増加した材料では，電気抵抗の温度係数が小さいのはこのためだと考えられる．Cu-Ni系合金の中で，Mnを含むマンガニン線は温度係数が非常に小さく，抵抗線として用いられている．Cu55%-Ni45%の合金はコンスタンタンと呼ばれ，Cuに対する熱起電力が大きいので銅—コンスタンタン熱電対として用いられている．

　このほか，合金には機械的性質・熱的性質など重要な点も多く，材料も非常に多岐に亘るが紙面の都合で割愛する．さらに詳しい点はハンドブックや理科年表

## 1.4 状態図と材料作製法

などを参照されたい．

### 1.4.4 金属間化合物

　状態図に表わされた金属間化合物の性質を利用すると，高融点の化合物を比較的低温で形成することのできることはすでに述べた．この化合物の析出物は成長核と呼ばれるもののまわりにできるのが普通である．単結晶の種または基板を系に共存させておくと，この種または基板の表面で析出が起こり，単結晶の成長を行わせることができる．新たにできる結晶の結晶軸は種または基板の軸と同じであることが多く，このような成長をエピタキシャル成長という．ほとんどの半導体単結晶材料，ならびに磁性材料の一部のものは，このような形で作られたものである．個々の具体的な材料の作製法や性質の詳細については次章以下や専門書にゆずり，ここではGaAsのエピタキシャル成長を例に，金属間化合物の作製法の原理を述べる．

　**a. 液相成長法**　　金属GaにGaAsを溶解させた溶液*を，ある一定温度に保ち，GaAs固相とGa-As溶液との平衡状態を作っておく．次に溶液の温度を徐々に下げることによりGaAs化合物を溶液と共存する基板上に析出させる．成長の原動力は温度を下げることにより生ずる溶液の過飽和度である．実際の結晶成長では，この過飽和度を常に一定に保ちつつ均一なエピタキシャル成長層を得るよう種々の工夫がなされている．

　**b. 気相成長法**　　これまで述べてきたことは，固相-液相の平衡のみでなく，固相-気相の平衡系にもそのまま適用できる．原料となる材料（ソース）と種結晶（基板）を近接させておき，適当な温度を保つことにより固相-気相の平衡関係から，上述した液相成長法とまったく同じ原理でエピタキシャル成長が起こる．この方法は昇華法とも呼ばれる．過飽和度は種結晶の温度をソースの温度より少し低くすることにより容易に実現できる．すなわち，ソースにおける温度 $T_1$ での固相-気相の平衡関係で得られるガスの蒸気圧が，種結晶における温度 $T_2$ で得られるべき平衡蒸気圧より高いために，種結晶のまわりに析出が起こる．

　気相法としては，化学反応を利用した方法も広く用いられている．反応管の中に高温部分を作り，ここに金属Gaを置く．これに $AsCl_3$ を吹き付けると化学反

---

\* Ga-As溶液で成分比の多いGaを溶媒，少ないAsを溶質と呼ぶ．

応により GaCl と $As_4$ ができる．これを低温部へ輸送すると，低温部に置かれた種結晶（基板）上に GaAs がエピタキシャル成長する．反応や輸送，成長のメカニズムは少々複雑であるが，高温部で生成された飽和ガスが低温部で過飽和ガスとなり析出が起こるという原理に基づいている．

**c. その他の成長法**　上述した2つの方法に比べて，やや非平衡条件下で作られる方法として，蒸着，スパッタリング，分子線エピタキシー法 (MBE) などがある．いずれも真空中でガス状とした原料を基板上に堆積させる方法である．GaAs では，金属 Ga と金属 As を超高真空中で基板上にゆっくり蒸着すると，GaAs のエピタキシャル単結晶膜を得ることができる．この方法は MBE 法と呼ばれ，新しい材料の作製法として注目され最近研究開発が行われている．

以上，この節では金属間化合物に話を限ったが，Si や Ge などの単結晶作製には上に述べたのと類似の方法のほかに，Si や Ge を融点以上の高温として溶融 Si，溶融 Ge を作り，これを徐々に冷却することにより種結晶上に析出成長させる方法が用いられている．ブリッジマン法，引き上げ法と呼ばれる方法で，これらを総称して融液成長と呼び，前述の液相成長法を溶液成長と呼ぶのに対し区別している．

最後に，平衡条件から著しくかけ離れたまま固化が起こった場合について触れておこう．たとえば図 1.20 で $a \to f$ と急激に温度を下げたとしよう．全体としての平均の固相の組成に変わりはないが，このような急激な冷却では，固化に伴う内部エネルギーのはき出しが順調に行われない．原子の配列は，液体状態における乱れたものがそのままの形で固化したものとなる．カルコゲナイド系アモルファス材料はこのような方法で作られたものであり，Si や Ge のアモルファス材料も蒸着，スパッタリングやグロー放電法などにより，非平衡条件下で材料の堆積を行わせることにより作られている．

### 参 考 文 献

1) C. Kittel: "Introduction to Solid State Physics", John Wiley & Sons, 1971.
2) J. M. Ziman: "Principles of the Theory of Solids", 2nd ed., Cambridge University Press, 1972.

## 参 考 文 献

3) S. M. Sze: "Physics of Semiconductor Devices", 2nd ed., John Wiley & Sons, 1981.
4) 黒沢達美："物性論"，裳華房，1970.
5) 阿部龍蔵："電気伝導"，培風館，1969.
6) ランダウ，リフシッツ：統計物理学，岩波書店，1957.
7) R. E. Honig: RCA Review, 567, 1962.

# 2. 半導体材料

　本章では，半導体材料に関する基本的性質，半導体の種類およびその特性がどのような現象に基づいているか，を説明する．種々の半導体デバイスの基本動作を述べ，半導体のどのような特性が利用されているか，その関連を明らかにする．また，デバイス作製技術から集積回路にふれ，材料の精製からデバイス作製にいたるまでのプロセスが，いかに動作性能と直接に結びついているかについて述べる．

## 2.1 半導体の一般的性質

### 2.1.1 半導体の特徴

　半導体は導体（金属）や絶縁体とは，種々の異なる性質を示すが，特に電気的性質において著しい特徴をもっている．半導体は導体と絶縁体との中間の抵抗率を持つ材料で，電気抵抗は温度が上昇するにつれて減少する．すなわち，負の温度係数を示す温度範囲がある．また，含有する不純物によって電気的性質が大きな影響をうけ，外部からの熱や光などの刺激に対しても著しい効果を示すなどの特徴をもっている．本書で取り扱う半導体は電子伝導によるものに限るが，このような半導体が広く実用化されたのは，比較的最近のことである．とくに，1948年にトランジスタが発明されて以来，半導体に基礎をおくエレクトロニクスの進展は目覚しいものがある．これらの発展は，半導体デバイス材料の深い理解とそれに基づく半導体処理技術の進歩によるものである．

### 2.1.2 半導体材料の種類

　前項において半導体の特徴について述べたが，具体的にどのような材料があるかについて述べる．半導体として定義できる物質は多数存在するが，化学的組成から分類すると無機半導体と有機半導体に分けられる．無機半導体はさらに元素半導体と化合物半導体に分類することができる．また原子配列からみれば，結晶

半導体とアモルファス（非晶質）半導体にわけられる．半導体の重要な性質を表わす量として，バンドギャップ $\mathcal{E}_g$，キャリヤ移動度 $\mu$，キャリヤ寿命 $\tau$ などがある．これらの量は半導体材料が定まれば決まる固有のものや，材料が定まっても温度や不純物によって大きく変わるもの，また結晶作製時の状況によって大きく影響されるものなどがある．これらは処理技術の進歩により改善されたものも，未だ制御できない場合もあり，個々の材料について，作製法を含めて慎重に検討しなければいけない．

**a. 元素半導体**　現在最も工業的に重要な Si を始め Ge, Se, など，1種類の元素からなる半導体である．Si, Ge は IV 族に属し，結晶構造はダイヤモンド構造をとり，隣接原子は図 2.1 に示すように正四面体構造に配置され，$sp^3$ 混成軌道による共有結合をしている．Ge はトランジスタ発明時から使用されてきたが，現在ではほとんど Si にとって代わられた．Se は，2個の p 電子が共有結合に関与している．以前は整流器材料や光電池として，古くから用いられたが，現在は電子写真用感光材料として重要である．

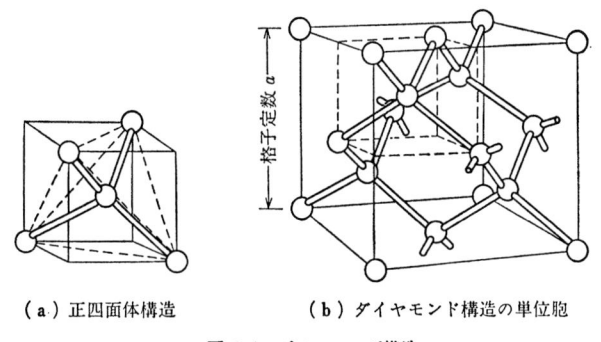

（a）正四面体構造　　（b）ダイヤモンド構造の単位胞

図 2.1　ダイヤモンド構造

**b. 化合物半導体**　2種以上の元素からなる無機化合物半導体であるが，とくに重要なのは，III-V 族化合物半導体と II-VI 族化合物半導体である．III-V 族化合物としては，III 族の B, Al, Ga, In と V 族の N, P, As, Sb の組み合せによる化合物が重要である．大部分がせん亜鉛鉱形（ジンクブレンド構造）をとっている．この構造はダイヤモンド構造において隣接した格子点に他の種類の原子が配置され結合しているものである．III-V 族化合物半導体では，概して電子の移動度が大きく，各種の応用が考えられ，磁電変換素子材料としても用いられる．

また，発光ダイオードや半導体レーザ材料としても重要である．多くのⅢ-Ⅴ族化合物は全組成域にわたり混晶とよばれる固溶体をつくる．たとえば，GaAs-AlAs系において $Ga_{1-x}Al_xAs$ 混晶は $x$ を変化させれば $\mathcal{E}_g$ は自由に連続的に制御可能となり，最近注目されている材料である．Ⅱ-Ⅵ族化合物では一般に $\mathcal{E}_g$ は大きく，$\mu$ は小さい．ジンクブレンド形やウルツ形である．蒸気圧の高い成分元素が多く，化学量論的組成からはずれて制御できないものが多い．電荷補償が自動的に行われドーピングが一般に難しい．そのほかの化合物として，SiC が pn 接合による青色発光素子材料として注目されている．$Pb_{1-x}Sn_xTe$ とか $Hg_{1-x}Cd_xTe$ など赤外線領域で検知器やレーザ材料として用いられる材料もある．

**c. 有機半導体**　有機化合物の多くは絶縁体であるが，$\pi$ 電子を多数もつ多環式芳香族化合物が半導体的性質を示す．また電子を与えやすい電子供与体Dと電子を受けとりやすい化合物（電子受容体A）が結合してできた電荷移動錯体なども半導体的性質を示す．ポリビニルカルバゾルのように著しい光電導性が見出され，増感系の開発により電子写真用感光材料として利用されているものもある．有機半導体のうち，無機半導体に匹敵するものがいくつかあげられるが，一般に抵抗率が高すぎたり，レスポンスが遅いなど，現状では半導体素子として直ちに使用できるものは少ない．しかし，可とう性，成形性，透明性，量産性など特筆すべき性質を有する材料が多く今後の研究にまつところが多い．

**d. アモルファス半導体**　結晶と異なり，周期性をもたない原子配列をしている材料で半導体的特徴をもつものがアモルファス半導体である．シリコン結晶は代表的な半導体であるが，シリコン原子が周期性をもたない配列をした固体はアモルファスシリコン半導体となる．原子の配列は完全にランダムではなく，最近の研究では，隣接の数原子までは結晶の場合とそれほど差異がないといわれている．すなわち長距離秩序は存在しないが，短距離秩序は存在する．原子の配列が乱れ，未結合のダングリングボンドなどが多く禁制帯中に非常に多くの局在エネルギー準位ができ，キャリヤの移動度は小さい．しかし，最近，シランガス($SiH_4$)をグロー放電分解して作製したアモルファスシリコンはH原子を多数含みダングリングボンドを補償して局在密度を減らすことができるため，不純物添加によりn形，p形が作られるようになった．このため，安価で大面積の太陽電池や電子写真感光ドラムなどの材料として有望視されている．カルコゲン元素

(S, Se, Te など) を主成分とするアモルファス半導体も, 各種の用途に利用されている.

### 2.1.3 半導体のエネルギー帯図

前項で述べた半導体の特徴は, エネルギー帯（エネルギーバンド）図を用いるといっそう明瞭になる. 原子が周期的に配列している固体の中の電子の運動に関する理論によれば, 電子の存在が許されるエネルギー準位の領域（許容帯）と電子の存在が許されない（エネルギー準位の存在しない）領域（禁制帯）が交互にバンド状に現われる. これらの許容帯のエネルギー準位に電子をエネルギーの低い方から収容していくと, 完全に満たされたエネルギー帯（充満帯）, 電子のまったく存在しないエネルギー帯（空帯）, 部分的に電子で満たされたエネルギー帯が存在することが考えられる. 外部電界を加えると, 電子が自由に動き得ない充満帯と, 電子の存在しない空帯では電流は流れないが, 部分的に満たされたエネルギー帯では, 電子は自由に動くことができ, 電流が流れる. 図2.2(a)のよ

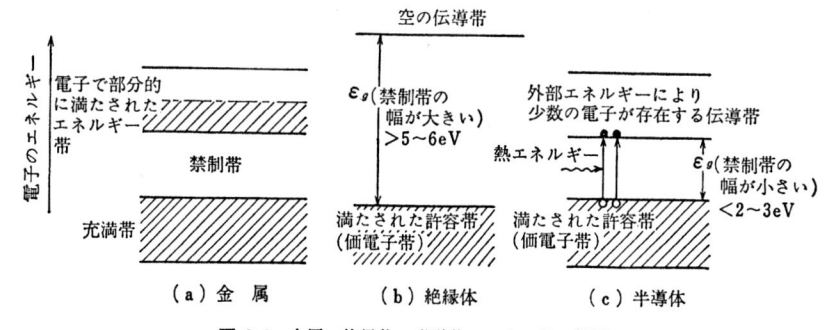

**図 2.2 金属, 絶縁体, 半導体のエネルギー帯図**

うなエネルギー帯図をもつ材料は自由に動くことのできる多数の電子のため, 大きな電流を運ぶことができ, 金属（導体）となる. 図2.2(b)の場合は, 電流を流すことはできず, この材料は絶縁体となることがわかる. これに対し, 図2.2(c)のように禁制帯の幅（バンドギャップ $\mathcal{E}_g$）の比較的小さい材料を考えてみよう. 有限の温度では, 電子は熱エネルギーにより高いエネルギー状態に励起される確率が大きい. $\mathcal{E}_g$ が大きいとこの確率は非常に小さくなり完全に無視できるが, $\mathcal{E}_g$ が小さくなると, 電気伝導に寄与できる上の空帯（伝導帯）に室温でも, 熱的に励起されて存在する電子の数は無視できず, 電流が流れることになる

が，導体ほど電子の数は多くないので，金属と絶縁体との中間程度の抵抗率を示すことになる．これが半導体に分類される材料である．絶対零度では，熱的に励起される電子はなくなるから，絶縁体と同様となるが，温度が上昇するにつれて，伝導帯の電子数は多くなり，抵抗率は下がり負の温度係数を示すことがわかる．ところで，伝導帯の電子は，価電子によって満たされた充満帯（価電子帯）から励起されるので，価電子帯に電子の抜けた穴ができることになる．この価電子帯の穴は他の価電子により埋められ，埋めた価電子の空席は新しい穴となり，これがさらに他の電子の移動により埋められるというように順次，穴は電子の移動方向とは逆の方向へ移動する．この場合，電子の移動により電流が流れるが，穴を正の電荷をもった荷電粒子（正孔またはホールという）として取り扱い，電気伝導を考えた方が都合がよい．このため半導体の電気伝導現象は，伝導帯の電子と価電子帯の正の電荷をもつ正孔の2種類の電荷担体（キャリヤ）を考慮する必要がある．

この2種類のキャリヤは，固体中に周期的に配列された原子による周期的ポテンシャルの中を動いている．そのため自由電子とは異なった質量をもっているとみなし得る．これを有効質量といい，材料が異なれば違った有効質量となり，また電子と正孔でも異なることになる．電子と正孔の運動の状態はそれぞれの波数 $k$ によって定まり，$k$ とエネルギー $E$ の関係はエネルギー帯構造といわれ，代表

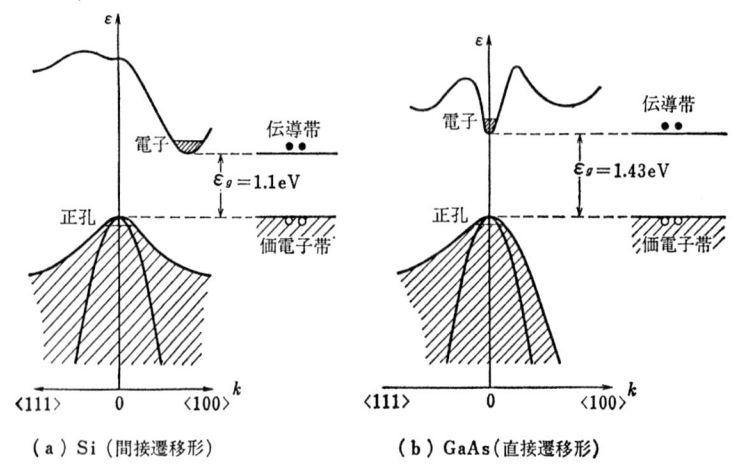

図 2.3 Si と GaAs のエネルギー帯構造

(a) Si (間接遷移形) $\varepsilon_g = 1.1\text{eV}$

(b) GaAs (直接遷移形) $\varepsilon_g = 1.43\text{eV}$

的な例を図2.3に示す．電子は通常，エネルギーの最も低い伝導帯の底付近に存在するが，正孔のエネルギーは図の縦軸の下に向うに従って大きくなるので正孔は価電子帯の頂上付近に分布することになる．GaAsのエネルギー帯構造では図2.3(b)からわかるように電子の存在する伝導帯の底と正孔の存在する価電子帯の頂上はいずれも $k=0$ の点にある．しかし，Siでは図2.3(a)のように価電子帯の頂上 ($k=0$) と伝導帯の底 ($k \neq 0$) は同じ $k$ の点にはない．前者のタイプを直接遷移形，後者を間接遷移形とよぶ．

### 2.1.4 真性半導体と不純物半導体

**a. 真性半導体**　不純物をいっさい含まず，結晶格子の乱れもない半導体を真性半導体といい，そのエネルギー帯図は図2.2(c)になる．熱エネルギーなど外部エネルギーが加えられ，電子が価電子帯から伝導帯に励起されると同時に，まったく同数の穴が価電子帯に生成されるので，真性半導体では，常に電子の密度と正孔の密度は同一となる．このことを具体的にシリコンを例にとって説明しよう．半導体エレクトロニクスで現在最もよく使用されているシリコンは，ダイヤモンド形の結晶構造をしており，各原子はそれぞれ4個の価電子で隣接原子と共有結合している．立体的構造を無視して，原子の結合状態を模型的に図2.4に示す．価電子で充満している価電子帯から外部からのエネルギーにより結合から解放された電子は，結晶中を自由に移動できる伝導帯の伝導電子となる．同時にできた正孔は，電子と逆方向に移動することは，図より明らかであろう．

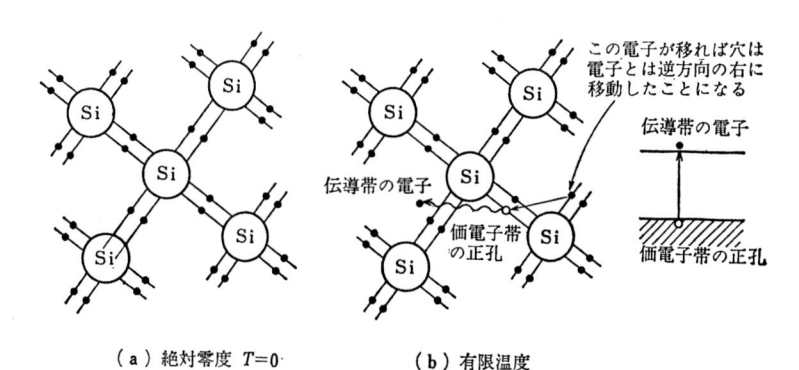

(a) 絶対零度 $T=0$　　(b) 有限温度

図2.4　シリコンの結合状態と電気伝導

**b. 不純物半導体**　現実の半導体材料は，不純物を含み，格子不整を有し，

これらの影響により半導体の性質は著しく変化する（構造敏感性）．この事実は，不純物の種類や量を人為的に制御することができれば，半導体の電気的性質が自由にコントロール可能なことを意味し，半導体材料の応用分野は飛躍的に拡大され得る重要な性質となる．このように不純物を添加して性質を変化させた半導体を不純物半導体といい，次の2種類の不純物半導体が考えられる．

シリコンはⅣ族の元素であるが，この中にⅤ族の元素であるひ素（As）を添加した場合を考えてみる．ひ素原子はシリコン原子と置換して格子位置を占める．ひ素原子の5個の価電子のうち4個は隣接のシリコン原子との共有結合に使われるが，価電子1個が過剰となってしまう．この電子はひ素原子の周囲に存在する．これは，正イオンのひ素原子の周囲を過剰電子1個がクーロン力で結ばれていると見なしてよいであろう．この運動状態は，シリコン原子が十分に密につまった状態で比誘電率 $\epsilon_{Si}$ の連続体と考えられれば，$\epsilon_{Si}$ の媒質中の水素原子と同じとみなすことができる．この過剰電子は室温付近の熱エネルギーで十分に束縛された状態から解放され，結晶中を自由に動き得る伝導帯の電子となる．わずかなエネルギーで伝導帯へ励起されることから，この束縛状態のエネルギー準位は伝導帯のすぐ下に位置することになる．残ったひ素原子は，正イオンとなり結晶格子に固定されて自由に移動できない．また，結合状態に穴ができるわけではないので，正孔を作らない．すなわち，Ⅴ族原子を添加すれば正孔を作ることなく自由に伝導帯の電子数を制御でき，電気的性質をコントロールできることになる．この場合，不純物は，伝導帯へ電子を供与する役目を果すためドナ（donor）といい，ドナのエネルギー準位をドナ準位という．この場合，伝導に寄与する電荷担体（キャリヤ）は負電荷（negative charge）の電子であるため，このような半導体をn形半導体という．念のためドナ準位と過剰電子の軌道半径を求めてみよう．電子の質量を有効質量 $m_e$ に，真空の代りに誘電率 $\epsilon$ をもつ媒質に置き換えれば，水素原子と同じになるから，基底状態では，束縛エネルギーとその半径はそれぞれ，

$$\mathcal{E}_d = -\frac{m_e q^4}{(4\pi\epsilon)^2 2\hbar^2} \tag{2.1}$$

$$r_D = \frac{4\pi\epsilon\hbar^2}{m_e q^2} \tag{2.2}$$

となる．シリコンでは，$\epsilon = 11.8\,\epsilon_0$，$m_e = 0.19\,m_0$ とすれば，$\mathcal{E}_d \sim 0.02\,\text{eV}$，$r_D \sim$

$3\times10^{-9}$ m となり,シリコンの原子間隔の 10 数倍の距離になり,ドナより相当離れた所を周回していることになる.このため格子を連続的媒質として扱っても,それほど誤差は生じない.$\mathcal{E}_d$ はそれほど大きくないので,過剰電子は室温では十分に束縛状態から解放されているものと考えられる.以上の様子を図 2.5 に示す.

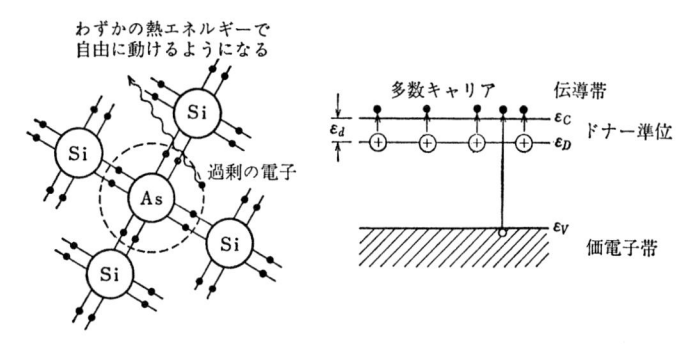

**図 2.5　n 形半導体（過剰電子の半径は実際には大変大きい）**

有限の温度ではドナ準位から電子が伝導帯へ励起されていると同時に,真性半導体と同様に価電子帯からもわずかに励起されている.すなわち,n 形半導体といえども,ドナの存在とは関係なく正孔が存在し得ることになるが,n 形半導体では,電子の数が正孔より一般にはるかに多い.密度の多い方を多数キャリヤ,少ない方を少数キャリヤという.絶対零度になれば,ドナ準位からも電子は伝導帯に励起できずキャリヤは存在しなくなり,n 形半導体でも絶縁体と同様になる.

次に V 族原子の代りに III 族原子を添加（ドーピング）してみよう.たとえば,ほう素（B）を添加するとシリコン原子と置きかわるが,今度は 3 個の価電子しかないので,4 個の隣接シリコン原子との結合に不足をきたし,空席を生じることになる.この空席に他の価電子を収容すると,ほう素原子は負イオンとなり,周辺に生じた空席は正孔であるから,ほう素原子とクーロン力で結ばれながら周回していることになる.しかし,n 形の過剰電子の場合と同様,束縛エネルギーは小さく,室温付近の熱エネルギーで十分に,価電子帯に自由に動くことのできる正孔を 1 個供給することになる.すなわち,III 族原子を不純物としてドープすれば,伝導電子の生成なしに価電子帯に正孔を励起することができ,正孔による

電気伝導を自由に制御することができる．Ⅲ族原子は価電子帯の電子を受け入れるのでアクセプタ (acceptor) と呼ばれ，価電子帯に正孔を供給し，自分自身は負イオンとして格子内に固定され自由には移動できない．この半導体では，電流は正電荷 (positive charge) をもつ正孔により運ばれるため，多数キャリヤは正孔となり，P形半導体と呼ばれる．以上の議論は図2.6から明らかであろう．

真性半導体にドナ不純物を添加すればn形半導体に，アクセプタ不純物をドープすればP形半導体になる．ドナとアクセプタが同時に共存したとき，ドナ原子の数がアクセプタ原子の数より多ければ，ドナからの過剰電子の一部はアクセプタに収容され，残りが伝導帯に励起されるのでn形半導体となり，逆にアクセプタ原子が多ければP形となり，アクセプタとドナの差のキャリヤが存在することになる．両方の不純物を含んだ場合を補償形半導体という．両者が等しい数であれば，真性半導体に近い振舞をすることになる．

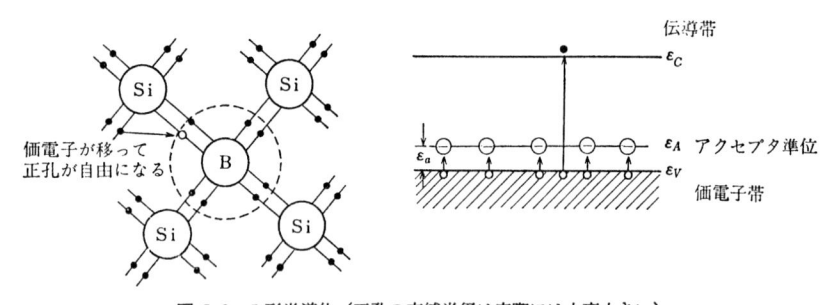

図 2.6 P形半導体（正孔の束縛半径は実際には大変大きい）

### 2.1.5 キャリヤの分布

熱平衡状態において伝導帯および価電子帯に存在する電子および正孔の数を求めてみる．これらの密度は，電子を収容できる状態数とその状態が占有される確率との積から定まる．エネルギー $\mathcal{E}$ と $\mathcal{E}+d\mathcal{E}$ 内に含まれる状態密度は，単位体積当り，伝導帯に対し，

$$N_n(\mathcal{E}) = \frac{1}{2\pi^2}\left(\frac{2m_e}{\hbar^2}\right)^{3/2}(\mathcal{E}-\mathcal{E}_C)^{1/2} \tag{2.3}$$

で与えられる．ここで，$\mathcal{E}_C$ は伝導帯の底のエネルギーである．

エネルギー $\mathcal{E}$ の状態を電子が占有する確率は，電子がパウリの排他律に従うため，フェルミーディラック分布となり，次式で与えられる．

## 2.1 半導体の一般的性質

$$f_n(\mathcal{E}) = \frac{1}{1+\exp\{(\mathcal{E}-\mathcal{E}_F)/k_BT\}} \tag{2.4}$$

ここで，$\mathcal{E}_F$ はフェルミ準位である．この分布は温度により変化し，その様子を図2.7に示す．

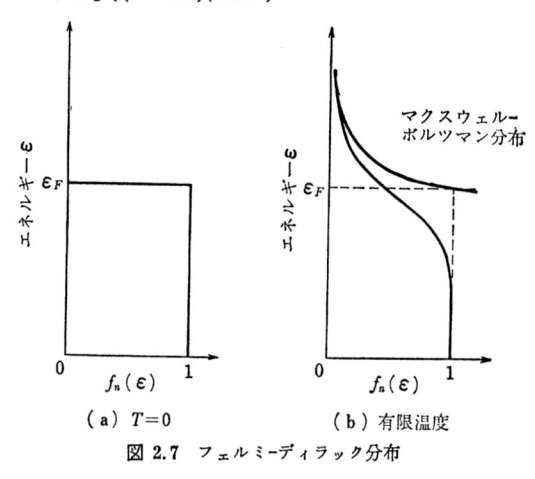

通常の半導体では，$\mathcal{E}_F$ は禁制帯内部にあることが多く，伝導帯の電子のエネルギー $\mathcal{E}$ に対し $\mathcal{E}-\mathcal{E}_F > 3k_BT$ としてよいことが多い．このときは $f_n(\mathcal{E})$ は分母の1が無視でき，

**図 2.7** フェルミーディラック分布 （a）$T=0$ （b）有限温度

$$f_n(\mathcal{E}) = \exp\{-(\mathcal{E}-\mathcal{E}_F)/k_BT\} \tag{2.5}$$

と近似できる．これは，マクスウェルーボルツマン分布で近似したことに相当する．以上の近似の下で，伝導帯に存在する電子の密度 $n$ は，次式で与えられる．

$$n = \int_{\mathcal{E}_C}^{\infty} N_n(\mathcal{E}) f_n(\mathcal{E}) d\mathcal{E} = N_C \exp[-(\mathcal{E}_C-\mathcal{E}_F)/k_BT] \tag{2.6}$$

$$N_C = \frac{1}{4\pi^3}\left(\frac{2\pi m_e k_B T}{\hbar^2}\right)^{3/2} \tag{2.7}$$

$N_C$ を伝導帯の有効状態密度という．$\mathcal{E}$ が大きくなると $f_n(\mathcal{E})$ は急激に0に近づくため，積分の寄与はなく，積分の上限は∞としてよい．

価電子帯の正孔密度 $p$ も上と同様に求めることができる．ただし，正孔に対しては，電子とは逆にエネルギー帯図で下に向かうとエネルギーが高いこと，正孔の占有確率 $f_p(\mathcal{E})$ は電子の抜け穴の分布であるから，$f_p(\mathcal{E}) = \exp\{\mathcal{E}-\mathcal{E}_F)/k_BT\}$ を考慮する必要がある．以上より，

$$p = \int_{-\infty}^{\mathcal{E}_V} N_V(\mathcal{E}) f_p(\mathcal{E}) dE = N_V \exp\{-(\mathcal{E}_F-\mathcal{E}_V)/k_BT\} \tag{2.8}$$

$$N_V = \frac{1}{4\pi^3}\left(\frac{2\pi m_h k_B T}{\hbar^2}\right)^{3/2} \tag{2.9}$$

で与えられる.

上に求めた電子および正孔の密度$n$および$p$は，温度が一定であれば，各材料に対して計算できることになる．室温でも熱エネルギーにより価電子帯から伝導帯へ励起されることを述べたが，いつまでも価電子帯の電子が伝導帯へ励起し続けることはなく，上式で定まる値に達して平衡値を保っていることになる．

さらに$n$および$p$を各場合について求めてみよう．

**a. 真性半導体の場合** 真性半導体では伝導帯の電子と価電子帯の正孔は常に同数存在するから，

$$n=p=\sqrt{np}=n_i \tag{2.10}$$

と書ける．

式 (2.6) と式 (2.8) から真性半導体のキャリヤ密度$n_i$は，

$$n_i=\sqrt{N_C N_V}\exp\{-(\mathcal{E}_C-\mathcal{E}_V)/2k_B T\}=\sqrt{N_C N_V}\exp(-\mathcal{E}_g/2k_B T) \tag{2.11}$$

$\mathcal{E}_g=\mathcal{E}_C-\mathcal{E}_V$：バンドギャップ

で与えられる．300 K における Si の$n_i$は$1.5\times10^{16}\mathrm{m}^{-3}$となる．

真性半導体のフェルミ準位$\mathcal{E}_{Fi}$は式 (2.6) と式 (2.8) を等しいとおいて，

$$\mathcal{E}_{Fi}=\frac{\mathcal{E}_C+\mathcal{E}_V}{2}+\frac{k_B T}{2}\ln\frac{N_V}{N_C}=\frac{\mathcal{E}_C+\mathcal{E}_V}{2}+\frac{3}{4}k_B T\ln\frac{m_h}{m_e} \tag{2.12}$$

となり，もし$m_e=m_h$とみなせる半導体ならば，$\mathcal{E}_{Fi}$はバンドギャップの中間に位置することになる．また，

$$n=n_i\exp\{(\mathcal{E}_F-\mathcal{E}_{Fi})/k_B T\} \tag{2.13}$$

$$p=n_i\exp\{-(\mathcal{E}_F-\mathcal{E}_{Fi})/k_B T\} \tag{2.14}$$

と書き換えることができる．式 (2.6) と式 (2.8) より

$$np=n_i^2 \tag{2.15}$$

である．この式は，真性半導体に限らず常に成り立つ重要な式である．

**b. 不純物半導体の場合** ドナ密度$N_D$を添加（ドープという）したn形半導体を考えてみよう．通常の場合は$N_D\gg n_i$である．前に述べたように室温にもなるとドナ準位にある電子は，熱エネルギーにより伝導帯に，$N_D$にほぼ等しい密度の電子が励起され多数キャリヤとなる．このとき熱平衡であるから式(2.15)が成立するので，少数キャリヤ密度$p$は次のように求まる．

## 2.1 半導体の一般的性質

$$n = N_D \left.\right\} \text{n形} \quad (2.16)$$
$$p = n_i^2/N_D \quad (2.17)$$

$N_D \gg n_i$ が成り立たない場合は，半導体中の電荷中性の条件から，

$$n = \sqrt{n_i^2 + (N_D/2)^2} + N_D/2 \quad (2.18)$$
$$p = \sqrt{n_i^2 + (N_D/2)^2} - N_D/2 \quad (2.19)$$

となる．

式 (2.16) を式 (2.13) に代入すると，フェルミ準位は，

$$\mathcal{E}_{Fn} = \mathcal{E}_{Fi} + k_B T \ln(N_D/n_i) \quad (2.20)$$

となり，n形のフェルミ準位は真性半導体のフェルミ準位より上にあることになる．温度が高くなると式 (2.11) から $n_i$ は非常に大きくなり得るので，もし $n_i \gg N_D$ ともなれば，式 (2.18)，式 (2.19) より $n = p = n_i$ とみなせることになり，高温では不純物半導体であっても真性半導体に近づくことになる．

以上からn形半導体のキャリヤの温度依存性は，図2.8のようになるであろう．低温ではドナ準位から伝導帯へ十分に励起されず，温度上昇とともに $n$ は増大するが，温度が高くなると，ドナ準位からすべて電子が励起され，$n = N_D$ と一定となる．さらに高温になると，価電子帯から励起される電子の数の方が多くなり，真性半導体と同様となり，$n$ は温度上昇とともに式 (2.11) に従って急激に増大する．

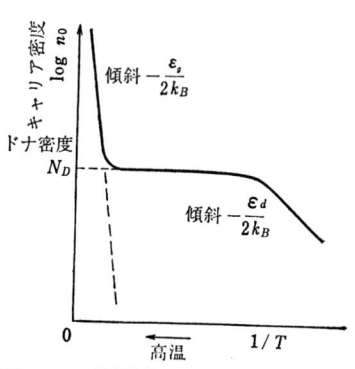

**図 2.8** n形半導体のキャリヤの温度依存性

p形半導体では，電子と正孔，ドナとアクセプタをそれぞれ置き換えて議論すればよい．結果のみを記すと，

$$p = N_A \left.\right\} \text{p形} \quad (2.21)$$
$$n = n_i^2/N_A \quad (2.22)$$

となる．$N_A$ はアクセプタ密度である．

フェルミ準位は，

$$\mathcal{E}_{Fp} = \mathcal{E}_{Fi} - k_B T \ln(N_A/n_i) \tag{2.23}$$

となり，正孔の温度依存性の議論も同様となる．以上をまとめると表2.1になる．

表 2.1 n形，p形半導体のまとめ

| | | 不純物 | 多数キャリヤ | 少数キャリヤ |
|---|---|---|---|---|
| 不純物半導体 | n形半導体 | ドナ<br>（V族元素 P, As, Sb など） | 電子（密度 $n=N_D$） | 正孔（密度 $p=n_i^2/N_D$） |
| | p形半導体 | アクセプタ<br>（III族元素 B, Al, Ga など） | 正孔（密度 $p=N_A$） | 電子（密度 $n=n_i^2/N_A$） |
| 真性半導体 | | なし | 電子密度＝正孔密度 $n=p=n_i$ | |

$\mathcal{E}_{Fi}$（真性半導体のフェルミ準位）がバンドギャップの中央にあるとすると，n形ではフェルミ準位は禁制帯の上半分にあり，p形では下半分に位置することになる．ドナを通常のn形に比べ比較的多量に添加し通常のn形と区別したいとき，$n^+$形と書くことがある．この場合のフェルミ準位は伝導帯の底$\mathcal{E}_C$に非常に近づくことになる．同様に，アクセプタについては，$p^+$形と書く．

### 2.1.6 キャリヤの運動

伝導帯の電子および価電子帯の正孔は，外部電界により加速されれば電流が流れる．しかし，熱振動している格子原子やイオン化不純物とひんぱんに衝突し，散乱されランダムな運動をしている．これらのランダムな運動を外部電界方向に平均すると平均速度$v$で移動している．この速度をドリフト速度といい，電界に比例する．すなわち，$E$を印加電界とすると，

$$v = \mu E \tag{2.24}$$

となる．この比例定数を移動度といい，$\mu$で表わす．

ところで，キャリヤ密度$n$が平均速度$v$で移動すれば電流密度は，

$$J = qnv = qn\mu E = \sigma E \tag{2.25}$$

と書ける．ここに$\sigma = qn\mu$は導電率であり，抵抗率$\rho$は$1/\sigma$で定義される．この式は$J$が$E$に比例することになり，オームの法則を表わしている．

真性半導体では，電子と正孔により電流が流れるため，両者の和で表わされるから，

$$J = qnv_n + qpv_p = qn\mu_n E + qp\mu_p E = q(n\mu_n + p\mu_p) E \tag{2.26}$$

となり，

$$\sigma = q(n\mu_n + p\mu_p) \tag{2.27}$$

と書ける．

電界 $E$ が加わっているときの電流の流れる様子をエネルギー帯図で示すと図 2.9 のようになり，電子と正孔両者の伝導が示される．不純物半導体では多数キャリヤが主となるため，少数キャリヤによる項は式（2.27）で考えなくてよい．移動度 $\mu$ が大きい材料ではキャリヤの速度が大きくなるため，半導体素子の高速

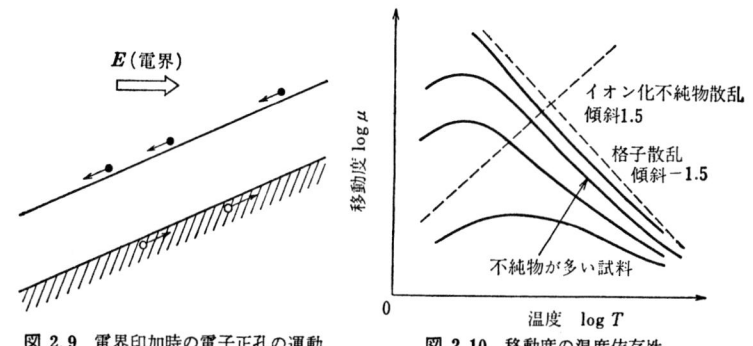

図 2.9 電界印加時の電子正孔の運動　　図 2.10 移動度の温度依存性

動作に適している．移動度は材料により異なるが，さらに移動度を制限しているのはキャリヤの散乱機構であり，通常支配的になるのは，格子散乱（格子原子の熱振動による散乱）とイオン化不純物散乱（イオン化不純物によるクーロン散乱）である．前者については，格子原子の熱振動が温度上昇とともに大きくなるためキャリヤは散乱されやすく，平均速度は小さくなり，$\mu \propto T^{-1.5}$ なる依存性をもつ．後者のクーロン散乱については，温度上昇とともに熱速度が大きくなり衝突断面積は小さくなるため散乱されにくくなり，$\mu \propto T^{1.5} N_I^{-1}$（$N_I$ はイオン化不純物濃度）という依存性をもち，前者とは逆の温度依存性をもつ．このため，高温では格子散乱，低温ではイオン化不純物散乱が支配的になる．この様子を図 2.10 に示す．

式（2.24）からドリフト速度は外部電界 $E$ に比例する．しかし，$E$ が大きく（高電界）なると，$\mu$ は一定ではなくなり $\mu \propto E^{-1/2}$ および $E^{-1}$ などの依存性を示すようになり，$10^6$ V/m 程度以上になると速度は飽和する．最近は半導体デバイスが小型化され，高電界下で動作させる素子が多くなってきたため，飽和速度の

大きさやキャリヤのもつエネルギーが問題になってくる場合も多い．

### 2.1.7 少数キャリヤの注入，拡散，再結合

不純物半導体では電気伝導は主として多数キャリヤによることを述べたが，外部から半導体試料内部に電界を加えるなどの手段により多数キャリヤを導入して密度を熱平衡時の密度より高めた場合を考える．

この過剰キャリヤによる電荷密度の増加分 $\Delta n$ は，

$$\Delta n = (\Delta n)_{t=0} \exp\{-(\sigma/\epsilon)t\} = (\Delta n)_{t=0} \exp(-t/\tau) \qquad (2.28)$$

で減少する．$\epsilon$ は誘電率であり，$\tau$ は誘電緩和時間と呼ばれる．通常の半導体に対して計算してみると $\tau \simeq 10^{-13}$s となり過剰多数キャリヤは，極めて短時間で消滅してしまう．次に少数キャリヤの注入を考える．

n形半導体に少数キャリヤである正孔を注入すると，過剰な正孔を中和するため多数キャリヤが集まり，時間の経過とともに電子と再結合して消滅していく．この熱平衡時からの変化分 $\Delta p$ は，

$$\Delta p = (\Delta p)_{t=0} \exp(-t/\tau_h) \qquad (2.29)$$

と表わされ，$\tau_h$ をライフタイムまたは寿命という．この時間は通常の半導体結晶では $\tau$ よりはるかに長く，過剰少数キャリヤによる非熱平衡状態は長く続くことになり，導電率の大きな変化をひき起こし，後述の pn 接合や接合トランジスタの動作原理に重要な役割を果たす．

試料の一端に少数キャリヤの正孔を注入すると，空間的に密度のこう配ができ，密度の高い側から低い方へキャリヤの移動現象（拡散現象）が起こる．この流れは密度のこう配に比例し，拡散定数を $D_h$ とすれば，拡散による電流密度は，

$$J_p = -qD_h \frac{dp}{dx} \qquad (2.30)$$

となる．拡散定数 $D_h$ と移動度 $\mu_h$ の間にはアインシュタインの関係式，

$$\mu_h = \frac{qD_h}{k_B T} \qquad (2.31)$$

が成立する．正孔の寿命を $\tau_h$ とすると，拡散現象により移動する平均距離は，

$$L_h = \sqrt{D_h \tau_h} \qquad (2.32)$$

で与えられ，過剰少数キャリヤは，

$$\Delta p = (\Delta p)_{x=0} \exp(-x/L_h) \qquad (2.33)$$

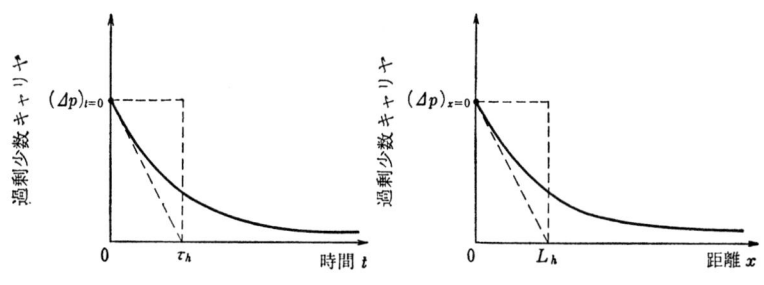

図 2.11 過剰少数キャリヤの変化

に従って減少していく．図 2.11 のように，過剰正孔少数キャリヤは $\tau_h$ だけ平均的に生きのび，拡散現象により $L_h$ だけ平均的に動いていることになる．

過剰少数キャリヤは，時定数 $\tau_e$ または $\tau_h$ で種々の減衰過程に従って再結合していくが，伝導帯の電子が価電子帯の正孔に直接落ち込んで消滅する直接再結合や，格子欠陥などに起因する欠陥準位を介して電子と正孔が再結合する間接再結合がある．この準位を再結合中心という．格子欠陥が多くなればキャリヤの寿命は大幅に減少してしまう．このため完全な結晶を作製することが求められる．逆にトランジスタ，ダイオードのスイッチングなどで応答時間を早めるため，故意に Au などの元素を導入して再結合中心を増やし寿命を減少させることもある．欠陥準位の中でも電子を捕獲し，続いて正孔を捕え再結合する前に，電子が再び熱的に励起されて伝導帯に戻る場合がある．このような準位を電子トラップと呼ぶ．この様子を図 2.12 に示す．そのほか，結晶表面には必然的に格子不整が多数存在し，表面再結合が起こりやすい．現実に結晶を加工して素子を作製する場

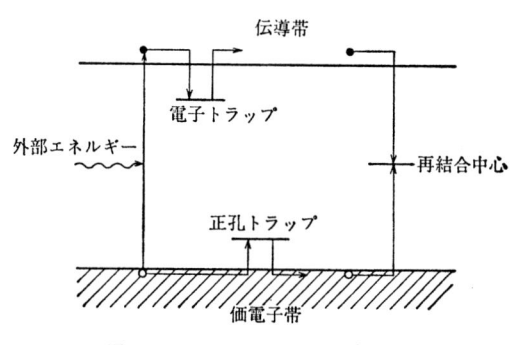

図 2.12 キャリヤの生成と消滅過程

合，表面が必ず存在するので対策を常に考えておく必要がある．

### 2.1.8 半導体の光電現象

半導体に光を照射すると吸収や，励起されたキャリヤによる伝導度の変化，ま

た逆過程としての発光現象など興味ある現象が観測されると同時に，この現象は応用上も重要である．波長 $\lambda$ の光は，エネルギー $E=\hbar\omega=2\pi\hbar c/\lambda$（$c$ は光速），運動量 $p=2\pi\hbar/\lambda$ をもつフォトンとして取り扱うことができる．可視光に対しては $p$ は小さく 0 としてよいが，$\hbar\omega$ は半導体のエネルギーギャップの大きさの程度になる．バンドギャップ $\mathcal{E}_g$ が $\hbar\omega$ より大きい場合は，この光は吸収されず透過するので，この光に対しては透明になる．しかし $\hbar\omega>\mathcal{E}_g$ では光の吸収が起こる．$\hbar\omega<\mathcal{E}_g$ でも禁制帯中に格子欠陥などによるエネルギー準位が存在すれば光の吸収が起こり得る．このため，対象とする光の波長によって半導体材料を選択しなければならない．伝導帯と価電子帯間で吸収が起こる限界波長 $\lambda_c$ は $2\pi\hbar c/\lambda_c=\mathcal{E}_g$ を満たす．このとき光の吸収が始まるので吸収端ともいう．光が単位長さ進む間に吸収される割合を吸収係数 $\alpha$ としてよく用いられる．$\alpha$ の波長依存性を図 2.13 に示す．禁制帯中に存在する種々の準位が関与すれば，様々な吸収過程が存在し得るので，図 2.13(a) に加わることになる．光のエネルギーが吸収さ

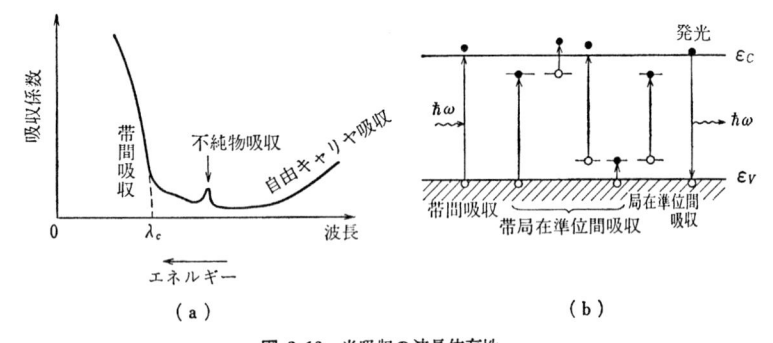

図 2.13 光吸収の波長依存性

れると，電子と正孔が生成され，キャリヤ密度が増加することになり導電率が増加する．電子と正孔の増加分をそれぞれ $\Delta n, \Delta p$ とすると，導電率の増加分は，

$$\Delta\sigma = q(\mu_e\Delta n + \mu_h\Delta p) \tag{2.34}$$

となる．この現象を光導電効果という．

図 2.3 で直接遷移形と間接遷移形について述べた．波数 $k$ に $\hbar$ をかけると結晶運動量となる．間接遷移形では伝導帯の電子と価電子帯の正孔は異なった $k$ の状態にあるので，光による遷移に際しては，エネルギー保存則とは別に運動量保存則についても考慮しなければならない．直接遷移形ではこの関係は自動的に満足

しているが, 間接遷移形では電子と正孔では結晶運動量の差が存在し, この差は何らか手段によって補う必要がある. これはフォノンが関与することにより可能となるが, それだけ遷移は起こりにくくなる. 発光現象は伝導帯の電子が価電子帯に遷移したときに放出されるエネルギーが光として, 放出される現象であり, 放射再結合という. しかし, 放出エネルギーが光としてではなく熱エネルギーの形態をとる場合も多く非放射再結合となる. 放射再結合を効率よく行うためには, 直接遷移形の半導体を用いる方がよいことになる. このため図 2.3 から発光材料として, GaAs は用いられるが, Si は使用されない理由が明らかとなる.

### 2.1.9 半導体の磁気電気現象

**a. ホール効果**  n 形半導体試料の $x$ 方向に電界 $E_x$, $z$ 方向に磁束密度 $B_z$ を加えると, $E_x$ により電流 $I_x$ が流れ, 電子はローレンツ力により $y$ 軸の正方向にまげられ, 押しやられるため, $y$ 軸の側面には負電荷が集まり, したがって $y$ 軸には正の方向に電界が生じる (図 2.14). p 形試料ならば運動するキャリヤは

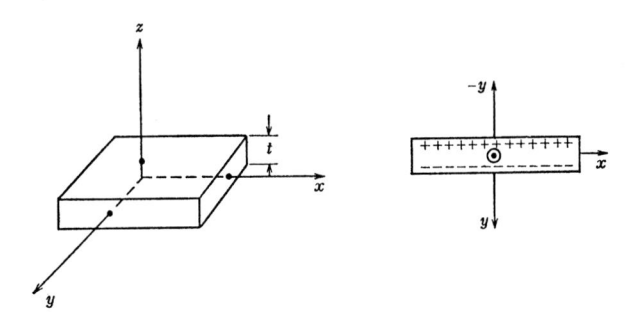

図 2.14 ホール効果 (n 形半導体)

正電荷なので, $y$ 方向の電界は逆になる. 試料の厚さを $t$ とすると,

$$R_H = \frac{V_H}{I_x B_z} t = -\frac{1}{nq} \tag{2.35}$$

なる関係が成り立つ. $V_H$ は $y$ 方向のホール電圧であり, $R_H$ はホール係数と呼ばれる. $R_H$ と $\sigma$ から移動度が求まる.

$$|R_H| \cdot \sigma = \mu_H \tag{2.36}$$

この式の右辺はホール移動度と呼ばれ, 一般に $\mu_e$ とは少し異なる. 以上の関係を用いることによりホール効果の測定結果から, ① $V_H$ の符号, ② $R_H$ の大きさ, ③ $\sigma$ を既知とすれば $R_H \sigma$ の値, が求まることになる. これより次のような

半導体材料の基本的特性が推定できることになる．①より実験試料がn形かp形か実験的に判定できる，②より $n=1/|R_H|q$ を用いてキャリヤ密度を求めることができる，③より移動度の大きさが求まる，ことになり，それぞれ半導体の重要なパラメータが得られる．厳密には式 (2.35) には，キャリヤの散乱過程により1～2程度の係数がかかり，このため式 (2.36) から求めた $\mu$ は，ドリフト移動度 $\mu_e$ とは係数だけ異なるためホール移動度として区別する．

**b. 磁気抵抗効果**　磁界中のキャリヤはローレンツ力を受けるためキャリヤの進路がまげられ，電気抵抗は高くなり抵抗率が増大する．これを磁気抵抗効果という．増加分は，

$$\frac{\Delta\rho}{\rho_0} = \frac{\rho-\rho_0}{\rho_0} = (\mu_e B_z)^2 \tag{2.37}$$

と表わされる．ただし，$\rho_0=1/qn\mu_e$ で $B_z=0$ のときの抵抗率である．このため，磁気抵抗効果を利用する場合は移動度の大きい半導体材料を用いる必要がある．

### 2.1.10　半導体の熱電現象

2種類の異なった金属または半導体で閉回路を作り，2つの接点に温度差をつけると，その回路に起電力が生じ電流が流れる現象があり，ゼーベック効果という．n形半導体の両端に金属をつけ，一方を高温にし，他方を低温に保つと半導体内部に温度こう配ができる．高温部の電子密度の方が低温部より高くなるため，電子は高温側から低温側へ拡散によって移動する．その結果，低温部は負に，高温部は正に帯電する．この電界とキャリヤの拡散がつり合って定常状態に達する．これを図2.15に示す．p形半導体では，極性が逆になる．このため，この結果から，試料の pn 判定をすることも可能である．

次にすでに述べた閉回路を開き，温度差をなくして外部から電流を流すと一方

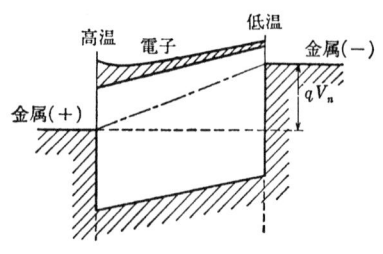

図 2.15　ゼーベック効果（n形半導体）　　　図 2.16　ペルチエ効果（n形）

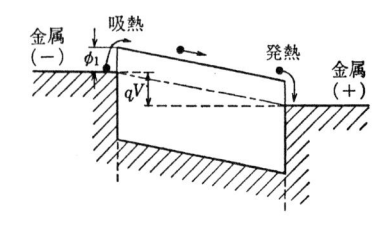

の接点で吸熱，他方の接点で発熱が起こる現象があり，ペルチエ効果という．電流の方向を逆にすると吸熱，発熱が逆になる．図2.16に示すように，一方の金属から電子が伝導帯に注入される．このとき電子は平均エネルギーをもつから，吸熱が起こる．このエネルギーが他方で放出されるため，そこで発熱が起こる．電流の方向を逆にすると，吸熱と発熱が逆になることは明らかであろう．このような熱電効果は半導体を用いると大変大きくなる．ペルチエ効果を用いて，$Bi_2Te_3$，$Sb_2Te_3$ などの材料により電子冷却が可能となり，使用されている．

## 2.2 半導体デバイス

### 2.2.1 ダイオード

**a. 金属-半導体接触の整流特性**　外部から電圧を印加したとき，その極性により流れる電流が大きく異なる場合があり，これを整流作用という．電流の流れやすい方向を順方向，流れにくい方向を逆方向という（図2.17(a))．図2.17(b)に示すようにオームの法則に従う関係を示す場合にはオーム性（オーミック）という．

仕事関数 $W_M$ の金属と仕事関数 $W_S$ のn形半導体を接触させた場合を考えよう．$W_M > W_S$ とすると図2.18に示すように，半導体のフェルミ準位が高いため半導体中の電子の一部は金属に移動し，金属は負に帯電する．半導体中の正にイオン化しているドナ原子は移動できず，半導体は正に帯電し，界面付近に正の空間電荷層を形成する．この層は電子に対する障壁となり電子の流入を阻止し

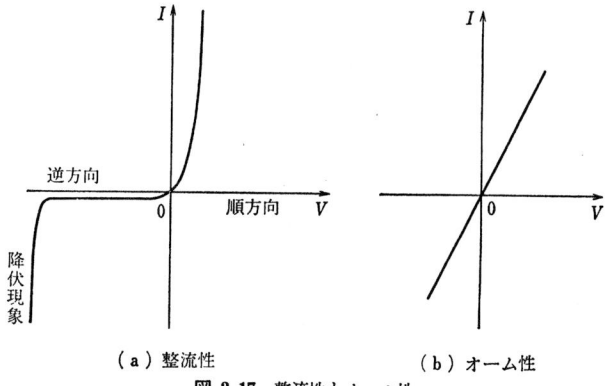

(a) 整流性　　　　(b) オーム性
図 2.17　整流性とオーム性

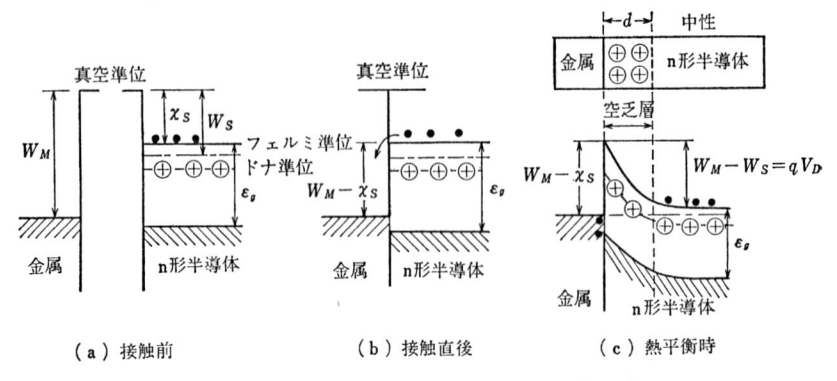

図 2.18 金属-n形半導体接触 ($W_M > W_S$)

(a) 接触前　(b) 接触直後　(c) 熱平衡時

て,熱平衡時には両側のフェルミ準位は一致する.この障壁層はキャリヤが存在しないため空乏層ともいい,この部分の抵抗は高い.このような障壁をショットキー障壁という.熱平衡時(外部印加電圧 $V=0$)には,半導体中の電子に対する電位障壁の高さは,$W_M - W_S = qV_D$($V_D$ は拡散電位またはビルトイン電位という)であるが,金属に正の電圧 $V$ を印加すると,この電位障壁の高さは $q(V_D - V)$ に減少するため半導体側から電位障壁を越えて金属側に流れ込む電子数は $\exp(qV/k_BT)$ 倍に増加し,電流はほぼ $I = I_0 \exp(qV/k_BT)$ となり,$V$ とともに非常に増加することになる.これが順方向である(図2.19(a)).次に印加電

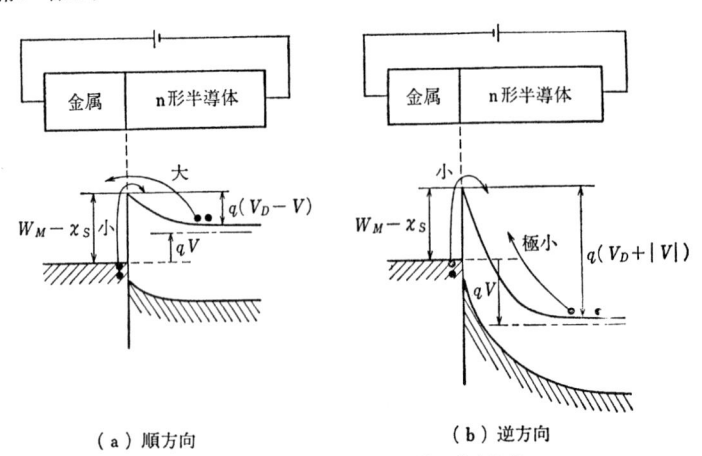

(a) 順方向　(b) 逆方向

図 2.19 金属-n形半導体接触の整流作用

圧 $V$ を負（半導体に対し金属側を負）にすると，半導体中の電子に対して電位障壁は $q(V_D+|V|)$ に増加し，半導体から金属に向かう電子数は $\exp(-q|V|/k_BT)$ に減少し，ほとんど 0 となる．しかし，金属中の電子に対する電位障壁の高さは，印加電圧 $V$ の極性にかかわらず常に $W_M-\chi_S$（$\chi_S$ は半導体の電子親和力）である．この電位障壁を越えて金属側から半導体へ流れる電子数は $V$ によらず，一定の微小電流が流れる．これが逆方向となる（図2.19(b)）．以上より，図2.17(a) の電圧-電流特性が説明できることになる．逆方向電圧を増加すると，ある電圧より急増する現象（降伏現象）が起こる．これについては次項で述べる．半導体中の空間電荷層の厚さ $d$ は，n 形に対して，

$$d = \{(2\epsilon/qN_D)(V_D-V)\}^{1/2} \tag{2.38}$$

となり，静電容量 $C$ は，単位面積当り，

$$C = \epsilon/d \tag{2.39}$$

で与えられる．

次に $W_M < W_S$ の金属-n 形半導体接触を考える．図2.20 に示すように電位障壁は形成されず，オーム性接触となる．以上の議論は，p 形半導体に対しても成

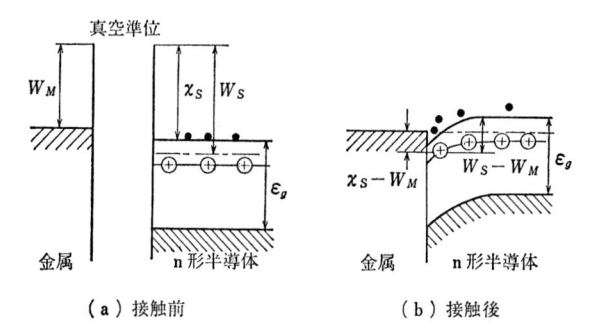

図 2.20 金属-n 形半導体接触 ($W_M < W_S$)

表 2.2 金属-半導体接触の特性

|  | $W_M > W_S$ | $W_M < W_S$ |
|---|---|---|
| n形 | 整流性 | オーム性 |
| p形 | オーム性 | 整流性 |

り立つが，仕事関数の大小関係が逆になることに注意してほしい（表2.2）．

半導体デバイスを利用して電気信号や電気エネルギーを扱う場合，半導体デバイスに金属のリード線を接触させる必要があるが，このとき，接触面で整流作用があってはならず，良好なオーム性接触にする必要がある．仕事関数の大小関係から

n形とp形に対しては，別々な金属を用いねばならず，集積回路のような場合には，特に実用上不便である．このため，半導体表面に多量の不純物を添加すると（n形では表面付近を$n^+$にする），式 (2.38) より $N_D$ が大きくなるため，$d$ は減少して非常に小さくなり，電子はトンネル効果により自由に金属-半導体界面を移動できることになり，良好なオーム性接触が得られる．

**b. pn接合の整流特性**　1つの半導体結晶内の一部分をp形にし，他の領域をn形にしたとき，その境界にはpn接合が形成される．このpn接合の特性を調べてみる．p形半導体とn形半導体を接合したとき，フェルミ準位が異なるため，n領域の電子がp領域へ，p領域の正孔がn領域に移動し，接合部近傍に空間電荷層（空乏層）が形成され，電位障壁が存在する．これによって電界が生じ，キャリヤの拡散が止まり，各フェルミ準位が一致し，熱平衡状態に達する．この電界は，n領域中の空間電荷層の正イオンドナおよびp領域中の負イオンアクセプタに起因し，接合部の拡散電位 $V_D$ は，pn接合では，$qV_D = \mathcal{E}_{Fn} - \mathcal{E}_{Fp}$ となる．$\mathcal{E}_{Fn}$, $\mathcal{E}_{Fp}$ はそれぞれn領域，p領域のフェルミ準位である．この間の関係を図 2.21 に示す．

n領域に対しp領域側に正の外部電圧 $V$ を印加すると，電位障壁の高さは $q(V_D - V)$ となり，接合部の電位障壁が減少し，電子はn領域からp領域へ，正孔はp領域からn領域へ拡散現象により流入する．これを少数キャリヤの注入という．注入される過剰のキャリヤ数は，熱平衡時の $\exp(qV/k_BT)$ 倍に増加する．

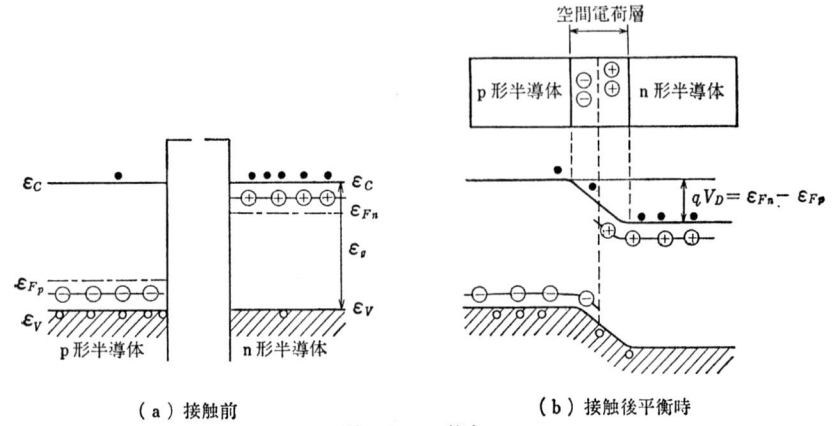

（a）接触前　　　　　　　　　（b）接触後平衡時

図 2.21　pn接合

## 2.2 半導体デバイス

注入された少数キャリヤは，2.1.7に述べたように，再結合により減少していくが，反対側から多数キャリヤが供給されるので一定の拡散電流が流れることになる．pn接合を通って流れる電流は，p領域へ注入された少数キャリヤである電子による拡散電流とn領域へ注入された正孔による拡散電流の和となる．これがpn接合の順方向であり，図2.22(a)に示す．逆に $V<0$（p領域に負の電圧を印加）の場合，電位障壁は $q(V_D+|V|)$ に増加するため，前述の少数キャリヤの注入は無視できるほど小さくなる．しかし，n領域，p領域の各少数キャリヤ

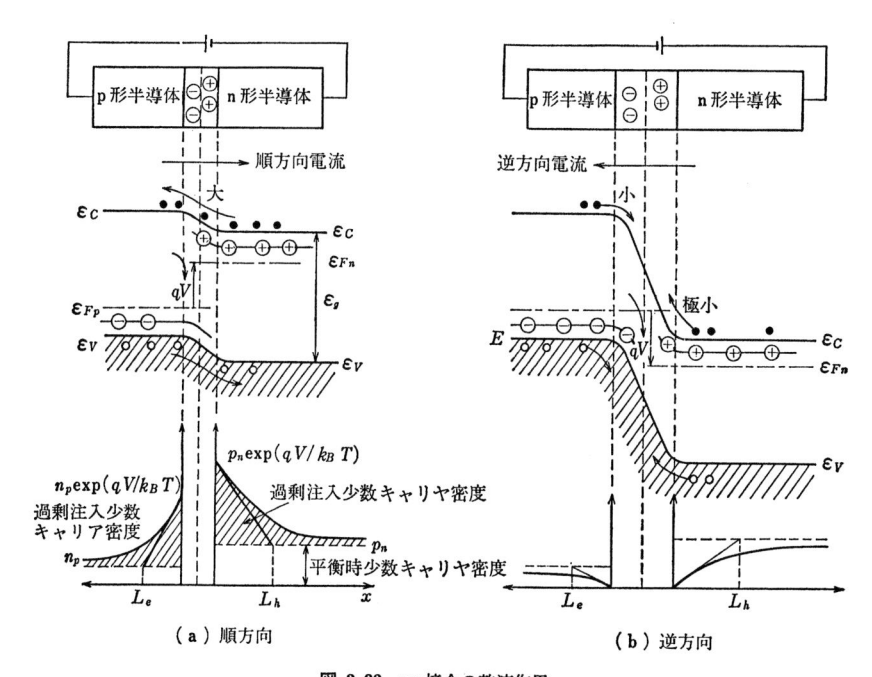

**図 2.22 pn接合の整流作用**

（それぞれキャリヤ密度を $p_n$, $n_p$ とする）は，印加電圧 $V$ の極性にかかわらず，常に相手領域に流れ込むため，微少な飽和電流が流れる．この方向が逆方向となる（図2.22(b)）．2.1.7の拡散機構に従ってpn接合を通って流れる電流密度は，

$$I = q\left(\frac{D_h p_n}{L_h} + \frac{D_e n_p}{L_e}\right)\left\{\exp\left(\frac{qV}{k_B T}\right) - 1\right\} \equiv I_0\left\{\exp\left(\frac{qV}{k_B T}\right) - 1\right\} \quad (2.40)$$

で表わされる．$V>0$ では $I \simeq I_0 \exp(qV/k_B T)$，$V<0$ では $\exp(qV/k_B T) \simeq 0$ な

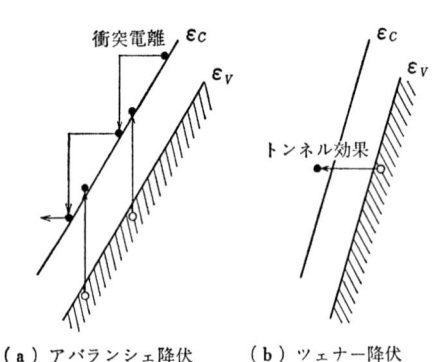

(a) アバランシェ降伏　　(b) ツェナー降伏
図2.23　pn接合の降伏現象

ので $I \simeq -I_0$ (逆方向飽和電流) となり，金属-半導体接触と同様に図2.17に示す整流性を示す．

逆方向バイアスを大きくすると，ある電圧（降伏電圧）で急激に電流が増加する降伏現象が観測される．この原因は図2.23に示すように2種の機構がある．接合部に存在する高電界により電子がエネルギーをもらって加速されるが，衝突電離により電子正孔対を生成し，キャリヤ数が増大すると同時に生成されたキャリヤも含めて各キャリヤが再び加速され衝突電離を繰り返し電流が急増する（アバランシェ降伏）．もう一つは，高電界により電子が禁制帯をトンネル効果によりしみ出して通り抜ける確率が急激に大きくなり電流が増大する（ツェナー降伏）．これらの場合降伏電流は可逆的であり逆バイアス電圧を小さくすれば，もとの特性に戻る．降伏電圧以上の逆バイアス電圧が印加されると，電流が急増してpn接合の両端の電圧は降伏電圧以上にはならず一定の電圧となる．この現象を利用して定電圧ダイオードが実用化されている．

接合部の空間電荷層の幅 $d$ は，

$$d = \{2\epsilon(N_A+N_D)/qN_AN_D\}^{1/2}(V_D-V)^{1/2} \qquad (2.41)$$

で与えられるので，静電容量 $C$ は，単位面積当り，

$$C = \epsilon/d \qquad (2.42)$$

とかける．これは，障壁容量または接合容量といわれる．このような $C$ は，式(2.42)で明らかなように，印加電圧 $V$ により変化するので，可変容量ダイオードまたはバラクタダイオードとして使用される．超高周波領域での周波数てい倍，周波数変調，パラメトリック増幅などに用いられ実用化されている．不純物の分布を変えて式 (2.42) の $(V_D-V)^{-1/2}$ とは異なった電圧依存性のものが作られている．順方向では，前述のように少数キャリヤが注入され，拡散により移動していくが，この間，p形，n形領域にキャリヤが蓄積されているので静電容量が観測される．これは前述の障壁容量とは異なったもので，拡散容量という．

## 2.2 半導体デバイス

(a)　　　　　　　　　　(b)

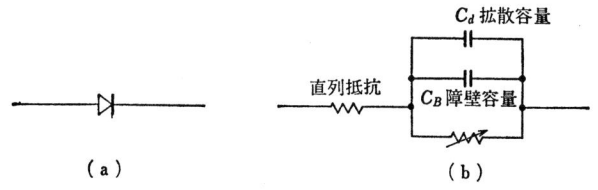

$C_d$ 拡散容量
直列抵抗　$C_B$ 障壁容量

図 2.24　pn 接合の記号と等価回路

pn 接合は以上のように整流作用を示すので図 2.24(a) のような記号が使用されている．pn 接合が示す静電容量や直列抵抗を考慮して，微小信号等価回路を作ると，図 2.24(b) のように書ける．

p 領域および n 領域の不純物濃度を $10^{25} \sim 10^{26} \mathrm{m}^{-3}$ と非常に大きくすると p 領域のフェルミ準位 $\mathcal{E}_{Fp}$，n 領域のフェルミ準位 $\mathcal{E}_{Fn}$ はそれぞれ価電子帯，伝導帯中に入り込むようになり，縮退とよばれる状態になる．また式 (2.41) より $d$ は非常に小さくなりトンネル効果により電子は禁制帯を通り抜けることができるようになる．このような pn 接合は，順方向バイアスで電圧制御形の負性抵抗を示すため，発振・増幅・スイッチングなどが可能となる．これはトンネルダイオードまたはエサキダイオードと呼ばれ，図 2.25(a) の特性を示す．図 2.25(b) では順方向にわずかのバイアス電圧が印加されたとき電子のトンネル効果により電流が流れるが，図 2.25(c) のように印加電圧が少し大きくなると，禁制帯には電子の存在が許される準位が存在しないため，トンネル効果は許されず電流は流れなくなる．さらに電圧を大きくすると通常の pn 接合における拡散電流が流れ始める．負性抵抗領域は，量子力学的トンネル効果による電子遷移であるため

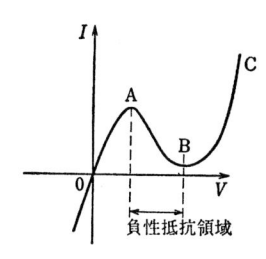

(a) 電圧-電流特性

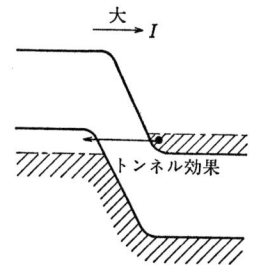

(b) A 点でのエネルギー帯図
（電子のトンネル効果により電流が流れる）

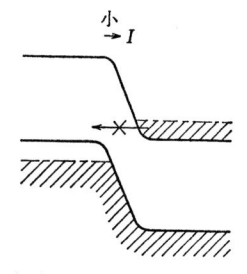

(c) B 点でのエネルギー帯図
（禁制帯には電子のエネルギー準位は存在しないのでトンネル効果は許されず電流は流れない）

図 2.25　トンネルダイオードの説明

応答は非常に早く，温度依存性も少ない．

### 2.2.2 トランジスタ，スイッチング素子

**a. バイポーラトランジスタ** 1つの半導体単結晶中に npn 形または pnp 形の三層構造を形成させた素子が接合トランジスタである．各領域をエミッタ (E)，ベース (B)，コレクタ (C) という．図 2.26 に示した npn トランジスタについて動作を説明する．EとBの間に順方向バイアス，BとCの間には逆方向バイアスが加わっている．EとBは前項の順方向 pn 接合であるから電子がEからBに，正孔がBからEに注入される．Bに注入された電子は再結合して減少していくが，Bの幅 $W$ が拡散距離 $L_e$ に比べて十分に小さければ，注入された少数キャリヤの電子の大部分は逆方向にバイアスされたコレクタに達し，コレクタ電流 $I_C$ となる．EB間に印加された電圧により，少数キャリヤの注入やコレクタへ向かうベース領域中の拡散を通じて，エミッタ電流 $I_E$，さらには $I_C$ を自由に制御でき，トランジスタ作用が生じる．$I_E$ のうち $I_C$ に達する割合を $\alpha$ として ($\alpha<1$)，$I_E \simeq \alpha I_C$ と書ける．$\alpha$ を電流増幅率という．$I_E$ のうちBからEに注入される正孔による拡散電流はトランジスタ作用には影響はないので，なるべく減ずる必要があり，そのためエミッタの不純物密度を高くする．$I_E$ のうち電子の注入による電流の割合を $\gamma$（エミッタ効率）とし，ベースに注入された電子電流のうちコレクタに達した割合を $\beta$（到達率）とすると近似的に $\alpha \simeq \gamma\beta$ と書け，1に近いほど高利得の接合トランジスタといえる．電流増幅率は $\alpha \lesssim 1$ であるが，エミッタ接合のわずかな順方向バイアス変化によって流れる電流の大部分が大きなインピーダンスをもつ逆バイアスされたコレクタ接合を流れるため，結局大きな電力増幅が得られる．エミッタ接地回路にすれば，ベース電流 $I_B$ を制御して $I_C$ を得ることになり，大きな電流増幅率になる．以上の説明は，各

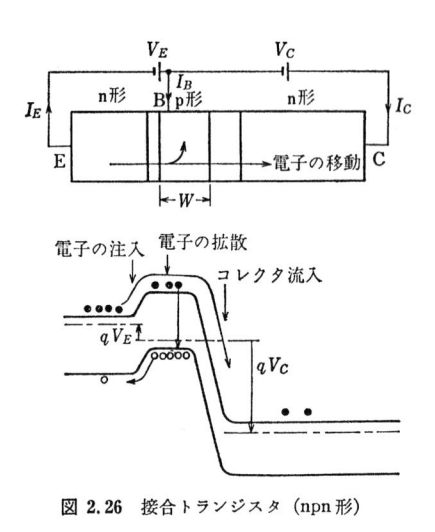

図 2.26 接合トランジスタ（npn形）

バイアス電圧や各電流の方向を逆にすれば，pnp形にも成り立つ．このためnpn形とpnp形の2種類のトランジスタが存在することになり，互いに相補形のトランジスタが得られ，トランジスタ回路構成上大変有用になる．図2.27にトランジスタの記号を示す．接合トランジスタでは，動作に電子と正孔の両者が本質的に関与しているため，バイポーラトランジスタともいう．少数キャリヤが拡散現象によりベース領域を通り抜けるために必要な時間を $\tau_B$ とすると $f_C \propto 1/\tau_B$ はしゃ断周波数と呼ばれ，トランジスタの高周波特性の性能の良さを示す．$f_C \propto D_B/W^2$ と書けるので，高周波用トランジスタでは，ベース幅 $W$ を小さくする必要がある．ベース領域の少数キャリヤの拡散係数 $D_B$ が大きい材料を選ぶ方が有利である（pnpよりnpnの方が移動度の大きい電子がベースを移動するため周波数特性は良くなる）．トランジスタ作用は，$W$ を拡散距離 $L$ より十分小さくしなければならないが，小さい $W$ の構造は高周波特性改善にも大変有効であることがわかる．しかしあまり小さくすると，ベース抵抗が大きくなって特性が悪くなったり，パンチスルーを起こしたりするので最適設計を行う必要がある．ベース内の不純物分布をコレクタに向かう方向に減少させておくと，内部に少数キャリヤを加速させる電界が生じるため，$\tau_B$ を小さくする効果があり，$f_C$ が大きくなる（ドリフトトランジスタ）．このような構造のトランジスタが実現され，周波数特性は大幅に改善された．

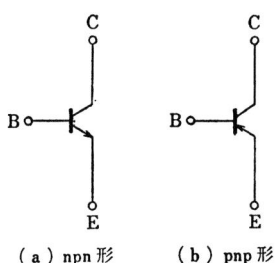

**図 2.27 バイポーラトランジスタ記号**
（a）npn形　（b）pnp形

**b. 電界効果トランジスタ (FET, field effect transistor)**　半導体中の多数キャリヤのドリフトによる移動をゲート電界によって制御することにより増幅作用を得るトランジスタであり，多数キャリヤのみで動作するためユニポーラトランジスタともいう．ゲートの構造により絶縁ゲート形，接合形，ショットキー障壁形などがある．

1) **絶縁ゲート形 FET (IGFET, insulated-gate FET)**　Si表面上に絶縁膜をつけ，その上にゲート電極を設けた構造で，絶縁膜としてSi酸化膜を用いたものは，MOS FET (metal-oxide-semiconductor FET) と呼ばれる（図2.28：この場合はP形基板を用いている）．ソース (S), ドレイン (D) に電圧

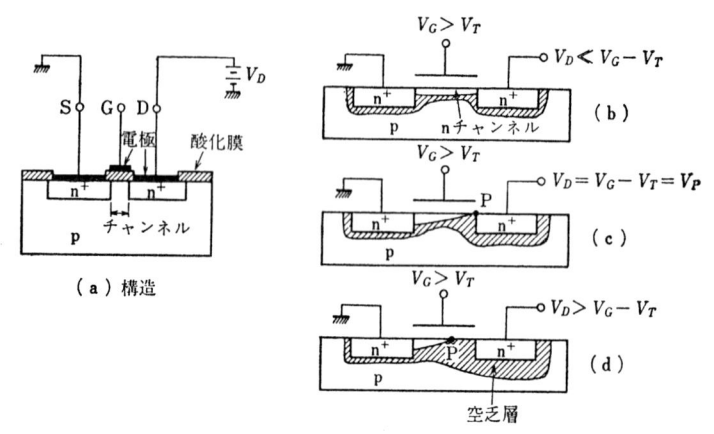

図 2.28 MOS FET の動作

　$V_D$ を印加させてある．ゲート (G) は酸化膜 $SiO_2$（絶縁膜）を介して正のゲート電圧 $V_G$ を印加する．$V_G$ がある電圧 $V_T$（しきい値電圧）以上になると，$n^+$ のソース，ドレイン間に電子が誘起され，ソースとドレインがつながり，電流が流れる．これをチャンネルといい，電子が誘起されるとき n チャンネルという．基板の p と n の間には空乏層が拡がっている．チャンネルには Si 表面に平行な方向および垂直な方向に電界が加わっているので，$V_D$ が $V_G-V_T$ に等しくなったとき，チャンネルの右端のチャンネル電荷がドレイン端で 0 となる．この状態をピンチオフといい，このときのドレイン電圧をピンチオフ電圧 $V_P$ という．この電圧以下ではドレイン電流 $I_D$ は $V_D$ の増加により増大する．$V_D>V_G-V_T$ ではピンチオフ点がソース側に移動する（図 2.28(d)）.

　ピンチオフ以後ではチャンネル中の電荷はピンチオフ点 P からドレイン方向の高電界に引き込まれるため，ドレイン電流 $I_D$ は $V_D$ によらず一定となる（図 2.29(a)）．$V_G=0$ では $I_D$ が流れない場合，エンハンスメント形という．$V_G=0$ でもソース，ドレイン間が導通していて $I_D$ が流れる場合をデプレション形という（図 2.29(b)）.

　MOS FET はゲート電圧の微小変化により $I_D$ を大きく変化し制御できるので増幅作用が可能となる．また，ゲートは絶縁膜を介しているので，入力インピーダンスは非常に大きくなる．バイポーラトランジスタに比べ，作製方法が簡単で

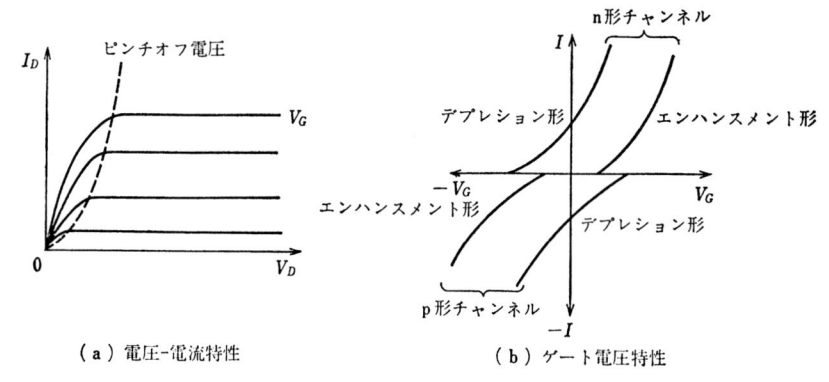

(a) 電圧-電流特性　　　(b) ゲート電圧特性

図 2.29　MOS FET の特性

あり，高集積化に向いているため各方面に使用されている．しかし，絶縁膜との界面の制御，絶縁膜に高電界が加わるなど作製に注意を要するが，最近では大幅に改善されている．

2）接合形 FET　　ゲート構造に pn 接合を用いたものである．図 2.30 に n チャンネル形を示す．負のゲートバイアス電圧を加えると，n と $p^+$ の pn 接合付近に空乏層が拡がり，チャンネルの実効断面積が狭くなり，ドレイン電流が変化する．

ドレイン電圧 $V_D$ を大きくすると空乏層が拡がり基板の p 付近の空乏層と接してピンチオフ状態が生じ，ピンチオフ以後ではピンチオフ点 P とドレイン間の高電界によりキャリヤはドレインに集められ MOS FET と同様，$V_D$ に依存せず $I_D$ は一定となる．

その他，ゲートの構造として p 領域の代りに金属によるショットキー障壁を用

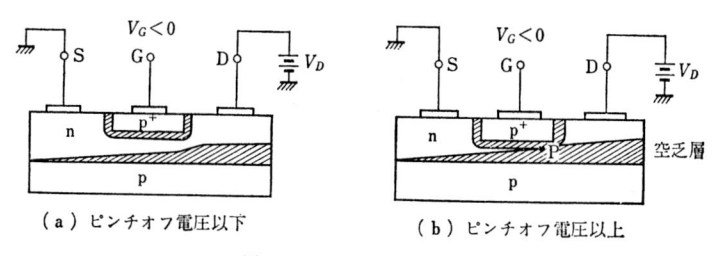

(a) ピンチオフ電圧以下　　　(b) ピンチオフ電圧以上

図 2.30　接合形 FET の動作

いた形式が実用化されている．金属を用いるだけなので加工が簡単であること，高温プロセスを要しないなど化合物半導体を用いた超高周波用に開発された．

n形基板の上下にソース，ドレインを設け，その間に多数のp形のゲートを埋めこんだ構造のFETが西沢により提案された．

ピンチオフ点がソースに近くなり，ゲート間の空乏層領域に生じる障壁を越えて電子がドレインに到達する．この障壁の高さは$V_G$により変化するため$I_D$を制御できることになる．また$V_D$によっても障壁は変化し$I_D$は$V_D$にも依存し，従来のFETと異なり飽和特性を示さない．これは静電誘導トランジスタ (SIT, static induction transistor) と呼ばれ，大電力，高周波用に開発され注目をあびている．

c. **サイリスタとユニジャンクショントランジスタ** $p_1n_1p_2n_2$構造の多層接合素子の両端に電圧を印加するとスイッチ作用が生じるが，$p_2$にゲート回路をつけてゲート電流を流しスイッチ動作をコントロール可能にした三端子素子をサイリスタといい，図2.31に示す．スイッチング，位相制御，インバータなど電力，制御用として広く実用化されている．AB間に$p_1$を負，$n_2$を正に電圧を印加すると接合$J_1$と$J_3$が逆方向となり，電流はほとんど流れない．Aに正，Bに負電圧を印加すると$J_1$と$J_3$は順方向になるが$J_2$が逆方向となり，電流はほとんど流れない（オフ状態）が，電圧を大きくしていくと，$J_2$においてなだれ現象が起こり始めるブレークオーバ電圧に達すると電流が急増し，$J_2$は順方向にバイアスされAB間の電圧も下がりオン状態に移る．このとき第3端子のゲートより$J_3$に順方向電流を流すと$J_3$から注入された電子が$J_2$に流れ込んでブレークオーバ電

(a) 構造　　　　　　(b) 電圧-電流特性

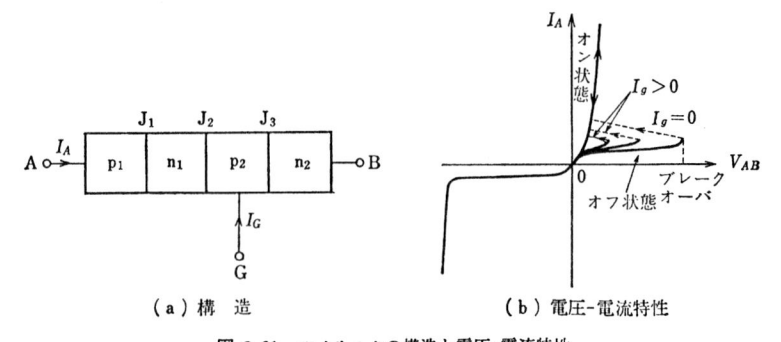

図 2.31　サイリスタの構造と電圧-電流特性

圧が低くなり，スイッチ特性を制御できる．オン状態になると保持電圧以下にするまでオン状態が続く自己保持作用がある．以上の動作を基本として最近は，各種の構造のサイリスタが開発されている．ゲートに逆極性パルスを加えターンオフできるもの (GTO)，pnpnp 構造により交流の正負両方向で動作するもの (SSS)，さらに SSS にゲートを設け交流の両波とも制御できるもの (TRIAC) などがある．

ユニジャンクショントランジスタの構造と特性を図 2.32 に示す．ベースが2個あるのでダブルベースダイオードとも呼ばれる．n形半導体の両端 $B_1B_2$ に電

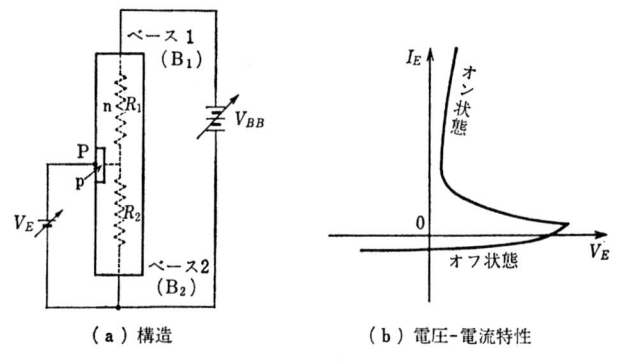

図 2.32 UJT の構造と電圧-電流特性

圧 $V_{BB}$ を加える．$B_1B_2$ 間に p 形領域を作って pn 接合を形成し，$PB_2$ 間に $V_E$ を加える．$B_1B_2$ 間の抵抗が P 点で $R_1$ と $R_2$ に分割されているから，$V_E < V_{BB}R_2/(R_1+R_2)$ では，pn 接合は逆方向でありオフ状態であるが，$V_E > V_{BB}R_2/(R_1+R_2)$ となると順方向にバイアスされ，正孔が注入されるため $R_2$ が小さくなり，電圧降下が小さくなり，ますます正孔注入が大きくなる．このため，負性抵抗が現われ，サイリスタと同様のスイッチ作用を示す．サイリスタの制御回路のトリガ回路素子によく用いられる．

### 2.2.3 光電変換素子

**a. 受光素子**　2.1.8 において電子正孔の光吸収について述べた．この場合，伝導帯へ電子，価電子帯に正孔を励起する光吸収は，光導電効果を生じることを述べた．帯間吸収により電子正孔対を作るときを固有形光導電，不純物準位と帯間で電子や正孔が励起され生じる光導電は外因形と呼ぶ．式 (2.34) より光によ

ってキャリヤ数が増大するため，電気伝導度が増大するので，この現象を用いて光を検出する素子を光導電セルという．

図2.33に示す簡単な構造のセルを考える．$t$は十分に薄く一様に電子正孔対ができるものとする．単位体積中の単位時間の生成率を$g$とし，電子と正孔の寿命をそれぞれ$\tau_e$と$\tau_h$とすれば，式(2.34)は，

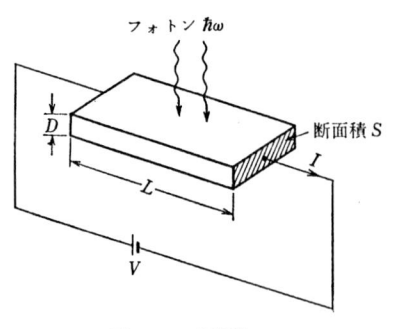

$$\Delta\sigma = qg(\mu_e\tau_e + \mu_h\tau_h) \quad (2.43)$$

図2.33 光導電セル

と書ける．セルに電圧$V$を印加し，光電流の増加分を$\Delta I$とすると$\Delta I = \Delta\sigma SV/L$となる．$gLS$は試料体積中に生成される電子正孔対の総数であるから，

$$G = \frac{\Delta I}{qgLS} = \frac{\tau_e}{T_e} + \frac{\tau_h}{T_e} \quad (2.44)$$

と書ける．ただし，$T_e = L^2/V\mu_e = L/\mu_e E$，$T_h = L/\mu_h E$と書けるので，それぞれ電子と正孔が電極間$L$を走行する時間になる．この$G$は光導電利得とよばれる．$G$を大きくするためには，移動度が大きく寿命の長い材料を用い，また電界を大きくすればよい．

　pn接合のように内部に電界が存在している所に光を照射して電子正孔対を生成すると電子と正孔の分離が行われ，起電力が生じる．このような現象を光起電力効果という．図2.34(a)に示すように左のn形半導体から光を照射すると③は接合部の電界により電子と正孔はそれぞれ逆方向に分離され蓄積される．②と④はそれぞれ正孔と電子が接合部より拡散距離内にあるため，生き残って接合部の電界部分に達し加速され分離されるが，①と⑤は再合してしまう．通常は$L_h, L_e \gg d$である．また，光は内部に入るに従って減衰するので，接合部は表面から浅い位置にもってくる必要があるが，直列抵抗が高くなること，表面の影響が大きいことなどから限界がある．光により生成した電子はn領域に，正孔はp領域に蓄積され，帯電するので，外部端子より電気信号やエネルギーに変換できることになる．これがフォトダイオードや太陽電池である（図2.34(c)）．外部にはAに負，Bに正の電圧が現われる．また，ABに外部抵抗を接続すると光電流$I_L$がpn接合の逆方向に流れるので，

## 2.2 半導体デバイス

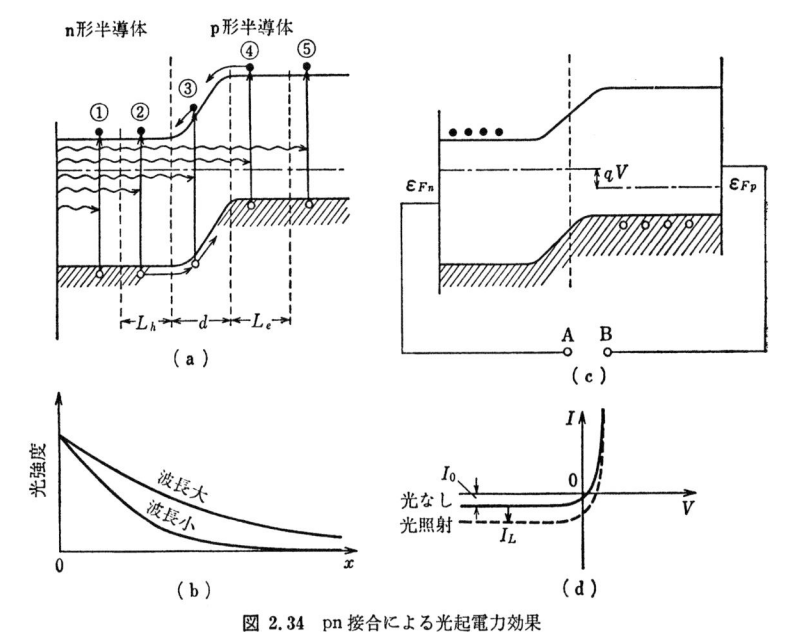

**図 2.34** pn 接合による光起電力効果

$$I = I_0 \{\exp(qV/k_BT) - 1\} - I_L \tag{2.45}$$

と書ける（図 2.34(d)）．

短波長の光は表面付近で吸収されるが表面では再結合が激しく，光生成の電子や正孔は再結合してしまい，外部電流には寄与しない．また長い波長光では内部に入ってもエネルギーが小さすぎるか，または⑤のプロセスにより，外部電流として取り出せない．このため図 2.35 のような光感度スペクトルを示すことが理解できる．

太陽光を用いて光起電力効果により電気エネルギーに変換して取り出すことを目的とした素子が太陽電池であり，これによって太陽光発電が可能となる．この場合，太陽光のスペクトルにできるだけ光電感度スペクトルを合

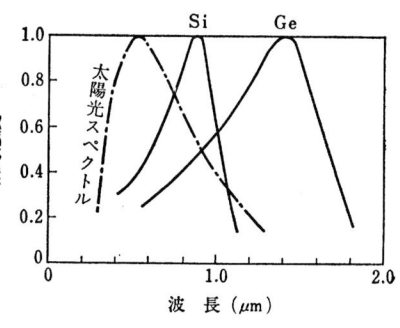

**図 2.35** 光感度スペクトル

せて効率を上げる必要がある．これから最適のバンドギャップが定まり，InP (1.29 eV)，GaAs (1.43 eV)，CdTe (1.45 eV) などの半導体材料が有望視されたが，実際には良好な単結晶が得られ，素子の製造技術が発展している Si (1.08 eV) が最もよく使用されている．また，太陽光エネルギーは $1\,kW/m^2$ 程度なので，大面積のものが要求されるため，単結晶では安価で大面積のものは技術的に困難である．これが，アモルファス半導体材料がこの分野で注目されている理由でもある．

**b. 発光素子** 物質に電界を加えて，電気エネルギーが光に変換して発光する現象を電界発光（エレクトロルミネッセンス，EL, electroluminescence）という．このうち，高電界により加速されたキャリヤが原子と衝突電離して電子の励起を起こし，非平衡状態の電子が放射再結合して発光する機構があり，真性 EL と呼ばれている．普通 ZnS に活性中心として Cu や Mn などを加えて焼成して作製し，透明電極をつけて，高電界を加えて発光させる．しかし現在発光効率があまり大きくなく，信頼性にも問題がある．

pn 接合に順方向電流を流し，注入されたキャリヤが放射再結合して発光する注入形 EL がある．この発光を利用して発光ダイオード LED (light-emitting diode) が作られた．発光波長は図2.3 よりバンドギャップ $\mathcal{E}_g$ で決まるから必要な発光波長に対し半導体材料を選ぶ必要がある．しかし，それ以外に 2.1.8 で述べた遷移確率が大きい直接遷移形半導体を使用する方がはるかに発光効率がよい．Si, Ge は発光効率は大変低く，発光素子には不適である．代りに III-V 族化合物半導体が多用される．しかし，現在よく用いられている GaP は間接遷移形で例外である．これはN原子（緑色），Zn-O（赤色）を添加し，アイソエレクトロニックトラップを導入すれば擬直接遷移になり，発光効率が増大できることによる．pn 接合は $N_D$, $N_A$ を多量に導入し，多量のキャリヤを注入できるようにする（図2.36）．バンド間遷移による発光 $h\omega$ ばかりでなく，ドナ準位を介して価電子帯の正孔との再結合発光や，アクセプタ準位への再結合発光などいろいろな発光が考えられる．順方向 pn 接合に大電流を流し，注入キャリヤによる放射再結

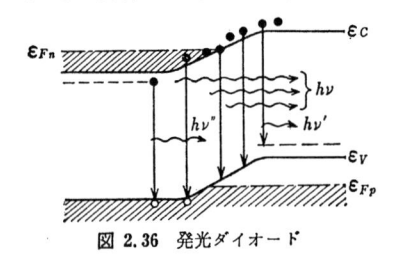

図 2.36 発光ダイオード

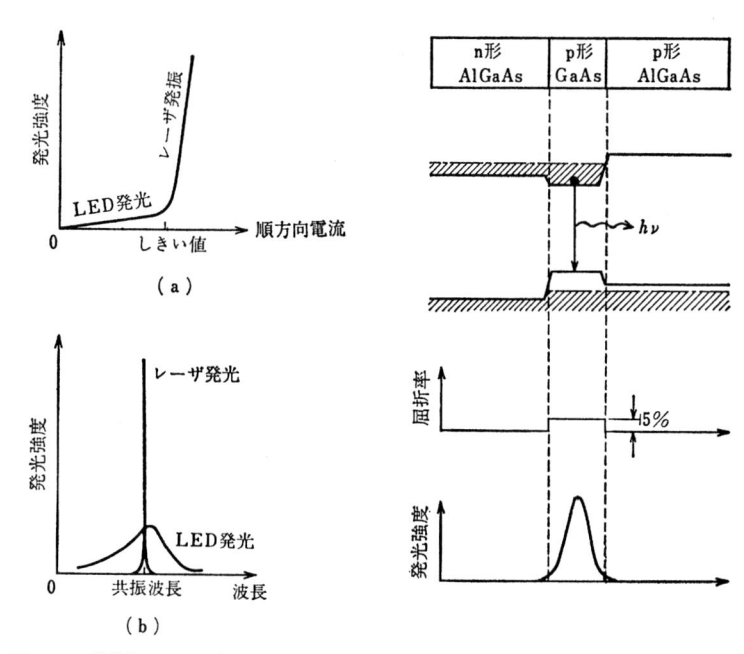

図 2.37 半導体レーザの発光スペクトル　　　　図 2.38 二重ヘテロ接合半導体レーザ

合において，発光波長の光に対して，しきい値電流以上では，発光強度の高い誘導放出が起り，LEDの自然放出とは異なる．LEDの両端を平行にへき開して作製すると，内部で発生した光が内部で反射し往復して共鳴を起こす．この光による誘導放出が始まり，レーザ発光する．これが注入形半導体レーザである．LED発光とレーザ光の電流-発光強度特性，発光スペクトルを図2.37に示す．レーザ発振が開始する順方向電流のしきい値をできるだけ小さくするため二重ヘテロ接合半導体レーザが開発された．図2.38のようなヘテロ接合（異なる材料による接合をヘテロ接合という）を作製すると，禁制帯の幅の差により中間領域に注入されたキャリヤの閉じ込め作用が起こり，少数キャリヤの効率的利用が可能となる．また各領域は材料が異なるためにできた屈折率差による光の閉じ込め作用があり，発光効率が増大し，しきい値電流を大幅に減少させることが可能となった．

### 2.2.4 マイクロ波素子

図2.25に示したトンネルダイオードは応答速度は本質的に早く超高周波領域

図 2.39 ガン効果の動作と特性

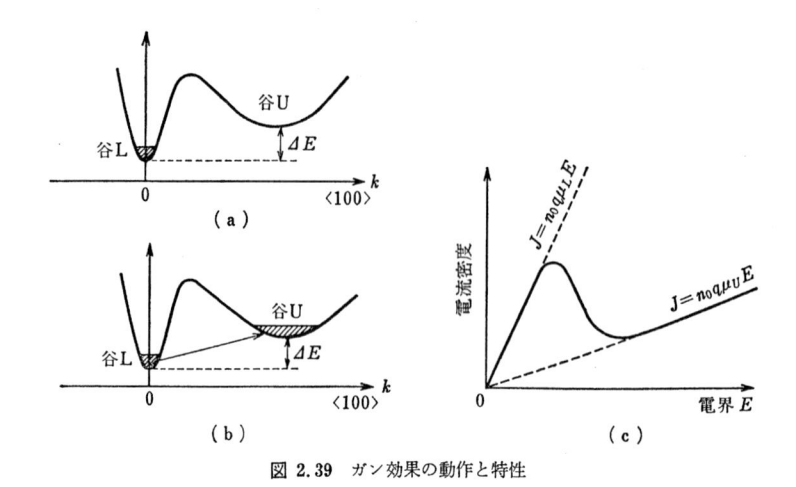

での発振,増幅,スイッチングなどが可能であることを述べた.当然マイクロ波素子として使用可能な素子であるが,ここでは別の素子を説明する.GaAs 化合物半導体材料の伝導帯のエネルギー帯構造は図 2.3(b) に示した.n-GaAs 結晶に高電界 ($\sim 3\,\text{kV/cm}$) を印加すると電子は加速されて図 2.39 の谷 L から谷 U に遷移する.谷 L と谷 U では有効質量は異なり,移動度も異なる.GaAs では $\mu_U \ll \mu_L$ となる.キャリヤ密度を $n_0$ とすると,低電界 $E$ では谷 L に全部存在するから電流密度 $J$ は $J \simeq n_0 q \mu_L E$ となる.非常に高い電界がかかるとキャリヤはすべて十分加速され谷 U に遷移したとすれば $J \simeq n_0 q \mu_U E$ となる.これを図 2.39(c) に示す.中間の高電界域では負性抵抗が生じる.このような特性を利用してマイクロ波の発振を行う素子をガン効果ダイオードという.図 2.39(a) のようなエネルギー帯構造を有する半導体材料ではこのようなガン効果が予想される.

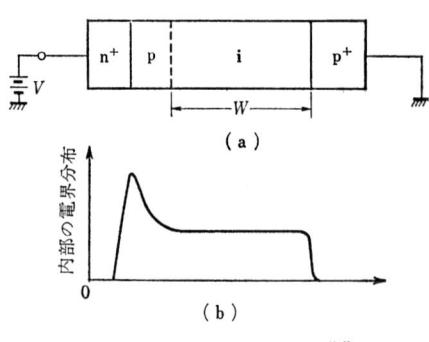

図 2.40 インパット素子の動作

次に図 2.40 の構造の素子に逆方向電圧 $V$ を印加すると $\text{n}^+\text{p}$ 接合に高電界が生じ,i 層まで空乏層が拡がると同時になだれ降伏が

起こる．なだれ降伏の始まる付近の電界に保ち微小の交流電界を重畳すると，一部の位相のときなだれが発生し，正孔はi層に注入され，$p^+$に向かって走行する．正孔の交流変化分はなだれ発生時および走行時に位相が遅れ，外部回路には動的な負性抵抗が発生し，マイクロ波の発振が可能となる．これをインパット素子という．ガン効果素子に比べ出力が大きく電力効率が高いが，雑音が多くなる．

### 2.2.5 その他の変換素子

半導体にひずみを加えると抵抗が大きく変化するものがある．抵抗変化からひずみ量を求めることが可能となり，これをひずみゲージという．従来の金属のひずみゲージに対してゲージ率が2桁近く大きくなる半導体材料がある．ひずみによる抵抗変化現象はピエゾ抵抗効果という．Siは図2.3(a)に示したように多谷間形の半導体であり，一軸方向に力を加えると，電子が存在する各谷のうち，あるものはエネルギーが高く押し上げられ，他のものは低くなって，キャリヤの再配分が起こり，大きなピエゾ抵抗効果が観測される．圧力を電気に変換するセンサに使用できる．

CdS, ZnO, ZnSなどのⅡ-Ⅵ族化合物半導体や，GaAs, InSbなどのⅢ-Ⅴ族化合物半導体は圧電性を示し，超音波用素子，弾性表面波素子などへの応用が進められている．その他，サーミスタ，PTC，CTRのような熱電用半導体材料や，ZnOやSnO$_2$を用いてガスセンサなどの研究が進められている．

印加電圧によって抵抗が著しく変化する素子をバリスタといい，一般に$I=CV^n$で表わされる．$n$は電圧非直線性の程度を示す定数である．サージ保護器，電圧制限器，スイッチ接点保護器，避雷器などに利用されている．SiCバリスタが用いられたが，最近ZnOバリスタが開発され，良好な非直線性を有することが示され多用されている．

## 2.3 半導体材料技術

### 2.3.1 半導体材料の精製と単結晶作製

半導体の性質は不純物の量や種類によって大きく影響されるので，不要な不純物はできるだけ排除して高純度に精製しなければならない．不純物密度を真性半導体のキャリヤ密度$n_i$以下にしておけば不純物の影響は無視できる．このためSiでは，要求される純度は99.…9(9が12個並ぶので12ナイン)以上という驚

くべきものになる．化学的精製では5ナイン程度なので，偏析現象を利用した物理的精製を行う必要がある．不純物を含む溶液を固化するとき，不純物は固相と液相では異なるという現象であり，偏析係数 $K_s=$（固相中の不純物密度）/（液相中の不純物密度）が1より小さい不純物に対しては有効であり，固相にして純度を上げるプロセスを何度か繰り返せば飛躍的に純度は高くなる．不純物は液相に残っていく．図2.41のように複数個の加熱コイルを並べて1回の移動で能率よく多重ゾーン精製を行う．しかし，Siのように融点が高く，化学的に活性で溶液を保持する適当な容器がないときは，溶融帯が表面張力で保持できることを利用し，図2.42のような浮遊帯精製が利用される．

図2.41 ゾーン精製

このように精製して高純度にした材料から単結晶を作製する．最も一般的な方法に引上げ法（チョクラルスキ法）があり，図2.43に示す．るつぼの中で加熱して溶融された半導体材料に単結晶のたねを浸し，十分になじませた後，ゆっくり静かに回転しながら徐々に引き上げる．温度の制御は大変重要であるとともに温度分布も一様にしなければ，転位など欠陥の多い結晶となる．最近は外部から磁界を加えて安定化してよい結果を得ているものもある．ドーピングは所定の不純物を溶融液に投入すればよい．化合物半導体の多くの場合には，融点付近で組成元素に解離するので特別な構造の装置が必要である．最近構成元素の蒸発を防ぐため溶融液の表面に高純度の $B_2O_3$ 層を浮かせ，装置全体を高圧にする方法が開発されよい結晶が得られている．

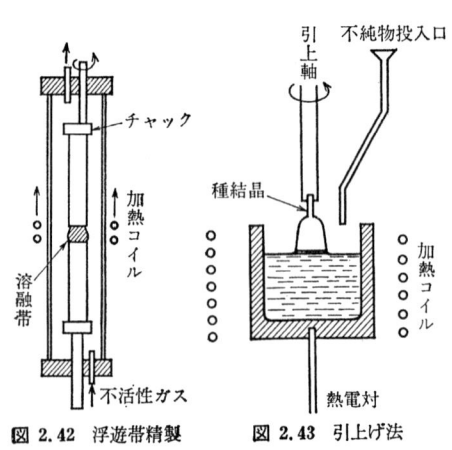

ゾーン精製法とよく似た装置を用い，精製半導体材料とたね結晶を接触させ溶融部分とよくなじませ徐々

図2.42 浮遊帯精製　　図2.43 引上げ法

に移動させれば，単結晶が成長する．このとき不純物材料を溶融部におけば均一なドーピングも可能となる．これがゾーンレベリング法である．図2.42の浮遊ゾーン精製法で，たね結晶を下において溶融部を移動させて単結晶を成長させる浮遊ゾーン法（フローティングゾーン法）もある．エピタキシャル成長法は，半導体基板上に結晶性を保ちながら気相または液相から結晶層を析出させる方法である．原料ガスにドーピングガスを混合させれば，ドーピングもでき結晶性も一般にはよいため，非常によく使われる．基板結晶と成長層は同じである必要はなく，異なった基板上に成長させるヘテロエピタキシャル法も可能である．Siの気相エピタキシャル法としては，$SiCl_4$ ガスなどの水素還元反応 ($SiCl_4 + 2H_2 \rightarrow Si + 4HCl$) によりSi層が1200℃付近に加熱されたSi基板上に析出する方法（図2.44）や $SiH_4$ の熱分解 ($SiH_4 \rightarrow Si + 2H_2$) によりSiを成長させる方法がある．

化合物半導体の結晶成長は一般に化学量論的組成からずれが問題となることが多く，液相エピタキシャル法がよく用いられる．GaAs基板上に図2.45のようにGaAsをとかし込んだGa溶液だめをスライドさせて基板上に移動させ液相から成長させる．異なった組成の溶液だめを用いると，順次組成を少しずつ変化させた多層結晶を作製することが可能となり，半導体レーザ作製によく用いられる．また有機金属化合物を原料として用いる化学気相成長法 (CVD, chemical vapor deposition) が注目されており，MO (metal-organic)-CVD法と呼ばれている．多元混晶の多層構造形式が容易であり，多種多様なデバイス作製が進められている．最近，分子線エピタキシ技術 (MBE, molecular beam epitaxy) が極微細デバイスを作る技術として非常に有効であることが認められ，各種の超格子構造のデバイス，HEMT (high electron mobility transistor) が実際に作製

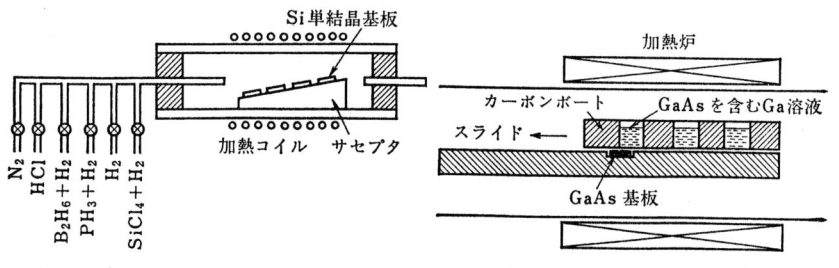

図 2.44 Siのエピタキシャル成長（水素還元法）   図 2.45 液相エピタキシャル成長炉

され始めた．今後，まったく新しい半導体デバイスが作られる可能性があり，注目される．

### 2.3.2 半導体素子の製造技術

pn接合を始め半導体材料を用いて半導体デバイスを作製する場合に使用される種々の技術がある．これらの方法を組み合せ複雑な素子の作製を行う．

**a. 合金法**　Inなどの金属の小片を清浄なn形Ge半導体表面にのせ，加熱すると溶融し合金化し，冷却するとInを多量に含むp形として再結晶するので，pn接合が得られるが，最近はあまり使われていない．このような合金法はオーム性接触を得るためにも利用される．

**b. 拡散法**　不純物原子は高温では固体中を拡散現象により移動する．基板を高温にすれば，表面から内部に向かって不純物原子が分布する．基板表面に不純物を供給して表面密度 $N_s$ を一定に保っている条件の下では，深さ方向の分布は補誤差関数で表わされ，拡散定数 $D$ と拡散時間 $t$ で定まる．p形基板（アクセプタ濃度を $N_0$ とする）にドナ原子を拡散させるとドナ不純物濃度が $N_0$ に等しい所で pn 接合界面が形成され，内部ではp形，外ではn形になる（図2.46(a)）．不純物原子を最初ごく表面にのみ付着または拡散させ（プレデポジション），不純物原子の供給をとめて内部に拡散した場合（ドライブイン），基板表面の不純物密度は減少し，内部に深く侵入する（図2.46(b)）．この場合にはガウス分布形の不純物分布が得られる．$N_0$ に等しい所が pn 接合境界面になり，pn接合が形成されるのも同様であり，接合の位置を自由に制御できる．

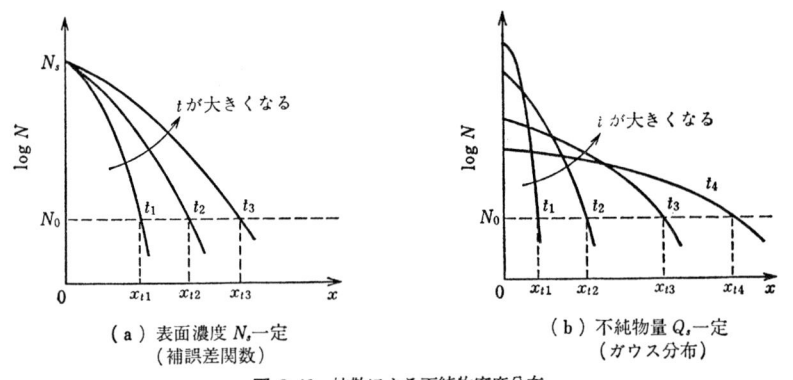

(a) 表面濃度 $N_s$ 一定
（補誤差関数）

(b) 不純物量 $Q_s$ 一定
（ガウス分布）

図 2.46　拡散による不純物密度分布

**c. イオン打込法**　不純物原子をイオン化して高電圧で加速し基板表面に直接打ち込む方法であり，イオン注入法ともいう（図2.47）．イオン源が得られれば加速電圧などの打込み条件を変化させ，熱拡散とは異なり不純物の選択および分布の制御の自由度が大きくなる．イオン量は電流で検知するため正確に制御でき，特に浅い接合作製に適しており，電界効果トランジスタのしきい値制御にも用いられている．不純物分布は図2.47(b)に示すように表面内部に極大値をもつ．しかし，高速のイオンを結晶表面に直接打ち込むため，結晶欠陥を生じるので，イオン注入後は高温にしてアニールする必要がある．

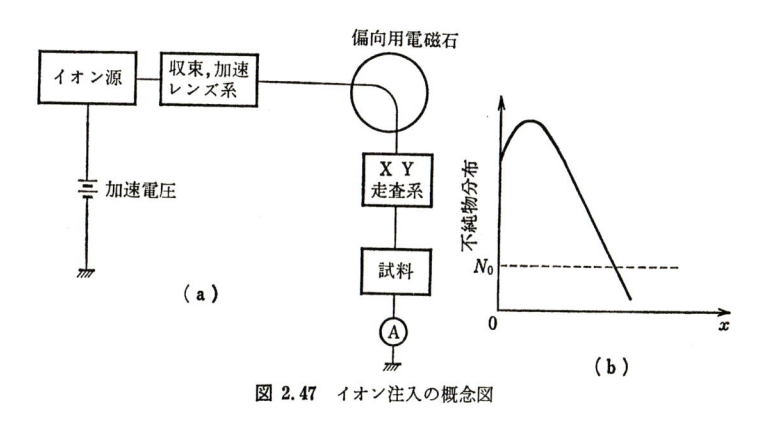

図 2.47　イオン注入の概念図

**d. 酸化膜の形成**　シリコン表面を酸化すると良好な絶縁性を有する $SiO_2$ 膜が形成される．この膜はMOS FETのゲート部分や，コンデンサ回路素子の誘電材料，配線間の絶縁などに用いられるが，表面を外部としゃ断し，表面の安定化のための保護膜にも有効である．しかも微細加工が可能であり，大変重要な表面形成膜である．

乾燥した高純度 $O_2$ 雰囲気中で高温にSi基板を加熱する方法（ドライ酸化）や，水蒸気 $H_2O$ 雰囲気中で高温加熱する方法（スチーム酸化）があり，熱酸化膜という．酸化膜厚が厚くなると酸化種の拡散によって膜の形成は律速されるので長い時間がかかる．そのほかにケミカルベーパデポジション（CVD法）もよく用いられる．生成したい物質を含む化合物をキャリヤガスと一緒に供給し，熱分解，酸化，還元などの化学反応を基板上で行うことにより，目的の膜を形成する方法である．$SiH_4$ ガスと $O_2$ ガス中では400℃程度で $SiO_2$ 膜が形成される．熱

酸化膜に比べ特性は劣るが，比較的低温で他の工程への影響も少ないため多用される．

**e. フォトリソグラフィ**　いままで深さ方向へp形やn形領域を形成する方法について述べてきたが，表面上の任意の領域に自由に形成する方法も必要である．これは写真製版技術を利用する．この工程をシリコン酸化膜の一部を除去し穴をあける工程の例で説明する（図2.48）．①Si基板を準備する．②一様な酸化膜を形成する．③酸化膜基板をスピンナで高速回転させながら，フォトレジスト（感光樹脂）を滴下して酸化膜上に均一に塗布し，乾燥させる．④酸化膜の除去したい部分としたくない部分を描いたマスクを酸化膜面にかさね，上から紫外線を照射する．ネガ形レジストでは，露光した部分が硬化して不溶性になる．ポジ形では逆になる．この例ではネガ形である．⑤溶剤で可溶部分を除去する．マスクに描かれたパターンの反転パターンがレジスト膜に転写されている．⑥残存しているレジストを保護膜として，ふっ酸（HF）系の溶液で露出している$SiO_2$膜をエッチングする．⑦硬化したレジスト膜は除去用の溶剤などで取り去り，十分洗浄する．

除去したい部分のパターンのマスクがあれば，その部分の酸化膜が以上のプロセスで除去される．この後，不純物を拡散すれば，露出したSi部分に選択的に拡散されるのでMOS FETのソース，ドレイン部分にも使用できる．パターン

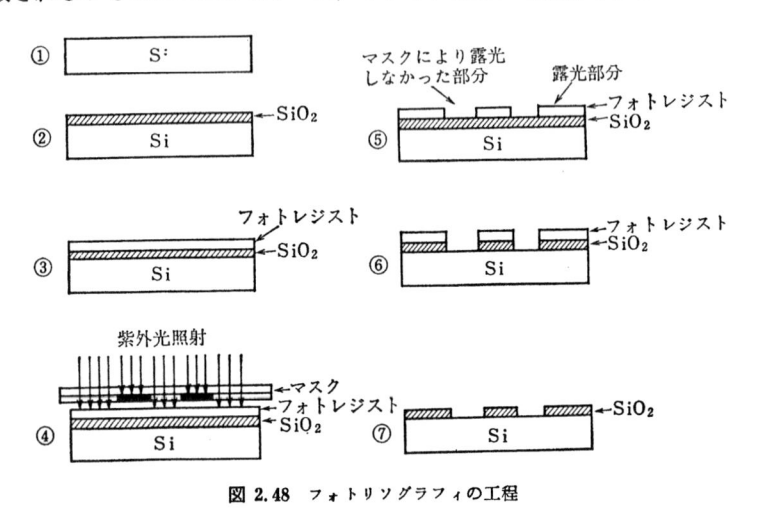

図2.48　フォトリソグラフィの工程

原画を精密に縮小すること,光を使用しているため分解能が限られること,さらに引き続いて別のマスクを用いる場合前のマスクの位置と正確に同じ位置に合せないといけないなど,複雑な精密加工する場合には問題となる.パターンが精密になり微細な加工が必要となると作業室のごみ,ちりがパターンを覆い隠す場合があり,工程場所の清浄度が非常に重要になってくる.

以上の技術を組み合わせて何度も繰り返して使用することにより,Si基板表面上に平面に沿って各種半導体デバイスや回路部品を始め相互配線まで作ることができる.この技術をプレーナ技術という.さらにこれらの素子は強固で安定な$SiO_2$膜で覆われており,大気など外部としゃ断され,各デバイス,部品の安定性,信頼性が非常に向上すると同時に,集積回路技術を可能にし,大量生産技術にも発展し,現代の重要な生産技術の一つとなっている.

## 2.4 集積回路 (IC)

集積回路は「多くの回路素子が1つの基板上,または基板内に分離不能の状態で結合されている超小形構造」である.このような集積回路は驚異的な発展をつづける現代エレクトロニクスを支え,大形化複雑化する電子システムの構成への要求に応じ,現在非常な勢いで研究開発が進められている.

集積回路の中でも種々の構造のものがあるが,現在最も重要なのは半導体集積回路であり,集積の規模により小規模集積回路 (SSI) から大規模集積回路 (LSI) に至り最近は超 LSI (VLSI) を越えようとしている.小形化されることにより,信頼性の向上,性能の向上(配線の短縮による高速化,低電力化)や価格の低減が進んでいる.半導体集積回路は多数の半導体デバイスを始め抵抗,コンデンサのような回路部品も同時に,いままで述べてきた製作技術を何度も繰り返して用いることにより,同じ基板内に作り込むものであり,1個の半導体チップ内に作られ,モノリシック IC ともいわれる.半導体能動素子としてバイポーラトランジスタを中心にするバイポーラ IC と,MOS トランジスタを基本とする MOS IC に分類される.一般に前者は高速ディジタル動作やアナログ動作に使用され,後者は中低速,低消費電力のディジタル動作に使われるが,製法が簡単で高密度集積化が容易である.半導体 IC はトランジスタ技術から発展してきたため,基本的な製作技術は前項までに述べてきたものを土台にしている.

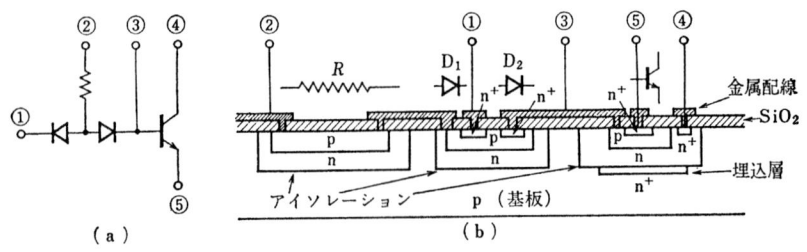

**図 2.49** モノリシック IC の概念図

　集積回路の概念を理解するための簡単な例（図 2.49）を示す．トランジスタ1個，ダイオード2個，抵抗1個よりなる図 2.49(a) のような回路をプレーナ技術を用いて1枚の半導体基板上に各素子の配線まで完了した状態にまで作製してあることがわかる．バイポーラ IC では，図から明らかなように各素子を相互に分離する必要がある．この場合は pn 接合を用いて各素子のアイランドを作り相互のアイソレーションを行っている．これらの技術も前項のフォトリソグラフィ技術を何度も各パターンに対して繰り返し，選択拡散，エピタキシャル成長，酸化膜形成を行えば可能となる．

　集積度が大規模になれば，IC 全体として回路機能は複雑多岐にわたり，個々の回路だけでなく，大きなシステム全体を対象としなければならない．大規模な IC では，開発過程は，半導体技術だけにとどまらず，回路設計，論理設計，素子設計，レイアウト設計から検査を含めて計算機利用技術の開発も要求される．

## 参 考 文 献

1) 上田　実，中井達人：電気材料，朝倉書店，1966.
2) 平井，豊田，桜井，犬石共編：現代電気・電子材料，オーム社，1978.
3) 山中俊一，日野太郎：近代電気材料工学，電気書院，1970.
4) 平井，豊田，犬石，阪口，成田共編：大学課程電気材料，オーム社，1969.
5) 古川静二郎：半導体デバイス，コロナ社，1982.
6) 柳井久義，永田　穣：集積回路工学 (1)，(2)，コロナ社，1979.
7) 垂井康夫：半導体デバイス，電気学会，1978.
8) 青木昌治，徳山　巍：電子材料工学，電気学会，1982.
9) 石田哲朗，清水　東：改訂半導体素子，コロナ社，1980.

# 3. 誘電・絶縁材料

　誘電体材料に電圧を印加すると，正・負電荷が互いに反対方向に微小変位して誘電分極が生ずると同時に微小な電流が流れる．誘電分極に注目する場合には誘電体とよばれ，電流を流さない電気絶縁性に注目する場合には絶縁体とよばれる．絶縁材料は，電気・電子機器の動作電圧を維持し，機器がその機能を発揮するのを助けるという受動的役割を演ずる場合が多い．しかし，機器を構成する他の材料，たとえば導体材料や磁性材料などに比べ，絶縁材料は劣化しやすく，使用する絶縁材料の良否と使用法の適否が機器の性能，寿命あるいは信頼性を左右するので，実用上重要な材料である．

　また最近では，半導体素子を構成する絶縁薄膜（$SiO_2$, $Si_3N_4$, $Al_2O_3$ など），オプトエレクトロニクス用デバイス，各種センサなどへの応用に見られるように，誘電・絶縁材料は単なる電気絶縁としてではなく，デバイスの重要な能動的機能を受け持つ場合が多くなってきている．

　本章の前半では，誘電・絶縁材料の基礎的電気物性について説明し，後半では誘電・絶縁材料の種類とその応用について述べる．

## 3.1 誘 電 特 性[1]~[3]

### 3.1.1 誘電分極と誘電率

図3.1のように，直流電界を印加した平行平板電極間に誘電体を挿入すると，

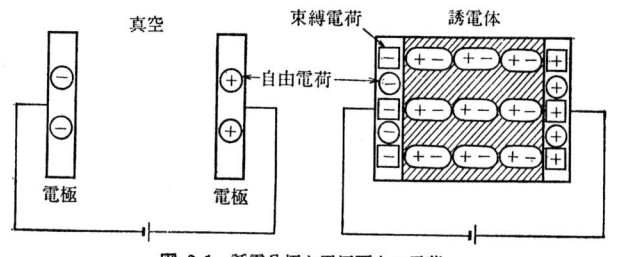

図 3.1 誘電分極と電極面上の電荷

挿入前に存在した自由電荷⊕, ⊖のほかに, 誘電分極により誘電体表面にあらわれる分極表面電荷を打消すような束縛電荷⊞, ⊟が誘起される. したがって, 電極面上の正味の電荷量 (真電荷) は両者の和で与えられる.

$$Q(真電荷) = Q_f(自由電荷) + Q_b(束縛電荷) \tag{3.1}$$

$Q, Q_f, Q_b$ を電極面上の 単位面積当りの 電荷量とすると, ガウスの定理を用いて, 式 (3.1) は次のように書きかえられる.

$$D = \epsilon E = \epsilon_0 E + P \tag{3.2}$$

ここで, $D$: 電束密度 (電気変位), $E$: 印加電界, $\epsilon$: 挿入した誘電体の誘電率, $\epsilon_0$: 真空の誘電率 $(8.855 \times 10^{-12}\,\mathrm{F/m})$, $P$: 誘電体の分極, である.

また, 誘電体挿入前後の平行平板電極の静電容量を $C_0$ および $C$ とすると,

$$\frac{C}{C_0} = \frac{Q}{Q_f} = \frac{\epsilon}{\epsilon_0} = \epsilon_r \quad (比誘電率) \tag{3.3}$$

を得る. 誘電体の挿入によって静電容量は $\epsilon_r$ 倍になる.

式 (3.2) より,

$$\epsilon = \epsilon_0 + \frac{P}{E} \tag{3.4}$$

となり, $\epsilon$ (あるいは $\epsilon_r$) を大きくするには分極 $P$ を大きくする必要がある.

分極している誘電体では, 図 3.1 のようにその表面に単位面積当り $P$ だけの電荷が誘起されており, その双極子モーメントは誘電体の面積を $A$, 厚さを $l$ とすると, $PAl$ で与えられる. 微視的に考えると, 誘電体中には無数の原子あるいは分子による誘起双極子モーメント $\mu_i$ があり, これらが加え合わさって, 巨視的双極子モーメント $PAl$ が生じたと考えてよい. すなわち,

$$PAl = \sum_i \mu_i \tag{3.5}$$

が成立する. 単位体積では,

$$P = \sum_{i(単位体積)} \mu_i \tag{3.6}$$

となる. このように, 分極 $P$ は単位体積当りの誘起双極子モーメントの総和として求められる.

いま 1 種類の原子からなる誘電体を考えよう. 単位体積当りの原子数を $N$, 1 原子当りの平均双極子モーメントを $\mu$ とすると,

$$P = N\mu \tag{3.7}$$

を得る.後述するように,各原子にかかる電界(内部電界)を $E_i$ とすると,$\mu = \alpha E_i$($\alpha$:分極率)で与えられるので,式 (3.7) は次のようになる.

$$P = N\mu = N\alpha E_i \tag{3.8}$$

したがって,誘電体を構成する各原子(または分子)の分極率 $\alpha$ と内部電界 $E_i$ がわかれば,巨視的な量である分極 $P$ や誘電率 $\epsilon$ を求めることができる.

等方的な結晶の内部電界 $E_i$ と外部電界(印加電界)$E$ の間には,

$$E_i = E + \frac{P}{3\epsilon_0} = \frac{E}{3}(\epsilon_r + 2) \tag{3.9}$$

が成立する[4].この $E_i$ をローレンツの内部電界 という.一般には,内部電界定数を $\nu$ として,

$$E_i = E + \frac{\nu P}{\epsilon_0} \tag{3.10}$$

で与えられる.

式 (3.2),式 (3.8) から導かれる,

$$P = \epsilon_0(\epsilon_r - 1)E = N\alpha E_i \tag{3.11}$$

に式 (3.9) を代入し $E_i$ を消去すると次式を得る.

$$\frac{N\alpha}{3\epsilon_0} = \frac{\epsilon_r - 1}{\epsilon_r + 2} \tag{3.12}$$

これはクラウジウス-モソッティの式とよばれ,微視的な分極を表わす $\alpha$ と巨視的な比誘電率 $\epsilon_r$ を関係づける重要な式である.

### 3.1.2 誘電分極の機構

誘電分極を生ずる要因には,電子分極,原子分極,配向分極および界面分極がある.

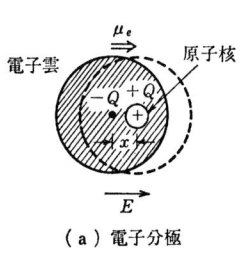

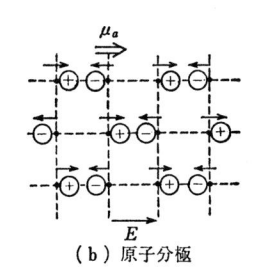

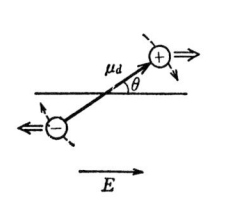

(a) 電子分極

(b) 原子分極

(c) 配向分極

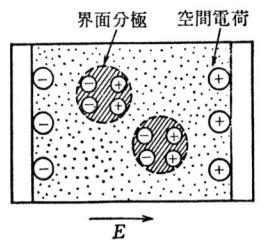

(d) 界面分極,空間電荷分極

図 3.2 各種分極

**a. 電子分極**　電子分極は，図3.2(a)のように原子を構成する原子核と周囲の電子が電界によって反対方向に変位し，双極子モーメント $\mu_e$ を誘起することによって生ずる．

$\mu_e = \alpha_e E$ で定義される電子分極率 $\alpha_e$ は，原子の半径 $R$ と，

$$\alpha_e = 4\pi\epsilon_0 R \tag{3.13}$$

の関係がある．このため，原子半径あるいは原子番号が大きくなるにつれ，$\alpha_e$ も大きくなる．$\alpha_e$ は軽い電子の変位に起因するので，可視光〜紫外光の周波数領域まで追随する．

**b. 原子分極**　イオン分極ともよばれる．誘電体中の正・負イオンの位置が外部電界によって相対的に変位して生ずる分極である（図3.2(b)）．電子より質量の大きなイオンの変位によるので，応答周波数の上限（緩和周波数）は赤外線の周波数領域にある．電子分極率 $\alpha_e$ と原子分極率 $\alpha_a$ はいずれも温度によらない．

**c. 配向分極**　誘電体内に永久双極子モーメント $\mu_d$ を持つ分子（有極性分子）を含むとき，これらが電界方向に配向して生ずる分極である．理論的には以下のように記述される．図3.2(c)のように，永久双極子モーメント $\mu_d$ と電界 $E$ のなす角を $\theta$ とすると，ポテンシャルエネルギー $U(\theta)$ は，

$$U(\theta) = -\mu_d \cdot E = -\mu_d E \cos\theta \tag{3.14}$$

となる．また，双極子が $\theta \sim \theta + d\theta$ の方向にある確率は $\exp(-U/k_B T) \cdot 2\pi \sin\theta\, d\theta$ に比例するので，永久双極子モーメントの電界方向成分の平均値は次式で与えられる．

$$\langle \mu_{dE} \rangle = \langle \mu_d \cos\theta \rangle = \mu_d \frac{\int_0^\pi \exp(-U/k_B T) \cdot \cos\theta \cdot 2\pi \sin\theta\, d\theta}{\int_0^\pi \exp(-U/k_B T) \cdot 2\pi \sin\theta\, d\theta}$$

$$= \mu_d L(\mu_d E / k_B T) \tag{3.15}$$

ここで，$L(x) = \coth x - 1/x$ はランジバン関数とよばれ，$x \ll 1$ のとき $L(x) \doteqdot x/3$ となる．通常，$\mu_d E / k_B T \ll 1$ であるので，

$$\langle \mu_{dE} \rangle = \mu_d^2 E / 3k_B T = \alpha_d E \tag{3.16}$$

$$\alpha_d = \mu_d^2 / 3k_B T \tag{3.17}$$

を得る．配向分極率 $\alpha_d$ は温度 $T$ に逆比例し，温度の上昇とともに，分子の熱運

動のため配向分極が起こりにくくなることを示している.

配向分極の緩和周波数は有極性分子の構造によって大きく異なるが,一般には電波周波数の領域にある.

**d. 界面分極** 誘電体内の電荷担体が電界下で相当距離移動し,異なる材質の誘電体との界面あるいは電極近くに蓄積されて生ずる分極である.前者は界面分極(あるいはマックスウェル-ワグナー形界面分極)[5],後者は空間電荷分極とよばれる.いずれも電荷担体の相当距離の移動に起因する分極であるため緩和周波数はかなり低い.

### 3.1.3 複素誘電率

配向分極や界面分極の緩和周波数は比較的低く,誘電体に交流電界 $\dot{E}=E_0 e^{i\omega t}$ を印加すると,図 3.3 のように,電束密度 $\dot{D}$ は $\dot{E}$ より $\delta$ だけ位相が遅れ,$\dot{D}=D_0 e^{i(\omega t-\delta)}$ となる.このため,$\dot{D}=\epsilon^* \dot{E}$ で定義される誘電率 $\epsilon^*$ は複素数となり,

$$\dot{D}=D_0 e^{i(\omega t-\delta)}=\frac{D_0}{E_0}e^{-i\delta}\dot{E}=\epsilon^* \dot{E} \tag{3.18}$$

$$\epsilon^*=\frac{D_0}{E_0}e^{-i\delta}\equiv \epsilon'-i\epsilon'', \quad \frac{\epsilon'}{\epsilon''}=\tan\delta \tag{3.19}$$

なる関係が成立する.

一方,誘電体内を流れる電流密度 $\dot{J}$ は

$$\dot{J}=\frac{d\dot{D}}{dt}=i\omega\epsilon^*\dot{E}=i\omega(\epsilon'-i\epsilon'')\dot{E}=\omega\epsilon''\dot{E}+i\omega\epsilon'\dot{E}$$

$$=\dot{J}_L+\dot{J}_C \tag{3.20}$$

$$\frac{|\dot{J}_L|}{|\dot{J}_C|}=\frac{\omega\epsilon''\dot{E}}{\omega\epsilon'\dot{E}}=\frac{\epsilon''}{\epsilon'}=\tan\delta \tag{3.21}$$

となり,電界 $\dot{E}$ と同相の $\dot{J}_L$ と $\pi/2$ だけ位相の進んだ容量性電流 $\dot{J}_C$ の和として与えられる(図 3.3(b)).誘電体内で消費される電力(誘電損)$W$ は,

$$W=\dot{J}_L\dot{E}=\omega\epsilon''|\dot{E}|^2=\frac{\omega\epsilon''E_0^2}{2}=\frac{\omega\epsilon'E_0^2}{2}\tan\delta \tag{3.22}$$

となる.誘電損の目安となる $\epsilon''$ は誘電損率,$\tan\delta$ は誘電正接,$\delta$ は誘電損角とよばれる.

### 3.1.4 誘電余効

誘電体にステップ状の電界 $E$ を加えると,電束密度 $D$ は,図 3.4 のように,

図 3.3 交流電界印加

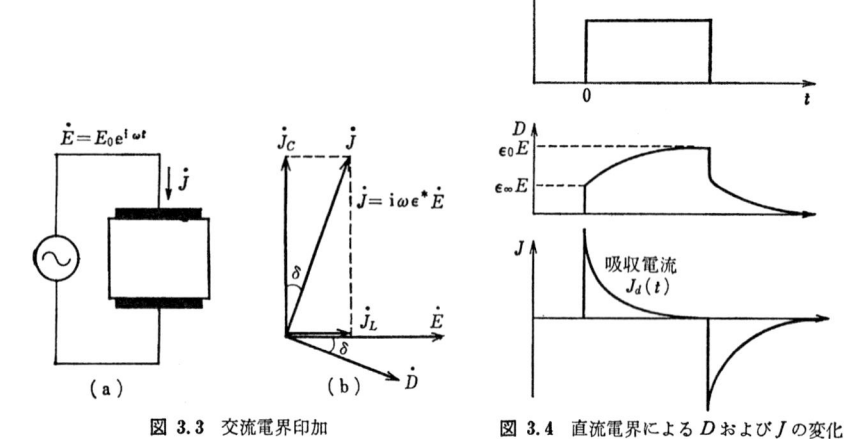

図 3.4 直流電界による $D$ および $J$ の変化

図 3.5 任意の電界波形とステップ電圧の重ね合せ

瞬時に $D_1=\epsilon_\infty E$ まで立上りその後徐々に増加して平衡値 $D_2=\epsilon_0 E$ に達する. つぎに電界を取り去ると, 瞬時に $D_1=\epsilon_\infty E$ だけ低下し, あとはゆるやかに零に近づく. この $D$ のゆるやかな変化を誘電余効という.

ステップ状電界 $E$ を $t=0$ で印加すると電束密度 $D(t)$ は次式で与えられる.

$$D(t)=\epsilon_\infty E+(\epsilon_0-\epsilon_\infty)f(t)E \quad (3.23)$$

ここで, $f(t)$ は $f(0)=0$, $f(\infty)=1$ なる単調増加関数である. このとき, 外部回路に流れる吸収電流 $J(t)$ は,

$$J(t)=\frac{dD}{dt}=\epsilon_\infty\frac{dE}{dt}+(\epsilon_0-\epsilon_\infty)\phi(t)E \quad (3.24)$$

となる. $\phi(t)=df(t)/dt$ は余効関数とよばれ,

$$\int_0^\infty \phi(t)dt=\int_0^\infty \frac{df(t)}{dt}dt=1 \quad (3.25)$$

なる関係を満足する. 式 (3.24) の右辺第 1 項は瞬時充電電流, 第 2 項は吸収電流 $J_d(t)$ を表わす.

任意の波形の電界 $E(t)$ を印加したときの電流は, 図 3.5 に示すように, 微小時間 $\Delta t$ ごとに $\Delta E(t)=(dE(t)/dt)\Delta t$ のステップ状電界を逐次印加したときの電

流の重ね合せと考えることができ，次式で与えられる．

$$J(t) = \epsilon_\infty \frac{dE}{dt} + (\epsilon_0 - \epsilon_\infty) \int_{-\infty}^{t} \frac{dE(t')}{dt'} \cdot \phi(t-t') dt' \quad (3.26)$$

$E(t)$ として交流電界 $E(t) = E_0 e^{i\omega t}$ をとると，式 (3.26) より，

$$J = i\omega \epsilon_\infty E + i\omega(\epsilon_0 - \epsilon_\infty) E \int_0^\infty e^{i\omega x} \phi(x) dx$$

$$= i\omega E\{\epsilon_\infty + (\epsilon_0 - \epsilon_\infty) \int_0^\infty \phi(x) \cos \omega x \, dx\} + \omega E(\epsilon_0 - \epsilon_\infty)$$

$$\times \int_0^\infty \phi(x) \sin \omega x \, dx \quad (3.27)$$

を得る．また，式 (3.20) $\dot{J} = i\omega \epsilon^* \dot{E} = \omega \epsilon'' \dot{E} + i\omega \epsilon' \dot{E}$ と比較することにより，

$$\epsilon^* = \epsilon_\infty + (\epsilon_0 - \epsilon_\infty) \int_0^\infty \phi(t) e^{-i\omega t} dt \quad (3.28)$$

$$\left. \begin{array}{l} \dfrac{\epsilon'(\omega) - \epsilon_\infty}{\epsilon_0 - \epsilon_\infty} = \int_0^\infty \phi(t) \cos \omega t \, dt \\[2mm] \dfrac{\epsilon''(\omega)}{\epsilon_0 - \epsilon_\infty} = \int_0^\infty \phi(t) \sin \omega t \, dt \end{array} \right\} \quad (3.29)$$

が導かれる．式 (3.29) にフーリエ逆変換を適用すると，

$$\phi(t) = \frac{2}{\pi} \int_0^\infty \frac{\epsilon'(\omega) - \epsilon_\infty}{\epsilon_0 - \epsilon_\infty} \cos \omega t \, d\omega = \frac{2}{\pi} \int_0^\infty \frac{\epsilon''(\omega)}{\epsilon_0 - \epsilon_\infty} \sin \omega t \, d\omega \quad (3.30)$$

を得る．すなわち誘電余効関数 $\phi(t)$ と複素誘電率 $\epsilon^*(\omega)$ はフーリエ変換によって相互に変換できる．

### 3.1.5 誘電分散と誘電吸収

電子，イオンあるいは永久双極子の運動には慣性があり，交流電界の周波数がある値（緩和周波数）より大きくなると電界の変化に追随できなくなる．このため，緩和周波数領域で $\epsilon'$ は大きく変化し（誘電分散），$\epsilon''$ は極大を示し誘電体によるエネルギー吸収（誘電吸収）が生ずる．$\epsilon'$ および $\epsilon''$ の周波数依存性の

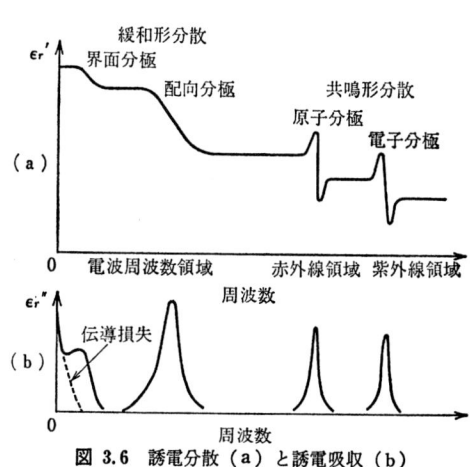

図 3.6 誘電分散 (a) と誘電吸収 (b)

一例を図 3.6 に示す.

電子分極と原子分極は,可視光〜近紫外光領域および近赤外光領域に共鳴形分散を示す.また,配向分極は電波周波数領域に緩和形分散を示す.

配向分極の場合,長時間電界を印加したのち $t=0$ で電界を取り去ると,分極 $P$ の時間的変化は,

$$P(t) = P(0)\exp(-t/\tau) \tag{3.31}$$

で記述される.ここで,$\tau$:緩和時間,$P(0)$:$t=0$ での分極である.$J(t) = \mathrm{d}P(t)/\mathrm{d}t$ として,式 (3.24) から余効関数を求めると,

$$\phi(t) = \frac{1}{\tau}\exp\left(-\frac{t}{\tau}\right) \tag{3.32}$$

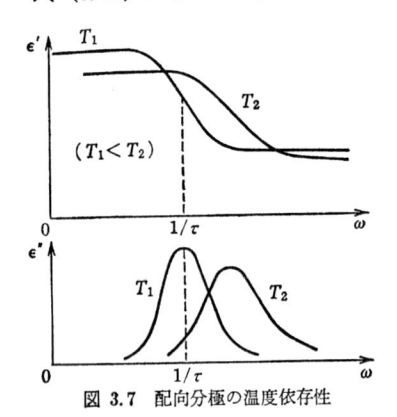

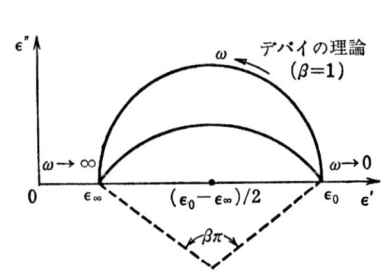

となる.これを式 (3.28) に代入すると複素誘電率 $\epsilon^*$ が求まる.

$$\epsilon^* = \epsilon' - \mathrm{i}\epsilon'' = \epsilon_\infty + \frac{\epsilon_0 - \epsilon_\infty}{1 + \mathrm{i}\omega\tau} \tag{3.33}$$

$$\left.\begin{aligned}\epsilon' &= \epsilon_\infty + \frac{\epsilon_0 - \epsilon_\infty}{1 + \omega^2\tau^2} \\ \epsilon'' &= \frac{(\epsilon_0 - \epsilon_\infty)\omega\tau}{1 + \omega^2\tau^2}\end{aligned}\right\} \tag{3.34}$$

これらの式はデバイの分散式とよばれ,図 3.7 のような周波数特性を示す.緩和時間 $\tau$ は,活性化エネルギー $H$ を用いて,$\tau = \tau_0 \exp(H/k_B T)$ で与えられるので,温度の上昇につれて $\tau$ は短くなり,分散は高周波側に移る.

式 (3.34) から $\omega\tau$ を消去すると,

図 3.7 配向分極の温度依存性

図 3.8 デバイの理論とコール-コールの円弧則

$$\left(\epsilon' - \frac{\epsilon_0 + \epsilon_\infty}{2}\right)^2 + \epsilon''^2 = \left(\frac{\epsilon_0 - \epsilon_\infty}{2}\right)^2 \tag{3.35}$$

を得る.すなわち,$\epsilon'-\epsilon''$ プロットは図 3.8 のように半円となる.

実際の誘電材料では,$\epsilon'-\epsilon''$ プロットは半円でなく円弧にのることが多く,これをコール-コールの円弧則という.この場合には複素誘電率は次の実験式で与えられる[6].

$$\epsilon^* = \epsilon_\infty + \frac{\epsilon_0 - \epsilon_\infty}{1 + (i\omega\tau)^\beta} \qquad (0 < \beta < 1) \tag{3.36}$$

## 3.2 電気絶縁特性[3],[7]

### 3.2.1 高電界電気伝導

誘電体に直流電界を印加すると,図 3.4 に示したような誘電分極に起因する吸収電流が減少したあと,一定のもれ電流が流れる.この電流は通常低電界ではオームの法則 ($J \propto E$) を満足するが,高電界では電流が急増し,やがて絶縁破壊に至る (図 3.9).絶縁体では,電流が急増する高電界領域が重要であり,代表的な高電界電気伝導機構を表 3.1 に要約する.

表 3.1 高電界電気伝導機構

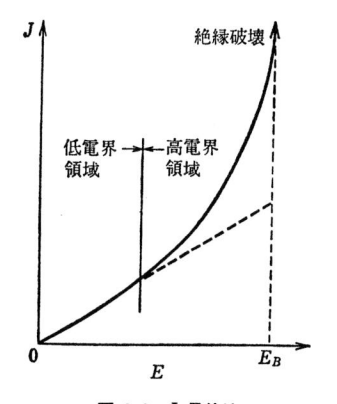

〔電子性伝導〕
・電極制限形
$$\begin{cases} \text{ショットキー形注入}: J = AT^2 \exp\left(-\frac{U - \beta_S \sqrt{E}}{k_B T}\right) \\ \text{トンネル注入}: J = CE^2 \exp(-B/E) \end{cases}$$
・バルク制限形
$$\begin{cases} \text{プール-フレンケル形伝導}: J = J_0 \exp\left(-\frac{U - \beta_{PF}\sqrt{E}}{2k_B T}\right) \\ \text{空間電荷制限電流}: J = \frac{9}{8}\epsilon\mu\frac{V^2}{d^3} \propto \frac{E^2}{d} \end{cases}$$

〔イオン性伝導〕: $J = 2qan_{IV}\exp\left(-\frac{U}{kT}\right)\sinh\frac{qaE}{2k_B T}$

〔記号〕 $\beta_S = (q^3/4\pi\epsilon)^{1/2}$, $\beta_{PF} = (q^3/\pi\epsilon)^{1/2}$, $A, B, C$:定数,$U$:電位障壁,$E$:電界,$V$:電圧,$d$:試料厚さ,$a$:ホッピング距離,$\nu$:振動数,$n_I$:イオン密度.

図 3.9 $J$-$E$ 特性

ショットキー形注入では,図 3.10 に示すように,印加電界 $E$ により電極の電位障壁が $\beta_S \sqrt{E}$ だけ低下し熱電子注入が増大するため電流が急増する.プール-フレンケル形伝導では,ドナ深さが印加電界により $\beta_{PF}\sqrt{E}$ だけ低下し,ドナ

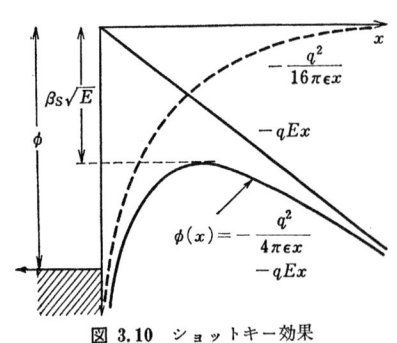

準位から伝導帯への電子の熱励起が増え電流が増大する.

電極から十分な量のキャリヤが注入される場合には，電流は空間電荷制限形となる[8]. 陰極から電子が注入されているとすると,

$$J = q\mu n(x) E(x) \tag{3.37}$$

$$\frac{dE(x)}{dx} = \frac{qn(x)}{\epsilon} \tag{3.38}$$

境界条件：$E(0) = 0$, $V(0) = 0$, $V(d) = V$

図 3.10 ショットキー効果

が成立する．ここで，$qn(x)$：空間電荷，$E(x)$：電界，$V$：印加電圧，$d$：試料厚さ，$\mu$：移動度である．

式 (3.37), 式 (3.38) から $n(x)$ を消去すると次式を得る.

$$E(x) = \left(\frac{2Jx}{\epsilon\mu}\right)^{1/2} \tag{3.39}$$

これを $x=0$ から $d$ まで積分すると，

$$J = \frac{9}{8}\epsilon\mu\frac{V^2}{d^3} \tag{3.40}$$

を得る．

結晶内のイオンは，図 3.11 のような電位障壁を越えて安定位置間（距離 $a$）を移動すると考えてよい．1つのイオンが障壁($U$)をとび越える回数はイオンの振動数 $\nu$ とボルツマン因子 $\exp(-U/k_BT)$ の積で与えられる．電界印加時の電界方向とその逆方向の実効障壁高さはそれぞれ $U-\frac{1}{2}qEa$ と $U+\frac{1}{2}qEa$ となるので，電界方向への正味のイオンの移動速度は次式で与えられる．

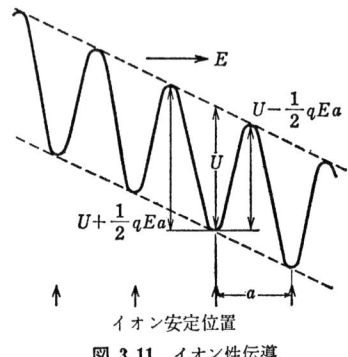

図 3.11 イオン性伝導

$$\begin{aligned}v &= a\nu\left[\exp\left\{-\left(U-\tfrac{1}{2}qEa\right)/k_BT\right\} - \exp\left\{-\left(U+\tfrac{1}{2}qEa\right)/k_BT\right\}\right]\\ &= 2a\nu\exp(-U/k_BT)\sinh(qEa/2k_BT)\end{aligned} \tag{3.41}$$

イオン密度を $n_I$ とすると，電流密度 $J$ は，

$$J = qn_I v = 2qn_I a\nu \exp\left(-\frac{U}{k_B T}\right) \sinh\frac{qEa}{2k_B T} \qquad (3.42)$$

となる．高電界では $J \propto \exp(qaE/2k_B T)$ となり，電流は電界とともに指数関数的に急増する．

### 3.2.2 絶縁破壊

気体の絶縁破壊では，通常パッシェンの法則が成立し，絶縁破壊電圧 $V_B$ と $pd$（気体の 圧力×電極間距離）は図 3.12 のような V 字形となる．このため，高気圧あるい

図 3.12 パッシェン曲線

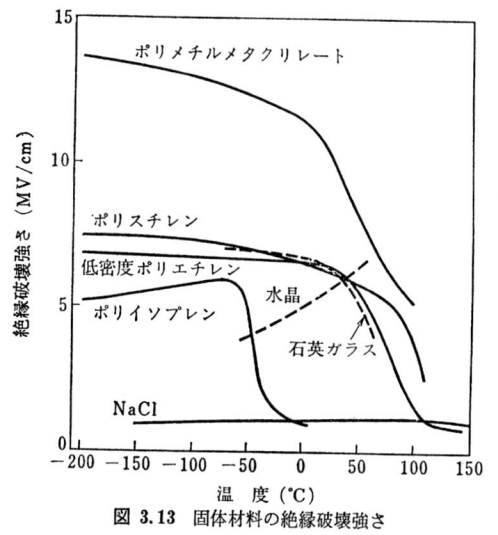

は高真空にすることにより絶縁特性がよくなる．

固体の絶縁破壊は気体に比しかなり複雑である．代表的な固体の 絶縁破壊特性を 図 3.13 に示す．固体の絶縁破壊は 表 3.2 に示すように 3 つの形式，すなわち電子的破壊，熱破壊および電気・機械破壊に大別される．

**a. 電子的破壊** 通常，伝導電子は電界から得るエネルギー利得 $G$ と格子との衝突によって失うエネルギー損失 $L$ が釣合

図 3.13 固体材料の絶縁破壊強さ

う条件で平衡に達している．しかし，電界がある値 $E_B$ を越えると $G>L$ が成立し，電子はどんどん加速され絶縁破壊に至る．この理論では $E_B$ は材料の形状によらず材料固有の性質で決まるので，真性破壊という．通常 $\partial E_B/\partial T>0$ となるが，無定形固体のように浅いトラップを含む材料では $\partial E_B/\partial T<0$ となることもある．

伝導電子が電界で加速され電離エネルギーに達すると衝突電離が生じ，次々と

表 3.2 固体の絶縁破壊機構

○電子的破壊
(破壊遅れ：小)
- 真性破壊 $\left(\dfrac{\partial E_B}{\partial d}=0\right)$
- 電子なだれ破壊 $\left(\dfrac{\partial E_B}{\partial d}<0,\ \dfrac{\partial E_B}{\partial T}>0\right)$
- ツェナー破壊 $\left(\dfrac{\partial E_B}{\partial T}=\dfrac{\partial E_B}{\partial d}=0\right)$

○熱破壊 $\left(\dfrac{\partial E_B}{\partial T}<0\right)$
(破壊遅れ：大)
- 定常熱破壊 $\left(\dfrac{\partial E_B}{\partial d}<0\right)$
- インパルス熱破壊 $\left(\dfrac{\partial E_B}{\partial d}=0\right)$

○電気・機械破壊 $\left(\dfrac{\partial E_B}{\partial T}<0\right)$

原子を電離して電子なだれが発生する．ザイツによると1個の電子から出発して約40回の衝突電離をすると絶縁破壊が生ずる (40世代理論)．これを電子なだれ破壊とよび，破壊電界は $\partial E_B/\partial d<0$ と $\partial E_B/\partial T>0$ の性質を示す．

また，高電界になると，電子は価電子帯から伝導帯にトンネル効果で遷移するため，伝導電子が急増し絶縁破壊に至ることもあり得る．これをツェナー破壊という．

**b. 熱破壊** 急増した電流のジュール熱で固体の温度が上昇し，絶縁破壊が生ずる機構を熱破壊という．高電界印加時の固体の温度は次式で計算される．

$$C_v\frac{\mathrm{d}T}{\mathrm{d}t}-\nabla\cdot(\kappa\nabla T)=\sigma E^2 \tag{3.43}$$

ここで，$C_v$：定積比熱，$\kappa$：熱伝導度，$\sigma$：導電率である．発生したジュール熱 (右辺) が固体の温度上昇 (左辺第1項) と周囲への放熱 (左辺第2項) に消費されていることを示している．この式を解いて，固体の温度 $T$ がある臨界温度 (たとえば融点) を越える電界 $E_B$ を求める．式 (3.43) は，

(1) 定常熱破壊 (電界上昇速度が遅く，第1項を無視)
(2) インパルス熱破壊 (電界上昇速度が速く，第2項を無視)

の条件下で解析的に解ける．定常熱破壊では $E_B$ は放熱条件 (固体形状，周囲条件など) に依存し，インパルス熱破壊では電圧印加時間に依存する．いずれも $\partial E_B/\partial T<0$ となり，$E_B$ は温度の上昇とともに低下する．

**c. 電気・機械破壊**　印加電界による電極間引力のため固体が機械的に変形し絶縁破壊が生ずる．

### 3.2.3 絶縁劣化

長い年月が経るにつれて絶縁性能が低下する絶縁劣化現象は実用絶縁材料，とくに有機絶縁材料にとって非常に重要である．劣化の実態は複雑であるが，熱劣化，放電劣化および放射線劣化に大別される．

**a. 熱劣化**　温度の上昇は化学反応を促進させ，酸化，分解などによる化学的劣化の速度をはやめる．熱劣化の場合，材料の寿命 $\tau_L$，劣化の速度 $v$，反応の活性化エネルギー $H$ とすると，次の関係が成り立つ．

$$\tau_L \propto v^{-1} \propto \exp\left(\frac{H}{k_B T}\right) \tag{3.44}$$

また熱劣化には，繰り返し熱サイクルによる熱膨張収縮で生ずる疲労劣化や急激な温度変化で生ずるきれつの発生などもある．

**b. 放電劣化**　絶縁材料が，周囲雰囲気や内部の微小空げき（ボイド）内の気中あるいは油中放電に長時間さらされると，放電劣化が進行しやがて絶縁破壊に至る．部分放電（コロナ放電）に起因する劣化を部分放電劣化（コロナ劣化）という．これには，電極状の突起やボイドから樹枝状の破壊路が形成され，全路破壊に至るトリーイング劣化が含まれる．

スイッチの開閉などに伴うアーク放電の熱のため，絶縁材料の表面に導電性炭化路を生じ絶縁が劣化するのをアーク劣化という．湿潤した絶縁材料の表面が，表面もれ電流のジュール熱のため部分的に乾燥し，局部放電が生じ，導電性炭化路が形成され絶縁性能が低下する現象をトラッキング劣化とよんでいる．

**c. 放射線劣化**　高エネルギー放射線（電子線，$\gamma$ 線，中性子線，X線など）や紫外線に絶縁材料がさらされると，分子鎖の切断，架橋，酸化などを生じ絶縁性能が低下する．

## 3.3 強 誘 電 体[9]

### 3.3.1 ヒステリシス曲線と分域

多くの物質では外部電界によって分極 $P$ が誘起され，電界を取り去ると分極は消える．しかし，ある種の物質では，外部電界が存在しなくても分極(自発分極)

を有する．この種の材料を強誘電体とよぶ．

強誘電体の分極と電界の間には図3.14のような関係がある．電界$E$を零から増大していくと，分極$P$はAを経てBに達し飽和する．この飽和値$P_s$を自発分極という．次に電界$E$を減少すると，B→C→Dをたどり，逆方向電界で再び飽和する．このとき，$E=0$でも分極は0にならず$P_r$（残留分極）を示す．$P=0$になる電界$E=E_c$を抗電界という．再び電界を正方向に増大するとD→F→Bをたどり，分極$P$はBCDFBのヒステリシス曲線を描く．ヒステリ

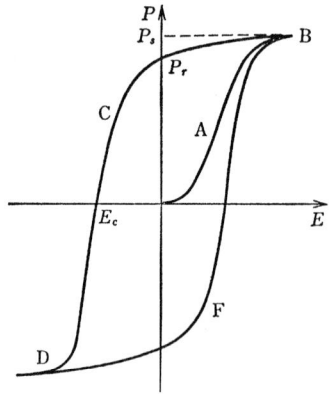

図3.14 強誘電体の$P$-$E$曲線

シス曲線が生ずる原因は，強誘電体内部で個々の永久双極子が同一方向に配列し

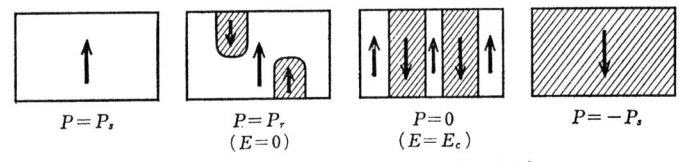

図3.15 分域反転（図3.14 B→C→Dに対応）

ている分域が形成されていることによる．図3.15に示すように，電界を印加すると電界方向に分極をもつ分域が増加し，ついにはすべての分極が電界方向になり分極が飽和する．電界を零にしても残留分極$P_r$が残るのは，分域が再配列するとき分域壁の移動にエネルギーを要するためで，分極を零にするには逆方向に電界$E_c$をかける必要がある．

### 3.3.2 キュリー-ワイスの法則

強誘電体の温度が上昇すると，分域内の規則性が乱され自発分極が減少し，ある温度$T_c$以上になると自発分極は消滅し常誘電相を示す．この臨界点をキュリー点という．常誘電相の比誘電率はキュリー-ワイスの法則，

$$\epsilon_r = \epsilon_{r\infty} + \frac{C}{T-T_0} \tag{3.45}$$

に従う．ここで，$C$はキュリー-ワイス定数で数百～数万度のものが多く，$T_0$は特性温度でキュリー温度$T_C$に近い値である．図3.16，図3.17は$BaTiO_3$の$P_s$

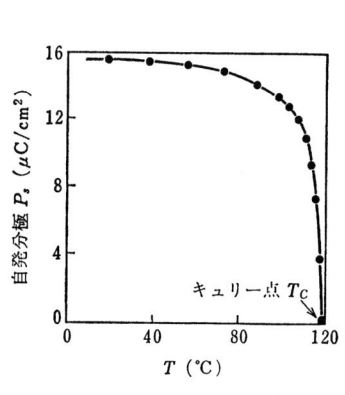

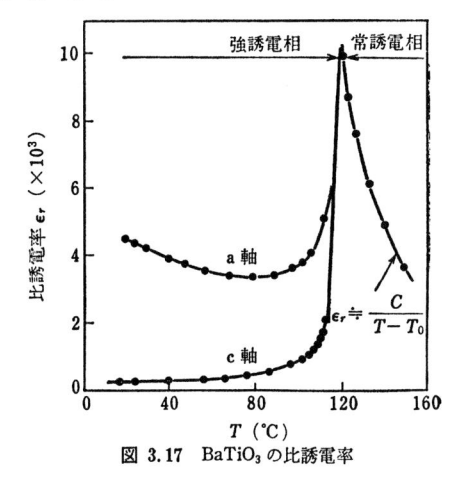

図 3.16 BaTiO₃の自発分極 $P_s$

図 3.17 BaTiO₃の比誘電率

$-T$ 特性と $\epsilon_r$-$T$ 特性を示す.

### 3.3.3 強誘電体と反強誘電体

自発分極の発生機構によって強誘電体を分類すると,変位形と秩序-無秩序形に分けられる.変位形強誘電体では,結晶内イオンの平衡位置がキュリー点以上では対称性の高い位置にあるが,キュリー点以下では対称性の低い位置に変位することによって自発分極が発生する.BaTiO₃ は,$T>T_C$ で立方晶系に属するが,$T<T_C$ で c 軸方向に約 1% ほど結晶格子が伸びた正方晶系に移る.このため図 3.18 の中央の Ti イオンが c 軸方向に変位して自発分極を形成する.この種の強誘電体には,SrTiO₃,PbTiO₃,KNbO₃ などがある.

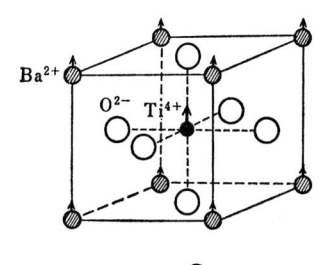

図 3.18 BaTiO₃の自発分極
面心の酸素に対して Ti⁴⁺,Ba²⁺ が図のように相対的に変位して双極子モーメントを誘起

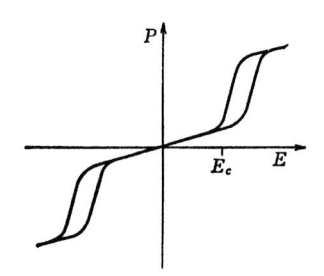

図 3.19 PbZrO₃の $P$-$E$ 特性

秩序-無秩序形強誘電体では，結晶内に回転可能な永久双極子があり，$T<T_C$ でその配向に長距離秩序性が生じ自発分極が現われる．これに属する強誘電体として，ロシェル塩 $NaKC_4H_4O_6 \cdot 4H_2O$，硫酸グリシン $(NH_2CH_2COOH)_3 \cdot H_2SO_4$，リン酸カリウム $KH_2PO_4$ などがある．

分域内の隣接する双極子がお互いに反平行に配列するような材料を反強誘電体という．強誘電相と反強誘電相では自由エネルギーの大きさが比較的近く，外部から電界や機械的応力を加えると反強誘電相から強誘電相への転移が生じ自発分極が生ずるようになる．図 3.19 は反強誘電体である $PbZrO_3$ の $P$-$E$ 特性を示す．電界 $E_c$ で反強誘電相⇄強誘電相転移を生じ，図のような二重ヒステリシス曲線を描く．

## 3.4 圧電・焦電効果[10]

圧電体に機械的応力を加えると電気分極が生ずる現象を圧電効果，逆に電界によってひずみを生ずる現象を圧電逆効果という．また温度変化によって電気分極を生ずる現象を焦電効果という．強誘電体材料は圧電・焦電効果を示す材料としても注目されている．

圧電・焦電効果は結晶の対称性と密接に関連している．対称中心を有する結晶は圧電効果を示さない．結晶の対称性（点群）と圧電・焦電性の関連を表 3.3 に示す．

表 3.3 結晶の対称性（点群）と圧電・焦電性

| 非圧電性 (12) | | $S_2, S_6, C_{2h}, C_{4h}, C_{6h}, D_{2h}, D_{4h}, D_{6h}, D_{3d}, O_h, T_h, O$ |
|---|---|---|
| 圧電性 | 非焦電性 (10) | $C_{3h}, D_2, D_3, D_4, D_6, D_{3h}, D_{2d}, S_4, T, T_d$ |
| | 焦電性 (10) | $C_1, C_2, C_3, C_4, C_6, C_s, C_{2v}, C_{3v}, C_{4v}, C_{6v}$ |

### 3.4.1 圧電効果

一般に応力 $X$ と電気分極 $D$ は，圧電定数を $d$ として，

$$D = dX \tag{3.46}$$

の関係がある．$D$ はベクトル量，$X$ は 2 階テンソル量であるので，圧電定数は一般には 3 階テンソル量となる．

$$D_i = \sum_{j,k} d_{ijk} X_{jk} \qquad (i, j, k = 1, 2, 3) \tag{3.47}$$

応力テンソルは対称テンソル ($X_{ij}=X_{ji}$) であるので，添字を短縮した表示，

$$\begin{bmatrix} X_{11} & X_{12} & X_{13} \\ X_{21} & X_{22} & X_{23} \\ X_{31} & X_{32} & X_{33} \end{bmatrix} \rightarrow \begin{bmatrix} X_1 & X_6 & X_5 \\ X_6 & X_2 & X_4 \\ X_5 & X_4 & X_6 \end{bmatrix} \rightarrow \begin{bmatrix} X_1 \\ X_2 \\ X_3 \\ X_4 \\ X_5 \\ X_6 \end{bmatrix} \qquad (3.48)$$

を用いると，圧電定数は二次元表示が可能となり，式 (3.47) は次のように書きかえられる．

$$D_i = \sum_j d_{ij} X_j \qquad (i=1\sim3,\ j=1\sim6) \qquad (3.49)$$

圧電定数 $d_{ij}$ は $3\times6$ の行列で表わされ，一般には 18 個の独立な成分を有するが，結晶の対称性が高くなるにつれて多くの成分が消え，残る独立な成分の数は減少する．たとえば，三方晶系に属する水晶では，独立な成分は $d_{11}$ と $d_{14}$ の 2 つとなり，圧電定数行列は次のようになる．

$$\begin{bmatrix} d_{11} & -d_{11} & 0 & d_{14} & 0 & 0 \\ 0 & 0 & 0 & 0 & -d_{14} & -2d_{11} \\ 0 & 0 & 0 & 0 & 0 & 0 \end{bmatrix} \qquad (3.50)$$

圧電結晶に応力と電界が加わったときの圧電基本式は，

$$D_i = \sum_m d_{im} X_m + \sum_j \epsilon_{ij}{}^X E_j \qquad (3.51)$$

$$S_n = \sum_m S_{nm}{}^E X_m + \sum_j d_{ij} E_j \qquad (3.52)$$

$$(i,j=1\sim3,\ n,m=1\sim6)$$

で与えられる．ここで，$D$：電気分極，$E$：電界，$X$：応力，$S$：ひずみ，$d$：圧電定数，$\epsilon^X$：自由状態 ($X=0$) での誘電率，$S^E$：短絡状態 ($E=0$) での弾性コンプライアンス定数である．

### 3.4.2 焦電効果

材料に $\varDelta T$ の温度変化を与えたとき，$\varDelta P_i$ の分極の変化が生ずるとすると，焦電気係数 $p_i$ は次式で定義される．

$$\varDelta P_i = p_i \varDelta T \qquad (3.53)$$

分極 $P$ はベクトル量であるので，焦電気係数はベクトル量となる．

強誘電体は，キュリー点付近で，自発分極の大きな変化が生ずる（図3.16）ので，大きな焦電効果を示す．

$$\Delta P_s = \left(\frac{\mathrm{d}P_s}{\mathrm{d}t}\right)_T \cdot \Delta T = p\Delta T, \quad p = \frac{\mathrm{d}P_s}{\mathrm{d}T} \tag{3.54}$$

$BaTiO_3$単結晶は室温で，$p \doteqdot 10^{-3} \mathrm{Cm^{-2} \cdot deg^{-1}}$であるが，キュリー点付近ではこの約10倍の値を示す．

### 3.5 電気光学効果[11]

光の周波数領域における比誘電率$\epsilon_r$と屈折率$n$の間には$\epsilon_r = n^2$の関係がある．一般に比誘電率$\epsilon_{ij}$は，

$$D_i = \epsilon_0 \epsilon_{ij} E_j \quad (i, j = 1 \sim 3) \tag{3.55}$$

で定義される2階テンソル量である．これを，

$$\sum_{i,j} \epsilon_{ij} x_i x_j = 1 \tag{3.56}$$

なる二次形式で記述すると楕円体となり，これを誘電率楕円体という．主軸変換すると，

$$\epsilon_1 X^2 + \epsilon_2 Y^2 + \epsilon_3 Z^2 = 1 \tag{3.57}$$

となる．主軸を$X, Y, Z$にとり，屈折率$n_i = \sqrt{\epsilon_i} \ (i=1\sim 3)$を用いて定義される楕円体，

$$\frac{X^2}{n_1^2} + \frac{Y^2}{n_2^2} + \frac{Z^2}{n_3^2} = 1 \tag{3.58}$$

を屈折率楕円体という．これは物質中の光の伝搬特性を調べるのによく利用される．図3.20に示すように，物質中に入射する波面法線方向ONの光は，Oを通りONに垂直な平面による屈折率楕円体の断面である楕円の短軸（$OB_1$）と長軸（$OB_2$）の方向に振動する2つの直線偏波に分解され，それぞれの屈折率は$\overline{OB_1} = n_A$と$\overline{OB_2} = n_B$となる．$n_A \neq n_B$のときは複屈折を生ずる．屈折率楕円体の断面が円となる軸$OA_1$，$OA_2$を光軸という．斜方晶，単斜晶，三斜晶の結晶では主屈折率$n_1, n_2, n_3$がすべて異なり，2

$X, Y, Z$ 主軸
$OA_1, OA_2$ 光軸

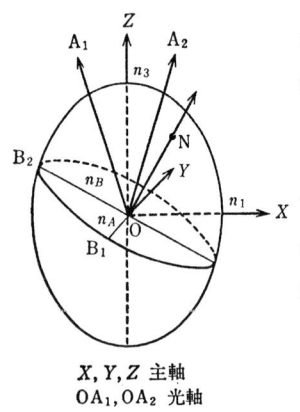

**図 3.20** 屈折率楕円体と屈折率

## 3.5 電気光学効果

本の光軸を有するので二軸結晶とよばれる。また、正方晶、六方晶、三方晶の結晶では、屈折率楕円体は主対称軸（c 軸）のまわりの回転楕円体 ($n_1=n_2 \neq n_3$) で、主対称軸が光軸となるので、一軸結晶とよばれる。立方晶では屈折率楕円体は球となり、複屈折は生じない。これを等方結晶という。

屈折率楕円体は、一般には逆比誘電率 $\beta_{ij}$ ($\epsilon_0 E_i \equiv \beta_{ij} D_j$ で定義される) を用いて次のように書かれる。

$$\sum_{i,j} \beta_{ij} x_i x_j = 1 \qquad (i, j = 1 \sim 3) \tag{3.59}$$

結晶に電界 $E$ や応力 $X$ が加わると結晶が変形し、これによって屈折率楕円体の形が微小変化する。この変化は式 (3.59) の $\beta_{ij}$ の微小変化によって表わされる。

$$\Delta \beta_{ij} = \sum_k \gamma_{ijk} E_k + \frac{1}{2} \sum_k \sum_l Q_{ijkl} E_k E_l + \sum_{kl} \pi_{ijkl} X_{kl} \qquad (i, j, k, l = 1 \sim 3) \tag{3.60}$$

右辺第1項は線形電気光学効果（ポッケルス効果）、第2項はカー効果、第3項は弾性光学効果とよばれている。

逆誘電率 $\beta_{ij}$ は対称テンソル ($\beta_{ij} = \beta_{ji}$) であるので、応力テンソルと同様な添字の短縮化（式 (3.48) 参照）を行うと、式 (3.60) は、

$$\Delta \beta_i = \sum_k \gamma_{ik} E_k + \frac{1}{2} \sum_{k,l} Q_{ikl} E_k E_l + \sum_j \pi_{ij} X_j \qquad (i, j = 1 \sim 6, \ k, l = 1 \sim 3) \tag{3.61}$$

と書ける。

線形電気光学効果のみに着目すると、$\Delta \beta_i = \sum_k \gamma_{ik} E_k$ となり、これを行列で表示すると次式となる。

$$\begin{bmatrix} \Delta \beta_1 \\ \Delta \beta_2 \\ \Delta \beta_3 \\ \Delta \beta_4 \\ \Delta \beta_5 \\ \Delta \beta_6 \end{bmatrix} = \begin{bmatrix} \frac{1}{n_1^2} - \left(\frac{1}{n_1^2}\right)_0 \\ \frac{1}{n_2^2} - \left(\frac{1}{n_2^2}\right)_0 \\ \frac{1}{n_3^2} - \left(\frac{1}{n_3^2}\right)_0 \\ \frac{1}{n_4^2} \\ \frac{1}{n_5^2} \\ \frac{1}{n_6^2} \end{bmatrix} = \begin{bmatrix} \gamma_{11} & \gamma_{12} & \gamma_{13} \\ \gamma_{21} & \gamma_{22} & \gamma_{23} \\ \gamma_{31} & \gamma_{32} & \gamma_{33} \\ \gamma_{41} & \gamma_{42} & \gamma_{43} \\ \gamma_{51} & \gamma_{52} & \gamma_{53} \\ \gamma_{61} & \gamma_{62} & \gamma_{63} \end{bmatrix} \tag{3.62}$$

$KH_2PO_4$ (KDP) は常誘電相で正方晶系に属し,電気光学係数 ($\gamma_{ij}$) は,

$$\gamma_{ij} = \begin{bmatrix} 0 & 0 & 0 \\ 0 & 0 & 0 \\ 0 & 0 & 0 \\ \gamma_{41} & 0 & 0 \\ 0 & \gamma_{41} & 0 \\ 0 & 0 & \gamma_{63} \end{bmatrix} \quad (3.63)$$

で与えられる.電界を $Z$ 軸(c軸)方向にかけると,$E=(0,0,E_3)$ となり,式 (3.62) から $\Delta\beta_6 = n_6^{-2} = \gamma_{63}E_3$ を得る.このとき屈折率楕円体は次式となる.

$$\frac{x^2+y^2}{n_1^2} + \frac{z^2}{n_3^2} + 2\gamma_{63}E_3 xy = 1 \quad (3.64)$$

図 3.21 に示すような,c軸のまわりに $\pi/4$ だけ回転させた新しい座標系 $(X,Y,Z)$ で書くと,

$$\left(\frac{1}{n_1^2}+\gamma_{63}E_3\right)X^2 + \left(\frac{1}{n_1^2}-\gamma_{63}E_3\right)Y^2 + \frac{Z^3}{n_3^2} = 1 \quad (3.65)$$

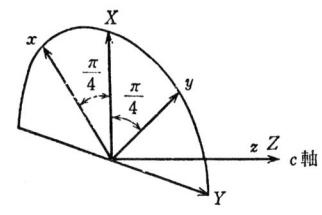

**図 3.21** 主軸変換 $(x,y,z) \to (X,Y,Z)$

となる.$\gamma_{63}E_3 \ll n_1^{-2}$ であるので,新しい主軸 $X,Y,Z$ 方向の屈折率(主屈折率)は次式で与えられる.

$$n_X = n_1 - n_1^3\gamma_{63}E_3/2, \quad n_Y = n_1 + n_1^3\gamma_{63}E_3/2, \quad n_Z = n_3 \quad (3.66)$$

$z$ 方向に伝搬する $y$ 方向に偏光した光が,$z=0$ で KDP 結晶に入射したとする.入射面で新しい主軸 $X,Y$ 方向に偏光した2成分に分解すると,各成分の伝搬は,

$$e_X = A\exp\left\{i\left(\omega t - \frac{\omega}{c}n_X z\right)\right\} = A\exp\left[i\left\{\omega t - \frac{\omega}{c}(n_1 - n_1^3\gamma_{63}E_3/2)z\right\}\right] \quad (3.67)$$

$$e_Y = A\exp\left\{i\left(\omega t - \frac{\omega}{c}n_Y z\right)\right\} = A\exp\left[i\left\{\omega t - \frac{\omega}{c}(n_1 - n_1^3\gamma_{63}E_3/2)z\right\}\right] \quad (3.68)$$

で与えられる.結晶の厚さを $d$ とすると,出射面($z=d$)で2成分の位相差 $\Gamma$ は,

$$\Gamma = \phi_X - \phi_Y = \omega n_1^3 \gamma_{63} E_3 d/c = \frac{2\pi}{\lambda} n_1^3 \gamma_{63} V \quad (3.69)$$

となる.ここで,$c, \lambda$ および $\omega$ は光の速度,波長および周波数,$V=E_3 d$ は印加

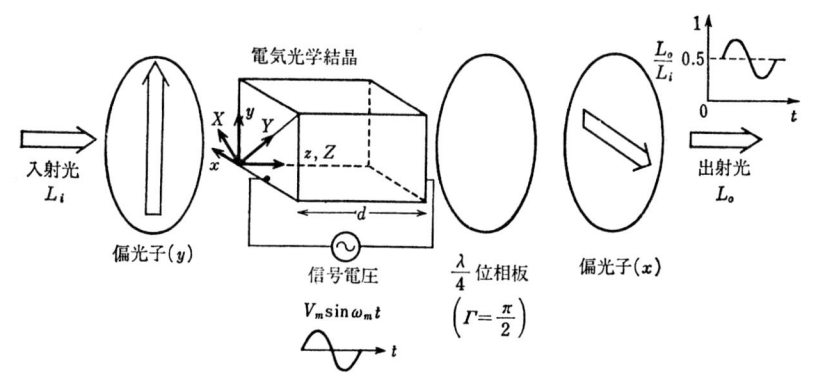

図 3.22 電気光学結晶による光振幅変調装置

電圧である．

位相差 $\Gamma$ が印加電圧 $V$ に比例することを利用した，光の振幅変調装置を図3.22に示す．入射された $y$ 偏光が出射時に $x$ 偏光になる位相差 $\Gamma=\pi$ に対応する電圧を $V_\pi$ とすると，入射光 ($L_i$) と出射光 ($L_o$) の強さの比は，

$$\frac{L_o}{L_i}=\sin^2\frac{\Gamma}{2}=\sin^2\left(\frac{\pi}{2}\cdot\frac{V}{V_\pi}\right) \tag{3.70}$$

で与えられる．$\lambda/4$ 位相板によって位相 $\pi/2$ のバイアスがかけられているので，電圧 $V=V_m\sin\omega_m t$ 印加時の位相 $\Gamma$ は，

$$\Gamma=\frac{\pi}{2}+\frac{\pi}{V_\pi}\cdot V_m\sin\omega_m t=\frac{\pi}{2}+\Gamma_m\sin\omega_m t \tag{3.71}$$

となる．ここで，$\Gamma_m=\pi V_m/V_\pi$ である．したがって，

$$\frac{L_o}{L_i}=\sin^2\left(\frac{\pi}{4}+\frac{\Gamma_m}{2}\sin\omega_m t\right)=\frac{1}{2}[1+\sin(\Gamma_m\sin\omega_m t)] \tag{3.72}$$

を得る．$\Gamma_m\ll 1$ を考慮すると，式 (3.72) は，

$$\frac{L_o}{L_i}\doteqdot\frac{1}{2}+\frac{\Gamma_m}{2}\sin\omega_m t \tag{3.73}$$

と近似され，入力信号 $V_m\sin\omega_m t$ によって振幅変調された光出力 $L_o$ を得る．

## 3.6 絶縁材料の種類と特性

### 3.6.1 絶縁材料の分類法

実用化されている絶縁材料の種類は非常に多く，これらを整理し全体を把握し

表 3.4 絶縁材料の分類

| | | | |
|---|---|---|---|
| 気体材料 | 天然材料 | 無機 | 空気, 窒素, アルゴン |
| | 合成材料 | 無機 | 六ふっ化硫黄 ($SF_6$) |
| | | 有機 | 各種フロン |
| 液体材料 | 天然材料 | 有機 | 鉱油, 植物油 |
| | 合成材料 | 有機 | アルキルベンゼン, ポリブテン, ジフェニルエタン, シリコン油 |
| 固体材料 | 天然材料 | 無機 | 雲母, 石綿, 石英 |
| | | 有機 | 絶縁紙, 繊維(綿, 麻, 布), 天然ゴム(軟質ゴム, エボナイト), 天然樹脂(こはく, セラックなど), ろう類, アスファルト, ピッチ |
| | 合成材料 | 無機 | ガラス, 磁器(セラミックス) |
| | | 有機 | 熱可塑性樹脂(ポリエチレン, ポリプロピレン, ポリ塩化ビニル, ポリスチレン, ポリエチレンテレフタレート, ポリアミド樹脂, ふっ素樹脂など) 熱硬化性樹脂(エポキシ樹脂, 不飽和ポリエステル樹脂, フェノール樹脂, シリコン樹脂など) 合成ゴム(ブタジエン系ゴム, シリコンゴムなど)合成紙, 合成繊維 |

やすくするためいろいろな分類方法が工夫されている.

気体, 液体, 固体という絶縁材料の形状と無機と有機という化学的組成によって分類すると表3.4を得る. 天然, 合成あるいは無機, 有機と多岐にわたっているが, とりわけ合成高分子材料の進出には目覚しいものがある.

電気機器の絶縁は, その耐熱性により, Y, A, E, B, F, HおよびC類に区別されている. JISで定められている耐熱区分(最高使用温度)と絶縁材料の組合せ例

表 3.5 絶縁材料の耐熱区分 (JIS C 4003-1977 より抜すい)

| 絶縁種別 | 最高使用温度 (°C) | 主要材料と組合せの例 |
|---|---|---|
| Y | 90 | 綿, 紙, ポリアミド繊維, ポリエチレン, 塩化ビニル, 天然ゴムなど |
| A | 105 | 〔上記材料〕, 〔エナメル線用ポリアミド, PVFワニス〕などと絶縁油, 天然ワニスとの組合せ |
| E | 120 | 〔エナメル線用PVF, エポキシ樹脂〕, 〔メラミン, フェノール樹脂などの成形, 積層品〕, 〔マイラ, ポリカーボネート薄膜〕などと油変成アスファルトや合成樹脂などとの組合せ |

## 3.6 絶縁材料の種類と特性

| | | |
|---|---|---|
| B | 130 | ガラス,マイカ,石綿などの無機質加工品と油変成アスファルトおよび合成樹脂ワニスなどとの組合せ |
| F | 155 | 上記の無機質加工品とアルキド樹脂,エポキシ樹脂などとの組合せ |
| H | 180 | 上記の無機質加工品とシリコン樹脂,シリコンゴムなどとの組合せ |
| C | 180以上 | ガラス,マイカ,磁器,シリコン樹脂含浸のワニスガラス,耐熱性樹脂(ポリ四ふっ化エチレン,ポリイミドなど) |

を表3.5に示す.

絶縁材料を使用される電気機器や用途別に分類しておくことも便利であろう.機器別の簡単な分類表の一例を表3.6に示しておく.1つの機器を取りあげてみても,実に多種多様な材料がその形態や用途に応じて使いわけられている.機器

表3.6 用途別絶縁材料

| | | |
|---|---|---|
| コンデンサ | 絶縁紙 | クラフト紙 |
| | 絶縁フィルム(高分子フィルム) | ポリプロピレン,ポリスチレン,ポリエチレンテレフタレート,ポリカーボネート,ポリ四ふっ化エチレン,ふっ化エチレン・プロピレン共重合体(テフロンFEP) |
| | 含浸油 | 鉱油,アルキルベンゼン,ジアリルアルカン |
| | その他 | マイカ,ガラス,磁器(酸化チタン,チタン酸バリウム) |
| | ブッシング | 磁器碍子 |
| 変圧器 | 高圧リード線 | ワニスクロス,クラフト紙,導電紙 |
| | コイル部 | クラフト紙,プレスボード |
| | 絶縁油 | 鉱油,アルキルベンゼン |
| | ブッシング | 磁器碍子 |
| 回転機 | コイル絶縁 | マイカ,ガラスマイカ,ポリイミド,エポキシ |
| | スロット絶縁 | ガラス基材エポキシ,ポリエステル,ポリイミド |
| | 接着,含浸材 | エポキシ,不飽和ポリエステル,各種ワニス |
| | コイル支持,固定材 | ガラス繊維強化プラスチック |
| ケーブル | 繊維質 | 綿紙 |
| | 絶縁紙 | クラフト紙 |
| | ゴム | ブチルゴム,クロロプレンゴム |
| | プラスチック | 塩化ビニル,架橋ポリエチレン |
| | 絶縁油 | 鉱油,アルキルベンゼン |
| 半導体部品 | パッシベーション | シリコン酸化膜,窒化シリコン |
| | アイソレーション | シリコン酸化膜 |
| | パッケージング | 高分子(エポキシ,シリコン),ガラス,磁器(アルミナ,ベリリア) |
| | 基板 | 高分子(ポリエステル,エポキシ),ガラス,磁器(アルミナ,ベリリア),サファイア |

別の絶縁材料の詳細はそれぞれの専門書にゆずることにして,ここでは,表3.4の分類にしたがって,代表的な絶縁材料の種類と特性について簡単に説明する.

### 3.6.2 気体絶縁材料

空気はすぐれた絶縁性能を有し,$\epsilon_r \simeq 1$ で誘電損も零である.また,いったん絶縁破壊が生じてもすみやかに元の状態に回復する.空気に限らず,気体絶縁材料は共通してこれらの利点を有している.しかし,液体や固体に比し絶縁耐圧が低い欠点がある.気体の絶縁性能は,図3.12のパッシェン曲線からもわかるように,高真空か高圧力にすることによって改善される.近年,高電圧機器の小形化のため高気圧ガス絶縁方式の採用がすすみ,負性気体である六ふっ化硫黄 ($SF_6$) や各種フロンガスが使用されている.このほか,化学的に不活性で安価な窒素ガス ($N_2$) は変圧器やケーブルなどに加圧封入して使用され,軽くて熱伝導率が大きい水素ガス ($H_2$) が回転機の冷却ガスとして用いられている.

表3.7に主な絶縁気体の特性を示す.

表 3.7 各種絶縁気体の特性 (大気圧)

| 名 称 | 化 学 式 | 沸 点 (°C) | 相対絶縁耐力 ($N_2$:1) |
|---|---|---|---|
| 窒 素 | $N_2$ | $-195.8$ | 1 |
| 酸 素 | $O_2$ | $-182.9$ | 0.8 |
| 水 素 | $H_2$ | $-252.8$ | 0.6 |
| 六ふっ化硫黄 | $SF_6$ | $-63.8$ | 2.3 |
| フロン-12 | $CCl_2F_2$ | $-29.8$ | 2.4 |
| フロン-14 | $CF_4$ | $-128$ | $1 \sim 1.25$ |
| フロン-116 | $C_2F_6$ | $-78.2$ | 1.5 |
| フロン-218 | $C_3F_8$ | $-36.7$ | 2.2 |

### 3.6.3 液体絶縁材料

電気絶縁用に使用される液体絶縁体は,一般に,絶縁油とよばれ,鉱油系絶縁油(鉱油)と合成系絶縁油(合成油)に大別される.絶縁油は空気と比し絶縁耐圧が高く,気体を液体で置換した油浸絶縁系の媒体として重要であり,変圧器,コンデンサ,油浸ケーブル,しゃ断器などに使用される.また,絶縁油は機器内の熱を外部に逃がす冷却媒体の役割も果たしている.

**a. 鉱 油** 原油から分留・精製され,組成によってパラフィン系($C_nH_{2n+2}$)とナフテン系($C_nH_{2n}$)に大別される.JISでは用途によって表3.8のように1号～3号の3種類に分類される.十分精製された鉱油は 50 kV/min 程度の絶縁破

表 3.8 鉱油の種類と用途

| 種類 | 適用 |
|---|---|
| 1号 | 油入コンデンサ,油入ケーブルなどに用いるもの |
| 2号 | 主として油入変圧器,油入しゃ断器などに用いるもの |
| 3号 | 主として厳寒地以外の場所で用いる油入変圧器,油入しゃ断器などに用いるもの |

壊を示すが,吸湿,不純物の混入,ガスの吸収,劣化(酸化など)によって絶縁耐力が低下する.

**b. 合成油** 鉱油は絶縁油としてすぐれた特性を有するが可燃性(低粘度のものは引火点が130～150°C)に問題がある.不燃性のPCB(ポリ塩化ビフェニル)がその毒性のため使用禁止になって以来,その代替品として各種の合成油が開発されてきた.代表的な合成油として,炭化水素系のアルキルベンゼン,ポリブテン,アルキルナフタレン,ジアリルアルカンとシリコン油がある.シリコン油は耐熱性に優れ,H種絶縁の車両用変圧器油として実用化されている.

各種絶縁油の特性を表3.9に示す.

表 3.9 各種絶縁油の特性

| 名称 | 誘電率 (80°C) | 誘電正接 (80°C) | 体積抵抗率 ($\Omega\cdot$cm) (80°C) | 絶縁破壊電界 (kV/2.5mm) |
|---|---|---|---|---|
| 鉱油 | 2.18 | <0.01 | $2\times10^{15}$ | 70 |
| アルキルベンゼン | 2.2 | 0.009 | $2\times10^{15}$ | >70 |
| ポリブテン | 2.2 | 0.020 | $1\times10^{15}$ | 35 |
| アルキルナフタレン | 2.4 | 0.002 | $3\times10^{15}$ | 80 |
| ジアリルアルカン | 2.6 | 0.020 | $2.5\times10^{15}$ | >70 |
| ジメチルシリコン油 | 2.5～2.6 | <0.006 | $>1\times10^{15}$ | 35 |
| りん酸エステル | 6.4 | 2.3 | $4\times10^{12}$ | 57 |

### 3.6.4 有機固体絶縁材料[12]

有機高分子材料は成形・加工が容易で,すぐれた電気絶縁性能を示すものが多く絶縁材料として広く使用されている.高分子材料は加熱によって軟化し可塑性を示す熱可塑性高分子と加熱によって反応が進行し三次元の網状構造を形成し硬化する熱硬化性高分子に大別される.このほか,有機固体絶縁材料には,弾性材料(ゴム)と繊維質材料(絶縁紙,綿,麻など)がある.

**a. 熱可塑性高分子(鎖状高分子)** 代表的な熱可塑性高分子の特性と化学構造を表3.10および図3.23に示す.

1) ポリエチレン(PE) エチレンの付加重合で合成される結晶性高分子

表 3.10 各種熱可塑性高分子の特性

| 材料名 | 比重 | 融点 (°C) | 連続使用最高温度 (°C) | 引張強さ (kg/cm²) | 比誘電率 60Hz, 20°C | 誘電正接 60Hz, 20°C | 体積抵抗率 (Ω·cm) (20°C) | 絶縁破壊強さ (kV/mm) (厚さ1/8 in) |
|---|---|---|---|---|---|---|---|---|
| ポリエチレン | 0.910~0.965 | 110~140 | 50~80 | 40~390 | 2.25~2.35 | <0.0005 | >$10^{16}$ | 18~40 |
| ポリプロピレン | 0.902~0.910 | 176 | 105~110 | 300~390 | 2.20~2.60 | <0.0005 | >$10^{16}$ | 20~26 |
| ポリスチレン | 1.04~1.09 | — | 50~85 | 350~840 | 2.45~3.1 | <0.0001~0.0005 | $10^{17}$~$10^{19}$ | 20~28 |
| ポリ塩化ビニル (硬質) | 1.30~1.58 | 75~105 | 60~75 | 110~530 | 3.2~4.0 | 0.007~0.02 | $10^{14}$~$10^{16}$ | 14~20 |
| ポリ四ふっ化エチレン | 2.14~2.17 | 327 | 260 | 280~350 | <2.1 | <0.0002 | >$10^{18}$ | 16~24 |
| ふっ化エチレン・プロピレン共重合体 (FEP) | 2.12~2.17 | 253~282 | 260 | 200~320 | 2.1 | <0.0002 | >$10^{18}$ | 20~24 |
| ポリふっ化ビニリデン | 1.75~1.78 | 170 | 150 | 400~520 | 8.4 | 0.049 | $2 \times 10^{13}$ | 10.4 |
| ポリエチレンテレフタレート | 1.39 | 260 | 120~125 | 580 | 3.29~3.30 | 0.003 | $10^{18}$ | 17~22 |
| ポリカーボネート | 1.2 | 267 | 100~125 | 560~670 | 2.97~3.17 | 0.0007 | $10^{16}$ | 15 |
| ナイロン 6 | 1.12~1.14 | 223 | 80 | 770~850 | 3.8 | 0.01 | $10^{11}$~$10^{14}$ | 16 |
| ポリメチルメタクリレート | 1.17~1.20 | 90~105 | 60~100 | 495~770 | 3.3~3.9 | 0.04~0.05 | >$10^{14}$ | 16~20 |
| ポリフェニレンオキサイド | 1.06 | — | 120 | 770~820 | 2.58 | 0.0004 | $10^{17}$ | 15~20 |
| ポリスルホン | 1.24 | — | 140~150 | 710 | 3.07 | 0.0008 | $10^{16}$ | 16.7 |
| ポリイミド | 1.42 | — | 230~250 | 1800 | 3.5 | 0.0025 | $10^{18}$ | 18 |
| 芳香族ポリアミド | 1.34 | ~400 | 180~220 | 1800 | 5.5 | 0.01 | $10^{16}$ | 22 |

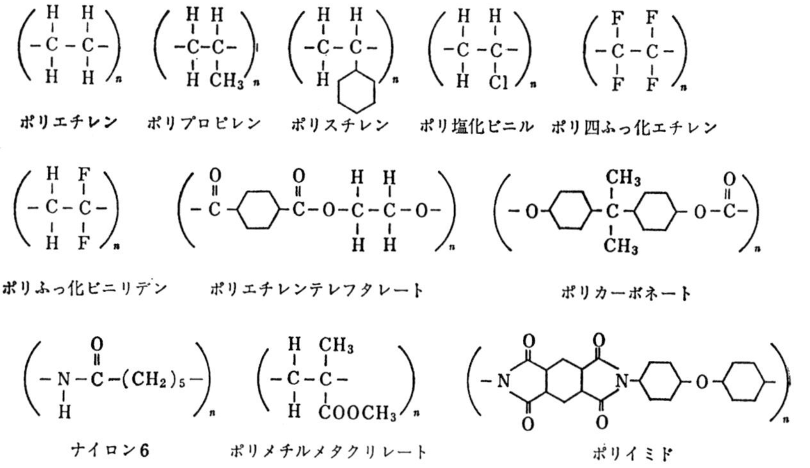

図 3.23 代表的熱可塑性高分子の化学構造

で,電気絶縁性にすぐれている.とくに無極性であるため,$\tan\delta$が小さく高周波特性がよい.架橋剤あるいは放射線(電子線,$\gamma$線など)照射により架橋した架橋 PE は耐熱性が改善され,ケーブル絶縁として使用されている.また,エチレンの一部を塩素化した塩素化 PE は難燃性を示す.

2) ポリプロピレン (PP)　PE と同様無極性高分子ですぐれた電気絶縁性を示す.耐熱性や機械的強度は PE よりすぐれ,かつ耐油性もよいので,コンデンサ用フィルムとして実用化されている.

3) ポリスチレン (PS)　無色透明の無極性高分子で,高周波における $\tan\delta$ が小さく,高周波回路や高周波ケーブルの絶縁に用いられる.またフィルムはコンデンサ絶縁に実用化されている.アクリロニトリルとの共重合体である AS 樹脂,アクリロニトリルおよびブタジエンとの共重合体である ABS 樹脂としても広く使用されている.

4) ポリ塩化ビニル (PVC)　可塑剤の量により硬質から軟質まで自由に選べ,成形性,難燃性にすぐれ,かつ安価である.有極性で $\tan\delta$ がやや大きいが,低電圧,低周波用のビニルコード,絶縁テープなどに大量に使用されている.

5) ふっ素樹脂　一般に,耐熱性,耐湿性,耐薬品性および電気絶縁性にすぐれ,有用な耐熱性絶縁材料である.

ポリ四ふっ化エチレン (PTFE) はふっ素樹脂中で最もすぐれた耐熱性を示す

が，融点以上でも流動せず溶融加工が適用できない．この点を改良したものに，ふっ化エチレン・プロピレン共重合体（テフロンFEP），エチレン・四ふっ化エチレン共重合体（ETFE），ポリ塩化三ふっ化エチレンなどがある．

ポリふっ化ビニリデンは比誘電率が10以上という高い値を示しコンデンサ用フィルムとして注目されている．また，顕著な圧電・焦電性を示し高分子センサとして実用化されている．

6) ポリエチレンテレフタレート（PET）　代表的飽和ポリエステルで，電気的および機械的特性にすぐれている．

薄膜加工が容易で，耐摩耗性のよい丈夫な耐熱性フィルム（融点250～260°C）が得られ，安価なE種絶縁材として広く用いられている．

7) ポリアミド樹脂　アミド結合（-NH-CO-）をもつ高分子の総称で，機械的強度が大きく耐摩耗性にすぐれ，電線シース材や機械部品に使用されるナイロンと耐熱性にすぐれた芳香族ポリアミド（融点400°C程度）に大別される．芳香族ポリアミドから作られた合成紙（ノーメックス）は耐熱性静止器に使用される．

8) アクリル酸系樹脂　アクリル酸系の樹脂には，ゴム状のアクリル樹脂，ガラス状のメタアクリル樹脂および硬質体のポリアクリルニトリルがあり，三者とも無色透明である．電気材料としてはメタアクリル樹脂に属するポリメチルメタクリレート（PMMA）がよく利用され，非常に透明で有機ガラスまたはプレキシガラスとよばれる．

9) ポリイミド（PI）　有機高分子中で最もすぐれた耐熱性を有し，成形品は短時間使用ならば480°Cにも耐える．絶縁塗料，接着剤，積層品として利用されるのみならず，フィルム（商品名カプトン）は絶縁テープやスロット絶縁に使用される．

このほか耐熱性高分子として，ポリアミドイミド，ポリフェニレンオキシド，ポリスルホンなどが用いられる．

**b. 熱硬化性高分子（網状高分子）**　分子内に3個以上の官能基を有するものは加熱または架橋剤などにより三次元網状高分子を形成する．各種熱硬化性高分子の特性を表3.11に示す．

1) エポキシ樹脂　エポキシ基 $-CH-CH_2$ による架橋で三次元網目構造化し

表 3.11 各種熱硬化性高分子の特性

| | フェノール樹脂 | ユリア樹脂 | 不飽和ポリエステル樹脂 | エポキシ樹脂（注形用） | シリコン樹脂（注形用） |
|---|---|---|---|---|---|
| 比重 | 1.25～1.30 | 1.47～1.52 | 1.10～1.46 | 1.11～1.23 | 0.76～0.97 |
| 吸水量 (%)(24h, 3.2 mm厚) | 0.1～0.2 | 0.4～0.8 | 0.15～0.60 | 0.08～0.13 | 極めて小さい |
| 引張強さ (kg/mm²) | 4.8～5.4 | 3.2～4.3 | 4.2～7.0 | 3.4～4.1 | 200～500 |
| 連続使用温度 (℃) | 120 | 80 | 120 | 130～155 | 180 |
| 抵抗率 (Ω·cm) | $10^{11}$～$10^{12}$ | $10^{12}$～$10^{13}$ | $>10^{14}$ | $10^{12}$～$10^{17}$ | $10^{16}$～$10^{17}$ |
| 比誘電率 (60Hz) | 5～6.5 | 7.0～9.5 | 3.0～4.4 | 3.5～5.0 | 2.90 |
| 誘電正接 (60Hz)(×$10^{-4}$) | 600～1 000 | 350～400 | 30～280 | 20～100 | 1 400 |
| 絶縁破壊電圧 (kV/mm) | 12～16 | 10～12 | 10～16 | 10～16 | 56～60 |
| 耐アーク性 (s) | — | 100～150 | 125 | 50～180 | — |

た樹脂で，エポキシ化合物，硬化剤，充てん剤の種類と量を適当に選択することにより，多種多様な特性を有するエポキシ樹脂が得られる．この樹脂は硬化時の容積収縮が小さく，接着性にもすぐれた注形樹脂で，積層用，注形含浸用として広く用いられている．

2) 不飽和ポリエステル樹脂　電気的性質や寸法精度はエポキシ樹脂より劣るが，絶縁ワニスや注形樹脂としてよく用いられる．

3) シリコン樹脂　シロキサン結合の網状構造を有し，耐熱性，耐湿性にすぐれ，H種絶縁材料として重要である．絶縁ワニス，積層品，成形品として用いられる．

以上のほか，ベークライトとして知られているフェノール樹脂やユリア樹脂，メラミン樹脂，ジアリルフタレート樹脂などがある．

**c. 弾性材料（ゴム）**　天然ゴムと合成ゴムに大別される．天然ゴムは，硫黄による架橋（加硫）が少ない軟質ゴム，30%以上の硫黄を含む黒色の硬質ゴム（エボナイト）として使用される．

合成ゴムには，SBR（ブタジエン・スチレン共重合ゴム）やNBR（ブタジエン・アクリロニトリル共重合ゴム）として知られるブタジエン系ゴムのほか，ブチルゴム，クロロプレンゴム，シリコンゴムなどがある．

**d. 繊維質材料**　化学パルプから作られる絶縁紙は，クラフト紙，プレスボード，絶縁薄紙として広く用いられている．また，天然繊維である木綿は綿巻線，ワニスクロス，積層品として，麻は絶縁層のしばり糸，ケーブル外装，絶縁紙の原料として用いられている．植物繊維は分子内にOH基を有し，有極性で

$\tan \delta$ が大きく吸湿性が高い欠点がある．この点を改良するため，特殊処理紙（アセチル化紙，シアノエチル化紙など）や合成樹脂をパルプ状にして抄紙した合成紙の開発が進められている．

### 3.6.5 無機固体絶縁材料

無機固体絶縁材料は天然無機材料，ガラス，磁器に大別される．

**a. 天然無機材料**　代表的なものにマイカと石綿がある．

絶縁材料に用いられるマイカには白マイカ（カリマイカ）$H_2KAl_3(SiO_4)_3$ と金マイカ（マグネシアマイカ）$H_2KMgAl(SiO_4)_3$ がある．マイカは絶縁性，耐熱性，機械的強度にすぐれ，かつ耐コロナ性，耐トラッキング性がよいので，回転機コイルのスロット絶縁やコンデンサ誘電体として使用される．はがしマイカの小片をはり合わせたり成形して用いることが多い．代表的なものに，マイカ紙（薄くはがしたマイカ小片をワニスや樹脂で紙にはりつけたもの），マイカクロス（ガラス布にシリコン樹脂でマイカをはりつけたもの：H種絶縁），マイカナイト（マイカ小片を接着剤ではり合わせたもの），マイカレックス（マイカ粉末と低融点ガラスを混合して加熱成形）がある．

石綿は繊維状の鉱物結晶で，柔軟性に富み400℃まで使用できる．石綿製品には，石綿紙，白綿布，石綿板などがある．

**b. ガラス**　$SiO_2$ からなる石英ガラスと $SiO_2$ に無機酸化物（$Na_2O, K_2O$ など）を混合溶融して得られる各種ガラスがある．各種ガラスの特性を表3.12に示す．

表3.12　各種ガラスの特性

| 特性 \ 種類 | ソーダ石灰ガラス | 鉛ガラス | ほうけい酸ガラス | 石英ガラス | バイコールガラス |
|---|---|---|---|---|---|
| 比　　重 | 2.4〜2.8 | 2.7〜2.8 | 2.2〜2.3 | 2.1〜2.2 | 2.18 |
| 線膨張係数 ($10^{-6}$/deg) | 8〜9 | 8〜9 | 3.2〜3.6 | 0.54 | 0.8 |
| 軟化温度 (℃) | 550〜600 | 400〜600 | 550〜700 | 1 500 | 1 500 |
| 体積抵抗率 ($\Omega\cdot$cm)(20℃) | $>10^{11}$ | $>10^{13}$ | $>10^{14}$ | $10^{18}$〜$10^{19}$ | $10^{10}$(250℃) |
| 比誘電率 (1〜10MHz) | 6〜8 | 7〜10 | 4.5〜5.0 | 3.5〜4.5 | 3.8 |
| $\tan \delta$ (1〜10MHz) | 0.01 | 0.0005〜0.004 | 0.0015〜0.0035 | 0.0001〜0.0003 | 0.0005〜0.0009 |
| 絶縁破壊強さ (kV/mm) | 5〜20 | 5〜20 | 20〜35 | 25〜40 | — |

石英ガラスは耐熱性（軟化温度1 500℃）にすぐれ，熱膨張が小さいので温度の急変に耐える耐熱性絶縁材料として利用される．ソーダ石灰ガラスは $SiO_2$ 以外に $Na_2O, K_2O, CaO$ を含み，軟化温度が低く加工が容易であるが，抵抗率が

低く絶縁には適さない．PbO を多量に加えたものが鉛ガラスで，軟化温度も低く，比較的電気特性もよいので，真空管の電極支持用，ガラスコンデンサとして利用される．$B_2O_3$ を加えてアルカリ分を少なくしたのがほうけい酸ガラス（パイレックス）で，電気特性にすぐれ高周波用碍子や送信管，ブラウン管の管球として用いられる．このほか，石英に近い組成のバイコールガラスや無機質ガラスを再加熱して微結晶を析出させたパイロセラム（ガラスセラミックス）などがある．

無アルカリガラスを溶融し繊維状にしたガラス繊維（糸，布）は電線被覆，コイル絶縁あるいはエポキシ樹脂や不飽和ポリエステルとともに FRP（強化プラスチック），積層品として使用される．

**c. 磁器（セラミックス）[13]** 金属酸化物の結晶質原料を粉砕し，千数百度で焼成して得られる．使用原料の成分あるいは添加物によっていくつかに分類される．各種磁器の特性を表 3.13 に示す．

表 3.13 各種磁器の特性

| 特性　　　　　　　　　材料名<br>主成分 | 長石磁器<br>(普通磁器)<br>$SiO_2, Al_2O_3$ | アルミナ磁器<br>$Al_2O_3$ | ステアタイト<br>磁器 $MgSiO_3$<br>$+SiO_2$ | コージライト<br>磁器 $2MgO\cdot$<br>$2Al_2O_3\cdot 5SiO_2$ | ベリリア磁器<br>BeO |
|---|---|---|---|---|---|
| 比　重 | 2.3〜2.5 | 3.1〜3.9 | 2.5〜2.8 | 1.6〜2.1 | 3.0 |
| 安全使用温度　　　　　　(℃) | 1 000 | 1 350〜1 600 | 1 000〜1 300 | 1 200 | — |
| 熱膨張係数　$(10^{-6}/℃)$<br>$(20〜700℃)$ | 5.0〜6.8 | 5.5〜8.1 | 8.0〜10.5 | 2.5〜3.0 | 9 |
| 熱伝導率　(cal/cm·s·℃) | 0.002〜0.005 | 0.007〜0.05 | 0.005〜0.006 | 0.003〜0.004 | 0.525 |
| 体積抵抗率　($\Omega\cdot$cm) (400℃) | $10^{12}$〜$10^{14}$ | $>10^{14}$ | $10^{13}$〜$10^{15}$ | $>10^{14}$ | $8\times10^{13}$ |
| 比誘電率　(1MHz) | 6.7〜7.0 | 8〜9 | 5.5〜7.5 | 5.0 | 4.28 |
| $\tan\delta$　(1MHz) (20℃) | 0.006〜0.07 | 0.0004〜0.002 | 0.0008〜0.0035 | 0.004〜0.01 | 0.0038 |
| 絶縁耐力　(kV/mm) | 10〜16 | 10〜16 | 8〜14 | 4 | — |

長石磁器（普通磁器）は粘土（$Al_2O_3\cdot 2SiO_2\cdot 2H_2O$），長石（$K_2O\cdot Al_2O_3\cdot 6H_2O$）および石英（$SiO_2$）を混合成形し，1 300〜1 500℃ で焼成したものである．成形性にすぐれ，価格と性能のバランスのとれた磁器で，碍子，碍管，ブッシングとして広く用いられている．長石磁器の機械的強度を改善するため，石英のかわりに 20〜40% のアルミナを用いて焼成したのがアルミナ含有磁器である．

$\tan\delta$ が小さく高周波絶縁用に使用される磁器に，ステアタイト磁器とフォルステライト磁器がある．アルミナ磁器はアルミナ（$Al_2O_3$）を 1 800℃ 以上の温度で焼成したもので，高周波特性と耐熱性にすぐれている．また，熱膨張係数が極

めて小さく耐熱衝撃性にすぐれた磁器にジルコン磁器とコージライト磁器があり点火栓用碍子や消弧板などに用いられる．ベリリア磁器は熱伝導率が極めて高く金属アルミニウムに近いのでIC用基板などに使用されている．

チタンを含む酸化チタン磁器，チタン酸バリウム磁器は比誘電率が大きく，コンデンサ用に使用される．チタン酸鉛 (PbTiO$_3$) とジルコン酸鉛 (PbZrO$_3$) との固溶体 Pb(Zr-Ti)O$_3$ 磁器はPZT磁器とよばれ，圧電性にすぐれ圧電磁器として重要である．

### 3.7 強誘電体材料[9]

強誘電体は，その構造から，酸素八面体属，第1リン酸カリ (KDP) 属，硫酸グリシン (TGS) 属および酒石酸塩属の4グループに大別される．この分類に従って，主な強誘電体材料とその特性を表3.14に示す．

表 3.14 強誘電体材料の特性

| グループ名 | 材 料 名 | キュリー点 $T_C$(K) | 自発分極 $P_s$(C/m$^2$) |
|---|---|---|---|
| 変位形 酸素八面体属 (ペロブスカイト形) | BaTiO$_3$ | 393 | 0.2 |
| | SrTiO$_3$ | ~0 | 0.023 |
| | KNbO$_3$ | 712 | 0.23 |
| | PbTiO$_3$ | 763 | >0.39 |
| | LiTaO$_3$ | 890 | 0.18 |
| | LiNbO$_3$ | 1 470 | 2.34 |
| 秩序-無秩序形 第1リン酸カリウム (KDP) 属 | KH$_2$PO$_4$ | 123 | 0.04 |
| | KD$_2$PO$_4$ | 213 | 0.035 |
| | RbH$_2$PO$_4$ | 147 | 0.044 |
| | RbH$_2$AsO$_4$ | 111 | — |
| | KH$_2$AsO$_4$ | 96 | 0.039 |
| 硫酸グリシン (TGS) 属 | 硫酸-3-グリシン | 322 | 0.02 |
| | セレン酸-3-グリシン | 295 | 0.025 |
| 酒石酸塩属 (ロッシェル塩属) | 酒石酸カリウムナトリウム | 255~297 | 0.002 |

代表的強誘電体であるBaTiO$_3$は酸素八面体属に属し，6個のO原子で作られる酸素八面体の中心にTi原子が存在する．通常は磁器の形で使用され，室温付近の比誘電率は1 500~2 000，キュリー点 (120℃) 付近では6 000~10 000の値をとる．BaやTiの一部を他の元素で置換した固溶体〔(Ba, Sr)TiO$_3$, (Ba, Pb)

## 3.7 強誘電体材料

TiO$_3$, Ba(Ti, Zr)O$_3$ など〕では，置換量とともにキュリー点が移動する．これを利用して，室温付近にキュリー点を移行させた固溶体は室温付近で大きな比誘電率を示し，コンデンサ材料や非直線素子材料として用いられる．

BaTiO$_3$ の Ba$^{2+}$ あるいは Ti$^{4+}$ の一部 La$^{3+}$, Bi$^{3+}$, Nb$^{5+}$, Ta$^{5+}$ のような異なる原子価を有するイオンで置換すると，半導体化された BaTiO$_3$ を得る．このような半導体磁器の抵抗はキュリー点付近で急増するので，PTC サーミスタに応用される．

分域内の隣接する双極子がお互いに反平行に配列する反強誘電体材料も多く見い出されており，主なものを表 3.15 に示す．

表 3.15 反強誘電体

| 結晶 | 反強誘電体状態への転移温度 (K) | 結晶 | 反強誘電体状態への転移温度 (K) |
|---|---|---|---|
| WO$_3$ | 1010 | NH$_4$H$_2$PO$_4$ | 148 |
| NaNbO$_3$ | 793, 911 | ND$_4$D$_2$PO$_4$ | 242 |
| PbZrO$_3$ | 506 | NH$_4$H$_2$AsO$_4$ | 216 |

強誘電体や反強誘電体材料のなかには，圧電・焦電材料や電気光学材料として重要なものが多い．

表 3.16 主な圧電結晶および圧電磁器の特性

| | 材料 | 比誘電率 | 圧電定数 ($10^{-12}$C/N) | 電気機械結合係数 | 密度 ($10^3$kg/m$^3$) | キュリー点 (℃) |
|---|---|---|---|---|---|---|
| 結晶 | 水晶 Y-カット | 4.06 | 44 | 0.137 | 2.65 | |
| | ロッシェル塩 45°X-カット | 444 | 435 | 0.78 | 1.77 | |
| | ADP 45°Z-カット | 13.8 | 24.6 | 0.29 | 1.80 | |
| | ZnO | $\epsilon_{33}=11$<br>$\epsilon_{11}=9.26$ | $d_{31}=-5.2$<br>$d_{15}=-13.9$<br>$d_{33}=10.6$ | $k_{31}=0.189$<br>$k_{15}=0.316$<br>$k_{33}=0.408$ | 5.68 | |
| セラミックス | BaTiO$_3$ | $\epsilon_{33}=1700$<br>$\epsilon_{11}=1450$ | $d_{33}=190$<br>$d_{31}=-78$ | $k_{33}=0.5$<br>$k_{31}=0.212$ | 5.7 | 115 |
| | PZT-4 | $\epsilon_{33}=1300$<br>$\epsilon_{11}=1475$ | $d_{33}=289$<br>$d_{31}=-123$ | $k_{33}=0.70$<br>$k_{31}=0.334$ | 7.5 | 328 |
| | PZT-5 | $\epsilon_{33}=1700$<br>$\epsilon_{11}=1730$ | $d_{33}=374$<br>$d_{31}=-171$ | $k_{33}=0.705$<br>$k_{31}=0.344$ | 7.75 | 365 |
| | PZT-8 | $\epsilon_{33}=1000$<br>$\epsilon_{11}=1290$ | $d_{33}=225$<br>$d_{31}=-97$ | $k_{33}=0.64$<br>$k_{31}=0.30$ | 7.6 | 300 |
| | PCM-80 | $\epsilon_{33}=1210$<br>$\epsilon_{11}=1460$ | $d_{33}=273$<br>$d_{31}=-122$ | $k_{33}=0.69$<br>$k_{31}=0.35$ | 7.9 | 283 |
| 高分子 | ポリふっ化ビニリデン | 13 | $d_{33}=-60$<br>$d_{31}=40$ | 0.1 | 1.78 | |

## 3.8 圧電・焦電材料および電気光学材料[9]

　主な圧電結晶および圧電磁器の特性を表 3.16 に示す．水晶は温度安定性にすぐれ，発振子やフィルタ共振子として利用されている．$PbTiO_3$ と $PbZrO_3$ の固溶体である PZT 磁器は大きな電気機械結合係数を有し，発振子，フィルタ，着火素子，超音波振動子などとして実用されている．

　強誘電体は重要な焦電材料であり，赤外線センサ，温度センサとして実用化されている．各種焦電材料の特性を表 3.17 に示す．

表 3.17　各種焦電材料の特性

| | 材料 | 比誘電率 | 焦電係数 ($10^{-8}C/cm^2K$) | 比熱 (J/gK) | 密度 ($g/cm^3$) | キュリー点 (℃) |
|---|---|---|---|---|---|---|
| 単結晶 | $LiNbO_3$ | 31 | 0.5 | 0.60 | 4.64 | 1 210 |
| | $LiTaO_3$ | 54 | 2.3 | 0.43 | 7.45 | 618 |
| | TGS | 35 | 4.0 | 1.51 | 1.66 | 49 |
| セラミックス | $PbTiO_3$ | 200 | 6.0 | 0.41 | 7.78 | 470 |
| | $Sr_{0.48}Ba_{0.52}Nb_2O_6$ | 380 | 6.5 | 0.40 | 5.2 | 115 |
| | PZT | 1 800 | 2.0 | 0.39 | 7.6 | 270 |
| 高分子 | ポリふっ化ビニリデン | 11 | 0.4 | 0.19 | 1.7 | ～120 |

表 3.18　各種電気光学材料の特性

| 材料 | 屈折率 | 電気光学係数 ($10^{-12}m/V$) | 半波長電圧 $V\pi$ (kV) | キュリー点 (℃) |
|---|---|---|---|---|
| $KH_2PO_4$ | $n_0=1.468$, $n_e=1.509$ | $\gamma_{63}=-10.6$, $\gamma_{41}=8.6$ | 7.5 | $-150$ |
| $KD_2PO_4$ | | $\gamma_{63}=-23.3$ | 3.4 | $-60$ |
| $KH_2AsO_4$ | | $\gamma_{63}=-13$ | 6.2 | $-177$ |
| $NH_4H_2PO_4$ | $n_0=1.4792$, $n_e=1.5246$ | $\gamma_{63}=-8.3$, $\gamma_{41}=20.6$ | 9.6 | $-125$ |
| $LiNbO_3$ | $n_0=2.286$, $n_e=2.200$ | $\gamma_{13}=8.6$, $\gamma_{33}=30.8$ $\gamma_{42}=28$, $\gamma_{22}=3.4$ | 2.8 | 1 197 |
| $LiTaO_3$ | $n_0=2.176$, $n_e=2.180$ | $\gamma_{13}=7.9$, $\gamma_{33}=35.8$ $\gamma_{42}=20$, $\gamma_{22}=1$ | 2.7 | 620 |
| $Sr_{0.75}Ba_{0.25}Nb_2O_6$ | $n_0=2.312$, $n_e=2.299$ | $\gamma_{33}=1 340$, $\gamma_{13}=67$ $\gamma_{24}=32$ | 0.048 | — |
| $K_{0.6}Li_{0.4}NbO_3$ | $n_0=2.277$, $n_e=2.163$ | $\gamma_{33}=78$, $\gamma_{13}=8.9$ | 0.93 | 420 |
| $Ba_2NaNb_5O_{15}$ | $n_1=2.326$, $n_2=2.324$ $n_3=2.221$ | $\gamma_{33}=56$, $\gamma_{13}=18$ $\gamma_{23}=13.5$ | 1.57 | 560 |
| ZnS | $n=2.368$ | $\gamma_{41}=1.67$ | 12.4 | |
| ZnSe | $n=2.660$ | $\gamma_{41}=2.13$ | 7.1 | |
| CuCl | $n=1.93$ | $\gamma_{41}=8.3$ | 6.2 | |

電気光学効果には，屈折率の変化が電界に比例する一次の電気光学効果（ポッケルス効果）と，電界の2乗に比例する二次の電気光学効果（カー効果）がある．点対称のある結晶ではポッケルス効果は現われず，カー効果が利用できる．光変調素子などに利用するには電気光学効果が大きく，光学的に均一で透明な材料が望ましい．各種電気光学材料の特性を表3.18に示す．$LiNbO_3$, $Ba_2NaNb_5O_{15}$ などの酸素八面体形強誘電体や透明セラミックス $Pb_{1-x}La_x(Zr_yTi_{1-y})_{1-x/4}O_3$ （略称PLZT）が電気光学材料として期待されている．

## 参考文献

1) H. Fröhlich: "Theory of Dielectrics", 2nd ed., Oxford, 1958.
2) 岡　小天，中田　修：固体誘電体論，岩波書店，1960.
3) 電気学会大学講座：誘電体現象論，電気学会，1973.
4) 文献 3) pp. 103〜106.
5) 文献 2) 5章
6) K. S. Cole and R. H. Cole: J. Chem. Phys., **9**, p. 341, 1941.
7) J. J. O'dwyer: "The Theory of Electrical Conduction and Breakdown in Solid Dielectrics", Clarendon Press, Oxford, 1973.
8) M. A. Lampert and P. Mark: "Current Injection in Solids", Chap. 2, Academic Press, New York, 1970.
9) 川辺和夫：強誘電体，共立出版，1971.
10) 文献 9) 4章
11) 小川智哉：結晶物理工学 (3, 4章)，裳華房，1976.
12) 村橋俊介，小田良平，井本　稔編：プラスチックハンドブック，朝倉書店，1976.
13) 小西良弘，辻　俊郎：エレクトロセラミクスの基礎と応用，オーム社，1982.

# 4. 磁性材料

　本章では,永久磁石,鉄心,磁気記録などに使用される磁性材料をとりあげる.4.1では,磁性材料の基礎として強磁性体の一般的性質,すなわち飽和磁化,キュリー温度,磁気異方性,磁気ひずみ,磁区,磁化過程などについて述べる.さらに,保磁力,透磁率など応用上重要な特性が,材料のどのような性質に左右されるかを示す.4.2では永久磁石材料,また4.3では,いわゆる鉄心となる軟磁性材料をとりあげ,材料として要求される性質,各種材料の製法および特性について述べる.4.4では,近年多量に使用されている磁気記録材料の特性と最近の　向について述べ,4.5では,マイクロ波材料,光磁気材料などに触れる.

## 4.1 磁性材料の基礎 [13],[14],[19],[21]

### 4.1.1 物質の磁性

　すべての物質は多かれ少なかれ磁界 $H$ によって磁化され磁気モーメントを生じる.単位体積中に存在する磁気モーメントを磁化 $I$ とすると,物質中の磁束密度 $B$ は,

$$B = \mu_0 H + I \qquad (4.1)$$

と表わされる.ここで $\mu_0$ は真空の透磁率である.この式は透磁率 $\mu$ または比透磁率 $\mu_r$ を用いて,

$$B = \mu H = \mu_0 \mu_r H \qquad (4.2)$$

とも書ける.

　この表現は応用に際しては便利であるが,物質の磁性を考える場合には,次式のように磁化 $I$ と磁界 $H$ の関係を用いるとよい.

$$I = \chi H = \mu_0 \chi_r H \qquad (4.3)$$

ここで $\chi$ は磁化率, $\chi_r$ は比磁化率である.

## 4.1 磁性材料の基礎

磁化率 $\chi$ は物質の磁性を特徴づけるもので,その値は物質によって非常に異なる.たとえば,鉄は $\chi$ が正で非常に大きく,磁界の方向に強く磁化されるが,銅は $\chi$ が負で磁界と反対の方向にごくわずかに磁化される.その結果,鉄は磁石に強く引きつけられるが,銅はわずかに反発される.前者を強磁性体,後者を反磁性体とよぶ.またアルミニウムのように $\chi$ は正であるが極めて小さく,磁化の大きさが磁界に比例する物質を常磁性体とよぶ.しかし,このような磁化率による分類は微視的な磁気構造が理解されていなかった 19 世紀以前になされたもので,今日では次に示すように原子的な磁気構造によって磁性の分類をしている.

物質の磁化は,多くの場合,ある種の原子が持つ固有の磁気モーメントが原因になっている.そこで,これを原子磁気モーメントとよび,その配列の仕方によって,各種の磁性(体)を表 4.1 のように整理することができる.

**表 4.1 磁性体の種類**

| 種類 | | 原子磁気モーメントの配列 | $I$-$H$ 特性 | 比磁化率 | 例(常温) |
|---|---|---|---|---|---|
| 強磁性体 | フェロ磁性 | →→→→<br>→→→→<br>→→→→ | $I_s$ の飽和曲線 | $1 \sim 10^4$（正） | Fe, Co, Ni<br>Gd |
| | フェリ磁性 | →←→←<br>←→←→<br>→←→← | 飽和曲線 | | $Fe_3O_4$ |
| 反強磁性体 | | →←→←<br>←→←→<br>→←→← | 直線 | $10^{-7} \sim 10^{-3}$（正） | MnO<br>FeO |
| 常磁性体 | | ランダム配列 | 緩やかな直線 | | Al, Ti, V<br>Cr |
| 反磁性体 | | 原子磁気モーメントを持たない | 負の直線 | $10^{-7} \sim 10^{-5}$（負） | Cu, Ag, Au<br>Si, Ge, C |

まず原子磁気モーメントの方向がそろっているものをフェロ磁性体という.フェロ磁性体の原子磁気モーメントは,交換力とよばれる量子力学的な力によって互いに平行で,その結果,磁界を加えなくても内部に一定の磁化をもっている.これを自発磁化という.自発磁化をもつ物質,たとえば Fe が必ずしも永久磁石

にならないのは，その内部が磁区とよばれる小領域にわかれていて，磁区によって自発磁化の方向が異なっているためである．

フェロ磁性体は，比較的弱い磁界で全体の磁化方向がそろい巨視的な磁化 $I$ が生じる．その際の $\chi_r$ は $10^4$ 以上にも達するものがある．Fe, Co, Ni およびそれらの合金の多くがこの磁性を示す．

フェリ磁性体では巨視的な磁化はフェロ磁性体に類似したふるまいを示すが，原子磁気モーメントの配列は非常に異なる．表に示すように，原子磁気モーメントに2つの集団（磁気副格子）が存在し，互いに逆方向を向いている．これは両集団の間に原子磁気モーメントを反平行にしようとする相互作用があるためで，両集団のもつ磁気モーメントの大きさに差があると，全体としてその差に相当する自発磁化が生じる．すなわち磁性体は自発磁化を有し，磁化率が大きいことから，フェロ磁性体とともに強磁性体に分類される．フェライトなどの酸化物磁性体の多くがフェリ磁性を示す．

反強磁性体はフェリ磁性体と同様，互いに逆方向を向いた磁気副格子をもつが，その磁気モーメントの大きさが等しいため自発磁化を生じない．磁界を加えると，正の磁化率を示すが，その大きさは強磁性体に比べて極めて小さい．

常磁性は原子磁気モーメントが一定の配列をもたず，熱じょう乱によってその方向が無秩序になっている状態である．原子磁気モーメント間に配列をもたらすような相互作用のない物質すなわち常磁性体では，磁化率は絶対温度に反比例する．その値は極低温の場合を除けば強磁性体に比べて桁ちがいに小さい．原子磁気モーメント間に相互作用のある強磁性体や反強磁性体も，高温になると熱じょう乱が優勢になり，磁気モーメントの配列が乱れ，常磁性状態になる．

反磁性は軌道運動をするすべての電子がもつ性質で温度に依存しない負の磁化率を与える．磁化率の絶対値が小さいため他の磁性がある場合はそれに隠されることが多いが，固有の原子磁気モーメントを持たない物質では，この磁性だけが残るため負の磁化率が現われる．

### 4.1.2 磁化曲線

強磁性体に磁界を印加すると，磁化は磁界に対して一般に非直線的で複雑に変化する．図4.1に典型的な磁化曲線を示す．この曲線はヒステリシス(履歴)曲線とよばれ，磁性材料の性質を最も端的に表わすものである．$I=0$（消磁状態）か

## 4.1 磁性材料の基礎

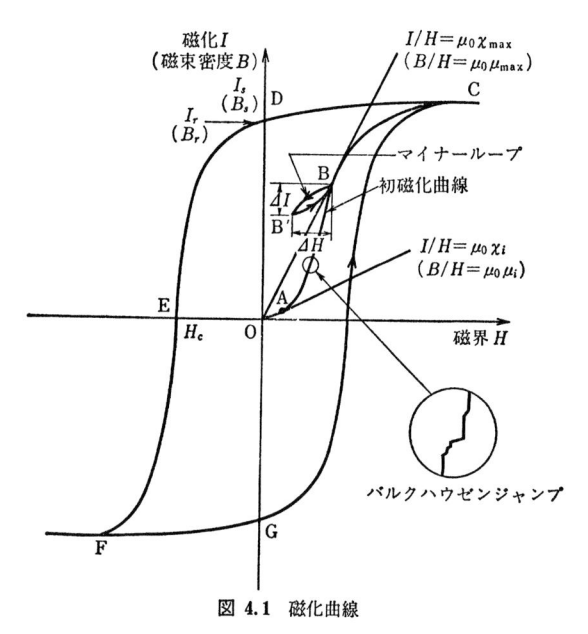

**図 4.1** 磁化曲線

ら出発すると，磁化は曲線 OABC に沿って変化する．これを初磁化曲線という．この曲線の最初の部分 OA では，磁化は緩やかに増加し，磁界を減少させれば再び O にもどる．すなわち磁化の変化は可逆的である．この部分での曲線の傾きを初磁化率 $\mu_0 \chi_i$ とよぶ．磁界を増し A を越えると磁化は急激に立ち上がり，しばしば不連続的な変化をする．これをバルクハウゼンジャンプという．またここでの磁化の変化は非可逆的で，途中で磁界を減らしても BB′ のようなマイナーループを描き，決して A にはもどらない．マイナーループでの磁化率 $\Delta I/\Delta H$ を可逆磁化率 $\mu_0 \chi_{\text{rev}}$ とよぶ．また磁化曲線各点での $I/H$ を全磁化率とよび，その最大値すなわち原点から曲線 OABC に引いた接線の傾きを最大磁化率 $\mu_0 \chi_{\text{max}}$ という．

磁界を B よりもさらに強くするとやがて磁化の変化は再び緩やかになり，最後には一定値で飽和する．この値は飽和磁化 $I_s$ とよばれるが，これは先に述べた自発磁化と同じものである．

次に，飽和の状態 C から磁界を減少させると，磁化は徐々に減り，$H=0$ では OD に相当する磁化が残る．これを残留磁化 $I_r$ とよぶ．ここから磁界を反対方向（負方向）に増やしていくと $I$ はさらに減少し，E で $I=0$ になる．このときの

磁界 DE の大きさを保磁力 $H_c$ とよぶ．さらに負の方向に $H$ を増加すると EF と変化し遂には負方向に飽和する．$H$ を再びもどしさらに正の方向に増していくと，CDEFG と一周する曲線が得られる．これをヒステリシスループという．

ここでは縦軸に磁化を用いたが，実際の応用では図中に（　）で示したように磁束密度を用いることが多い．その場合は $I_s$ の代りに，飽和磁束密度 $B_s$, $I_r$ の代りに残留磁束密度 $B_r$, $\chi_i$ の代わりに初透磁率 $\mu_i$ などとなる．ただし保磁力については，永久磁石のように $I=0$ になる磁界と $B=0$ になる磁界が大きく異なる場合には，$I$ に対しては $_IH_c$, $B$ に対しては $_BH_c$ と区別して表示する．

### 4.1.3　原子の磁気モーメント

物質の磁気の主な担い手は電子である．電子のように電荷をもった粒子が回転運動をすると磁気モーメントを生じる．電子の回転運動には，図 4.2 に示すように原子核のまわりの軌道運動と電子自身の自転（スピン）がある．

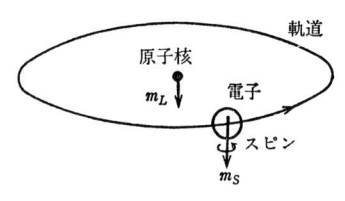

**図 4.2**　電子のスピンと軌道運動

電子が $P_L$ の角運動量をもって円軌道上を運動している状態を円形回路に流れる電流とみなすと，その磁気モーメント $m_L$ は，電子の質量を $m_e$, その電荷を $q$ として，

$$m_L = -\frac{\mu_0 q}{2m_e} P_L \tag{4.4}$$

となる．スピンの場合には，量子力学によれば，磁化 $m_S$ と角運動量 $P_S$ の間の比例定数が上式のほぼ 2 倍になる．

原子磁気モーメントにはスピンと軌道運動の両方が寄与するので，一般に磁気モーメント $m$ と角運動量 $P$ の間の関係は，

$$m = -g\frac{\mu_0 q}{2m_e} P \equiv -\gamma P \tag{4.5}$$

と表わされる．ここで $g$ は $g$ 係数とよばれ，スピンのみが磁化に寄与するときは $g \doteqdot 2$ となる．また $\gamma$ は磁気モーメントと角運動量の比であり，磁気回転比またはジャイロ磁気定数とよばれる．

原子磁気モーメントの大きさは，電子の角運動量が $\hbar/2$（スピン）または $\hbar$（軌道）の整数倍に量子化されることから，ボーア磁子，

## 4.1 磁性材料の基礎

$$\mu_B = \frac{\mu_0 q}{2 m_e} \hbar \tag{4.6}$$

を単位として表わされる．

次に原子磁気モーメントがどのような場合に現われるかを考えよう．孤立した原子（またはイオン）のもつ磁気モーメントは，フントの法則に従う電子状態によって決まる．量子数 $(n, l)$ で表わされる電子の殻には $2\times(2l+1)$ 個までの電子が入りうる．殻が完全に満たされた状態は閉殻とよばれ安定であるが，この状態では各電子の磁気モーメントが打消し合い原子磁気モーメントは零になる．原子磁気モーメントが生じるのは，まだ空席のある不完全殻の場合に限られる．最外殻は通常不完全殻であるが，実際の物質ではイオン化や共有結合によって，他の原子からの電子と磁気モーメントを打消しあうことが多い．このような事情から，原子磁気モーメントが現われるのは遷移金属という特別な電子配置を持つ元素の場合が大部分である．

遷移金属では，d殻またはf殻に空席があるにもかかわらずその外側の殻に先に電子が入る．この状態のdあるいはf電子は，外殻電子の存在のため化学結合に参加しにくい．そのため原子が化学結合した後もd,f電子の状態に変化が少なく，その磁気モーメントが残ることが多い（第1章参照）．遷移金属の中，磁性元素として実際上重要なのは3d殻の不完全な鉄族元素と4f殻の不完全な希土類元素である．Fe, Co, Ni, Mnなど磁性材料として用いられるほとんどのものが含まれる鉄族元素では，多くの場合軌道運動が凍結されスピンのみが磁化に寄与する．

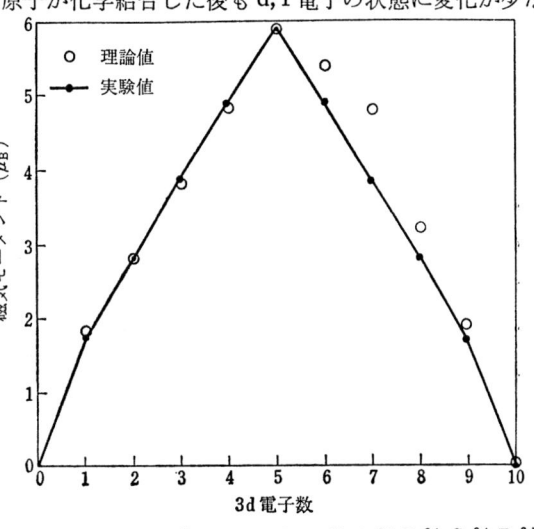

図 4.3 鉄族イオンの磁気モーメント

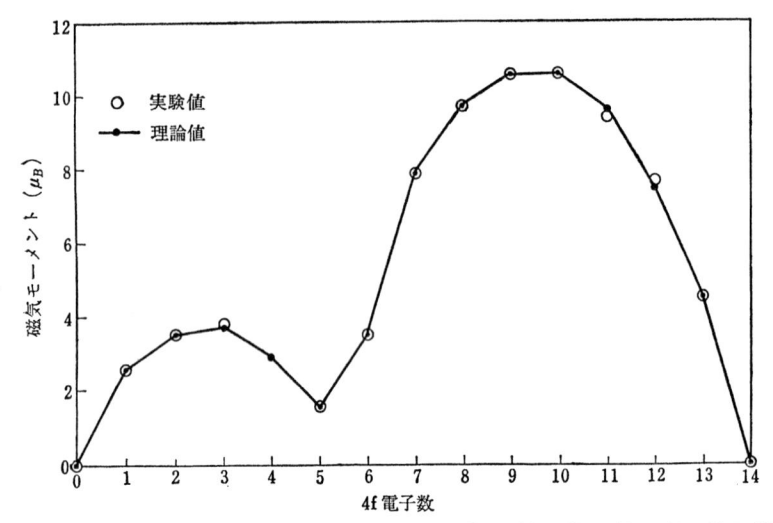

**図 4.4** 希土類イオンの磁気モーメント

ガドリニウム，サマリウムなどの希土類元素では軌道運動が凍結されないため，スピンと軌道の両方が磁化に寄与するので，最近では磁性材料に応用されるようになっている．

図 4.3 および図 4.4 は，それぞれ鉄族イオンと希土類イオンのもつ磁気モーメントの大きさを示したものである．理論値は鉄族ではスピンのみが，希土類ではスピンと軌道の両方が寄与するものとして，フントの法則に従って求めたもので，実際の値とよく対応している．

### 4.1.4 分子磁界理論

ワイスは，分子磁界という考え方を導入してフェロ磁性体のふるまいを説明するのに成功した．分子磁界 $H_m$ は原子磁気モーメントが周囲の原子磁気モーメントからの影響によって感じる仮想的な磁界で，その大きさは次式のように磁化 $I$ に比例する．

$$H_m = wI \tag{4.7}$$

ここで，比例定数 $w$ を分子磁界係数とよぶ．

分子磁界の起源は隣接原子 $(i,j)$ 間に働く交換相互作用エネルギー，

$$E_{ij} = -2J_e \mathbf{S}_i \cdot \mathbf{S}_j \tag{4.8}$$

である.ここで $S_i, S_j$ は $i, j$ 原子のスピン,$J_e$ は交換積分を表わす.このエネルギーのため $i, j$ 原子の磁気モーメント(スピン)はもし $J_e>0$ ならば互いに平行になるような力を受ける.分子磁界はこの力を等価的な磁界で表わしたものである.分子磁界に加えて外部磁界 $H$ が磁化に平行に印加されると,個々の原子磁気モーメント $m$ はエネルギー,

$$\mathcal{E}=-m(H+wI)\cos\theta \tag{4.9}$$

をもつ.ここで $\theta$ は原子磁気モーメントと磁化のなす角度である.温度 $T$ においてこの磁気モーメントが特定の状態にある確率はボルツマン因子 $\exp(-\mathcal{E}/k_BT)$ に比例するので,平均としての全体の磁化は,

$$I=Nm\frac{\int_0^\pi \exp[\{m(H+wI)\cos\theta\}/k_BT]\cos\theta\cdot\sin\theta\,d\theta}{\int_0^\pi \exp[\{m(H+wI)\cos\theta\}/k_BT]\sin\theta\,d\theta}$$

$$=Nm\left(\coth\alpha-\frac{1}{\alpha}\right) \tag{4.10}$$

となる.ここで $N$ は単位体積当りの磁性原子の数であり,

$$\alpha=\frac{m(H+wI)}{k_BT} \tag{4.11}$$

である.

式 (4.10) において $H=0$ として自発磁化 $I_s$ の温度依存性を求めると,図4.5のように $I_s$ は温度上昇とともに減少し,

$$T=\frac{Nm^2w}{3k_B{}^2} \tag{4.12}$$

で $I=0$ になる.このように自発磁化の消失する温度を一般にキュリー温度 $T_C$ とよぶ.$T>T_C$ では,$H\neq0$ として磁化率を求めると,

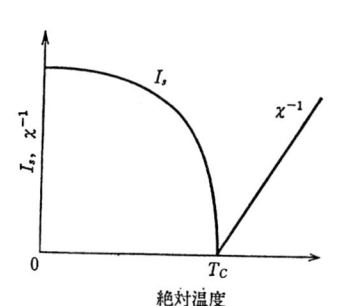

**図 4.5** フェロ磁性体の飽和磁化 $I_s$ と磁化率 $\chi$ の温度変化

$$\chi=\lim_{H\to0}\frac{I}{H}=\frac{Nm^2}{3k_B(T-T_C)} \tag{4.13}$$

となり,$\chi$ の逆数は $T-T_C$ に比例する直線になる(キュリー-ワイスの法則).

フェリ磁性体についても同様な方法で,$I_s$ や $\chi$ の温度依存性を求めることがで

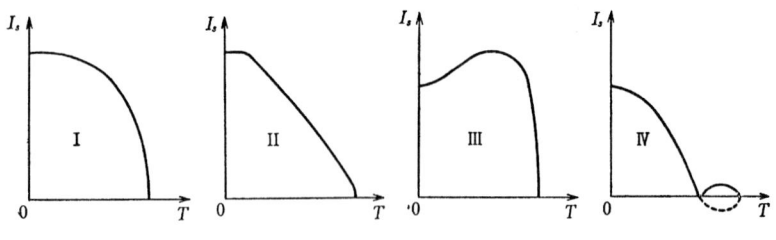

**図 4.6** フェリ磁性体における自発磁化の温度変化

きる．フェリ磁性体の自発磁化は，互いに反平行な副格子磁化を $I_A$ および $I_B$ とすると，$I_s=|I_A-I_B|$ で与えられる．$I_A$ と $I_B$ の温度依存性は一般に異なることから，図 4.6 に示すようなさまざまな温度特性のものがある．特に IV で示したものは，途中の温度で $|I_A|=|I_B|$ となるため自発磁化が消失する．このような状態になる温度を磁気補償温度 $T_\text{comp}$ という．

### 4.1.5 磁気異方性と磁気ひずみ

**a. 磁気異方性** 強磁性物質を磁界の中に入れると，ある方向には容易に磁化するが，他の方向には磁化しにくいという現象がみられる．これは磁気異方性とよばれ，自発磁化の方向によって内部エネルギーが異なるために生じるものである．

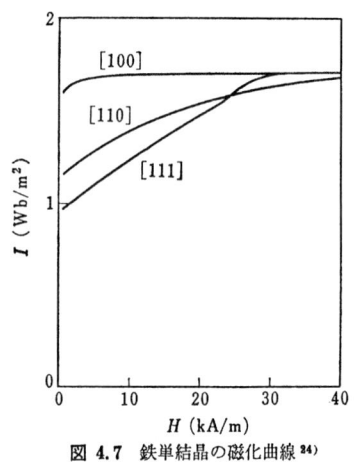

磁気異方性の原因はさまざまであるが，結晶構造に起因する結晶（磁気）異方性が最も重要である．図 4.7 は鉄単結晶の磁化曲線を示す．[100] 方向に磁界を加えた場合には比較的弱い磁界で飽和に達する．このような方向を磁化容易方向あるいは磁化容易軸という．逆に [111] 方向は非常に磁化しにくく，これを磁化困難方向または磁化困難軸という．鉄，ニッケルなどのような立方晶の磁気異方性エネルギー（単位体積当り）は，自発磁化の方向の結晶軸に対する方向余弦を $(\alpha_1, \alpha_2, \alpha_3)$ とすると，

$$\mathcal{E}_a = K_1(\alpha_1^2\alpha_2^2+\alpha_2^2\alpha_3^2+\alpha_3^2\alpha_1^2)+K_2\alpha_1^2\alpha_2^2\alpha_3^2+\cdots \tag{4.14}$$

と表わされる．ここで $K_1, K_2$ は結晶磁気異方性定数である．鉄は室温で $K_1=$

**図 4.7** 鉄単結晶の磁化曲線 [24]

40kJ/m³, $K_2=10$kJ/m³ 程度である.

コバルトのような六方晶の異方性エネルギーは,

$$\mathcal{E}_a = K_u \sin^2 \theta \tag{4.15}$$

の形に表わされる.ここで $\theta$ は c 軸と自発磁化のなす角度であり,$K_u$ は一軸磁気異方性定数とよばれる.六方晶の異方性は,たとえば Co で $K_u=500$kJ/m³ であるように,通常立方晶に比べて大きい.

式 (4.15) で表わされる一軸磁気異方性は六方晶に限らず,対称性から本来ないはずの立方晶においても出現することがある.これは材料作成時に内部構造に何らかの異方性が生じるためである.この現象は誘導磁気異方性とよばれ,磁界中冷却効果,圧延磁気異方性などが知られている.

針状粒子のように外形が異方的な物質も磁気異方性をもつ.これは形状磁気異方性とよばれ,静磁エネルギー(反磁界エネルギー)が磁化方向によって変わるためである.

**b. 磁気ひずみ**　磁気ひずみは磁化することによって材料の形状,寸法が変化する現象である.等方性の多結晶材料では磁気ひずみ(長さの変化割合)は自発磁化と観測方向のなす角を $\theta$ として,

$$\frac{\delta l}{l} = \frac{3}{2}\lambda_s\left(\cos^2\theta - \frac{1}{3}\right) \tag{4.16}$$

と表わされる.ここで $\lambda_s$ は飽和磁気ひずみ定数とよばれ,鉄など一般的な磁性材料では $10^{-5} \sim 10^{-6}$ 程度の大きさである.

磁気ひずみが生じるのは,原子磁気モーメント間の相互作用の大きさが,原子間距離とともに変化するためであるが,まったく同じ理由で,応力 $\sigma$ を加え異方的なひずみを与えると,次式のような磁気異方性が誘導される.

$$E\sigma = -\frac{3}{2}\lambda_s\sigma\left(\cos^2\theta - \frac{1}{3}\right) \tag{4.17}$$

ここで $\theta$ は応力と自発磁化方向のなす角度である.ひずみによって生じる磁気異方性も結晶磁気異方性などと同様,磁化されやすさを決める要因である.

### 4.1.6　磁区と磁壁

強磁性体は一定の自発磁化 $I_s$ を有するが,実際に測定すると,外部磁界なしでは磁化は $I_s$ に比べるとほとんど零のことが多い.これは強磁性体が磁区構造

をもつためである．図4.8に鉄のような $K_1>0$ の単結晶にみられる磁区構造を模式的に示す．図で磁化方向のそろった一つ一つの領域を磁区という．各磁区の磁化は4つの容易方向にほぼ等しい割合で向いており，全体としての磁化は零の消磁状態になっている．

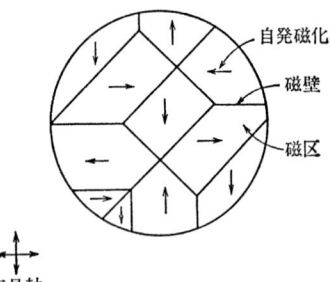

磁区と磁区との境界には原子磁気モーメント（以下スピンとよぶ）の方向が徐々に変わる遷移領域がある．この領域は磁壁とよばれ，隣りあう磁区の磁化が反平行の 180° 磁壁，直角の 90° 磁壁などがある．

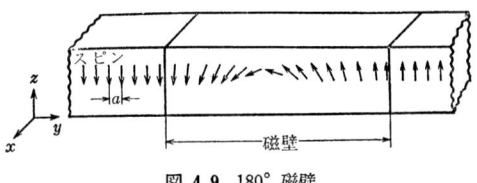

図 4.8  立方結晶の磁区構造模型

図 4.9  180° 磁壁

180° 磁壁を拡大すると図4.9のようになる．磁壁の中ではスピンの方向が容易軸からずれているため異方性エネルギーが大きい．また隣りあうスピンが磁区の中のように平行になっていないので交換エネルギーも大きい．このように磁壁の部分に余分に蓄えられるエネルギーを磁壁エネルギーとよぶ．その大きさは 180° 磁壁では単位面積当り，

$$\sigma_w = 4\sqrt{AK_u} \tag{4.18}$$

となる．ここで $A=J_e S^2/a$ （$S$：スピンの大きさ，$a$：格子定数）は交換定数とよばれるものである．磁壁の厚さ $\delta_w$ は，

$$\delta_w = \pi\sqrt{A/K_u} \tag{4.19}$$

と表わされ，通常 $0.1\,\mu m$ ないし $0.01\,\mu m$ 程度である．

さて，ここでどのような磁区構造が実現するかを考えてみよう．磁区の形を決める条件は複雑であるが，系の全エネルギーを最小にすると考えるのが妥当であろう．磁気的自由エネルギーは次のように表わされる．

$$E = E_Z + E_{st} + E_a + E_w \tag{4.20}$$

ここで $E_Z$ はゼーマンエネルギー，

$$E_Z = -\iiint \boldsymbol{I} \cdot \boldsymbol{H} \mathrm{d}v \tag{4.21}$$

$E_{st}$ は反磁界 $H_d$ による静磁エネルギー,

$$E_{st} = -\frac{1}{2}\iiint \boldsymbol{H}_d \cdot \boldsymbol{I} \mathrm{d}v \tag{4.22}$$

$E_a$ は異方性エネルギーの和,

$$E_a = \iiint \mathcal{E}_a \mathrm{d}v \tag{4.23}$$

であり, $E_w$ は磁壁エネルギーの和,

$$E_w = \iint \sigma_w \mathrm{d}S \tag{4.24}$$

である.

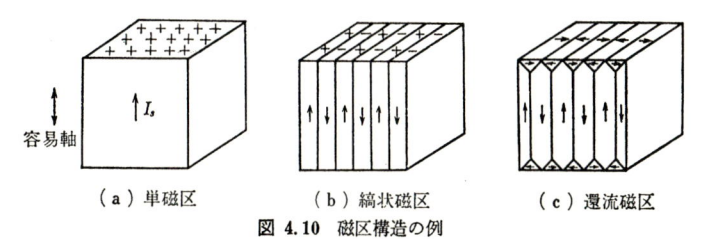

(a) 単磁区　　(b) 縞状磁区　　(c) 還流磁区

図 4.10　磁区構造の例

　ここで例として図 4.10 に示す 3 種類の磁区構造を考えてみよう．材料は一軸異方性をもち, 外部磁界はないものとする. 単磁区構造 (a) では, 異方性エネルギーと磁壁エネルギーは最小であるが, 両端に正負の磁極が生じるため静磁エネルギーが大きい. 平板状（縞状）磁区 (b) は磁壁エネルギーが増加するものの (a) に比べて静磁エネルギーが小さくなる. さらに還流磁区 (c) では磁極が現われないため静磁エネルギーは零となる. 通常の大きさ, 形状の場合には, 静磁エネルギーが支配的なため還流磁区が実現することが多い. しかし, 微粒子とか薄膜のような特別の形状では, (a) や (b) の磁区構造が現われることもある.

### 4.1.7　磁化過程

　4.1.2 で述べた磁化曲線がどのようにして現われるかを考えてみよう．強磁性体に磁界を印加したとき, 内部の磁化が磁界方向に向く方法には, 磁壁移動と回転磁化の 2 つがある. 図 4.11 は, これら 2 つの過程によって磁化が変化する様子を示す. $H=0$ では還流磁区を形成しており, $I=0$ である. これに磁界を印加すると, まず磁壁が移動し外部磁界に近い方向に磁化した磁区の体積が増加す

磁化容易方向

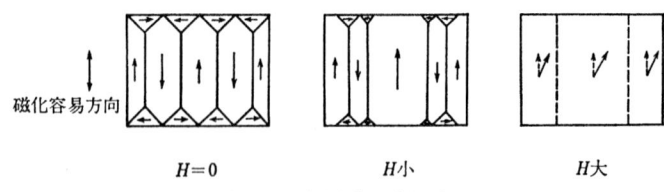

$H=0$　　　　$H$小　　　　$H$大

図 4.11　磁壁移動と磁化回転

る．さらに磁界を強めると磁区は消滅し，磁化が容易方向から磁界方向に回転する．単純化した模型を用いて回転磁化と磁壁移動の機構を示す．

**a.　回転磁化**　一軸磁気異方性 $K_u$ をもち，ただ 1 個の磁区だけからなる磁性体を考える．この仮定に基づく理論は単磁区理論とよばれ，実際に強磁性微粒子などに適用できる．単磁区磁性体に，磁界 $H$ を磁化容易方向と $\theta_0$ の角度をなす方向に加えると，系の磁気的エネルギーは単位体積当り，

$$E = K_u \sin^2\theta - I_s H \cos(\theta - \theta_0) \tag{4.25}$$

となる．ここで $\theta$ は自発磁化と容易軸のなす角度である．第 1 項は異方性エネルギー，第 2 項はゼーマンエネルギーを示す．磁化の安定方向 $\theta$ はエネルギー極小

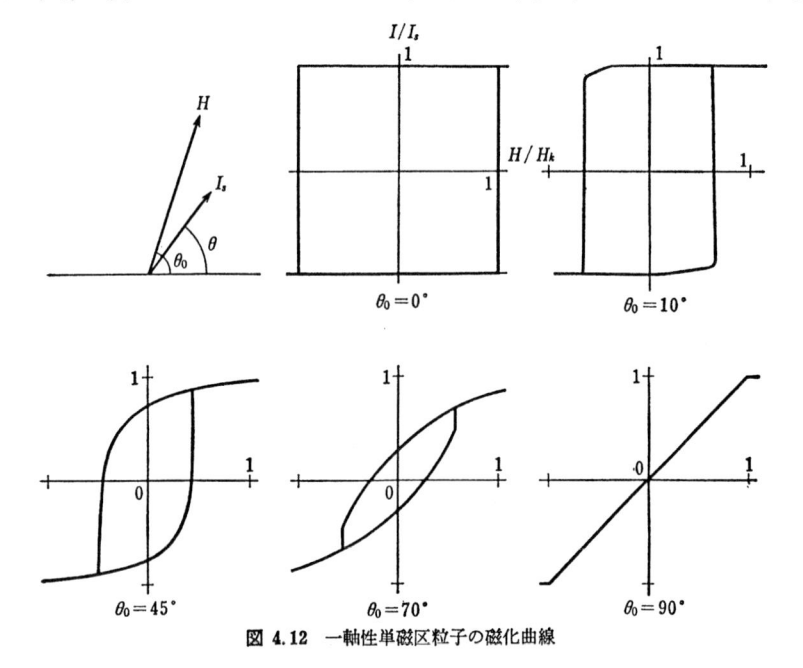

図 4.12　一軸性単磁区粒子の磁化曲線

となる条件すなわち次式によって求めることができる.

$$\frac{\partial E}{\partial \theta} = K_u \sin 2\theta + I_s H \sin(\theta - \theta_0) = 0 \tag{4.26}$$

観測される磁化は自発磁化の磁界方向成分 $I = I_s \cos(\theta - \theta_0)$ によって与えられる. こうして求めた磁化曲線を図 4.12 に示す. ここで,

$$H_k = \frac{2K_u}{I_s} \tag{4.27}$$

は異方性磁界とよばれる.

$\theta_0 = 0°$ すなわち容易方向に磁界を加えると $H = H_k$ で不可逆的な磁化反転が起こり角形のヒステリシス曲線になる. 一方, $\theta_0 = 90°$ すなわち困難方向に磁界を加えると $H = 0$ から $H = H_k$ まで連続的な回転磁化が起こり, 磁化率は一定でヒステリシスを示さない.

回転磁化による初磁化率は, 式 (4.26) で $\theta \simeq 0$ として近似することによって導かれ,

$$\chi_i = \mu_0 \chi_{ir} = \frac{I_s}{H_k} \sin^2 \theta_0 \tag{4.28}$$

となる. 容易軸の方向がランダムに分布した微粒子の集合体では, $\sin^2 \theta$ の平均値が 2/3 であるから初磁化率は,

$$\chi_i = \frac{2}{3} \cdot \frac{I_s}{H_k} \tag{4.29}$$

となる. この式は, 磁壁移動が磁界に追随できなくなるような高周波においては, 単磁区粒子に限らず一般の多結晶材料にも適用できる.

**b. 磁壁移動** 図 4.13(a)に示すような $z$ 方向(磁化容易軸)に非常に長い材料を考える. $yz$ 面に平行な 1 枚の $180°$ 磁壁があり, その磁壁エネルギー密度 $\sigma_w$ が磁壁の位置とともに同図(b)のように変化するものとしよう. この変化は, 格子欠陥, 結晶粒界, 応力の不均一, 材料形状の不均一などが原因となって生じるものである.

外部磁界がないとき, 磁壁は $\sigma_w$ が極小となる位置 $x = x_0$ にある. これに $z$ 方向の磁界 $H$ を印加すると, 系のエネルギーは $yz$ 面の単位面積当り,

$$E = \sigma_w - 2I_s H x \tag{4.30}$$

となる. 磁壁が移動したあと止まる位置は $E$ が極小となる条件から,

$$-\frac{\partial \sigma_w}{\partial x} = 2I_s H \qquad (4.31)$$

で与えられる．この式で右辺は磁界が磁壁に及ぼす圧力，左辺は磁壁を元の位置に戻そうとする復元力と考えられ，両者がつり合う位置に磁壁が移動する．

図 4.13 (c) は，加えられた磁界の大きさに対して，磁壁がどのようにふるまうかを示している．$H=H_1$ よりも小さい磁界に対しては磁壁は $x=x_1$ を越えることはなく，$H=0$ とすれば磁壁は再び元の位置 $x=x_0$ に戻る．この過程は可逆的であり，磁化曲線では初磁化率の範囲に対応する．磁界が $H_1$ よりも強くなると磁壁は $x_1$ を越えて一気に $x_2$ に達する．これに伴う不連続的な磁化変化をバルクハウゼンジャンプという（図 4.1 参照）．$x_2$ にまで達したあと磁界を零にすると，磁壁は $x_0'$ にとどまり，$x_0$ には戻らない．これはこの過程が不可逆的でヒステリシスをもつことを示している．

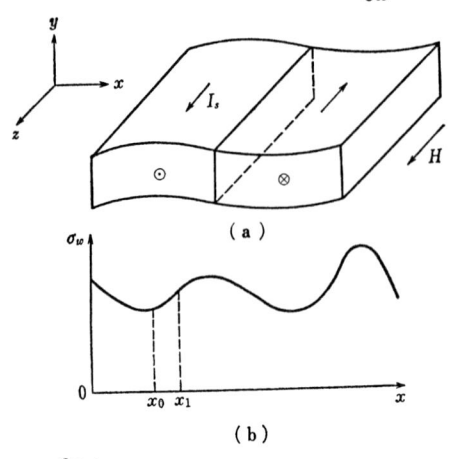

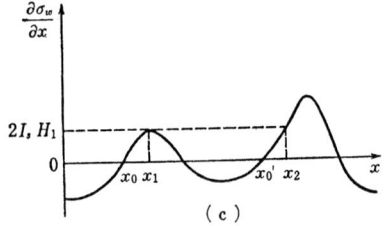

図 4.13 磁壁移動と磁壁エネルギー

磁壁移動による初磁化率は，$x=x_0$ 付近の磁壁エネルギーを，

$$\sigma_w = \frac{1}{2} k_0 x^2 \qquad (4.32)$$

と展開すると $x_1 = 2I_s H / k_0 H$ から，

$$\mu_0 \chi_i = \frac{1}{3} \cdot \frac{4 I_s^2}{k_0} S \qquad (4.33)$$

となる．ここで $S$ は単位体積中に含まれる磁壁の面積であり，係数 1/3 は磁壁の方向が一様に分布していると仮定したためである．

### 4.1.8 磁化の運動と損失

磁性材料は交流あるいは高周波磁界中で使用されることが多いが，そこでは磁化の運動によって起こるいろいろな現象を考慮しなければならない．金属磁性材料では，磁化の変化に伴ううず電流が使用周波数の限界や損失の大きさを決めており，一方絶縁物磁性材料では，磁化自身のもつ慣性モーメントが非常に高い周波数での磁化の動特性を支配している．

**a. 磁化の運動** 静的な磁化過程と同様，動的な磁化過程も回転磁化と磁壁移動によって起こる．そこでまず回転磁化を考え，磁気モーメント $m$ が磁界 $H$ のもとにあるとしよう．先に示したように磁気モーメントは必ず角運動量を伴う．ところが角運動量 $P$ の時間的変化は，磁界 $H$ によって磁気モーメントがうけるトルクに等しいから，

$$\frac{dP}{dt} = m \times H \tag{4.34}$$

となる．ここで，式 (4.5) の角運動量と磁気モーメントの間の関係 $m = -\gamma P$ を用いると次式が得られる．

$$\frac{dm}{dt} = -\gamma m \times H \tag{4.35}$$

この式は磁気モーメントの時間変化が $m$ および $H$ に対して直角な方向であることを示しており，図 4.14 (a) のように磁化は磁界方向を軸として首ふり運動をすることになる．これはこまの運動と同じであり，磁化（スピン）の歳差運動と

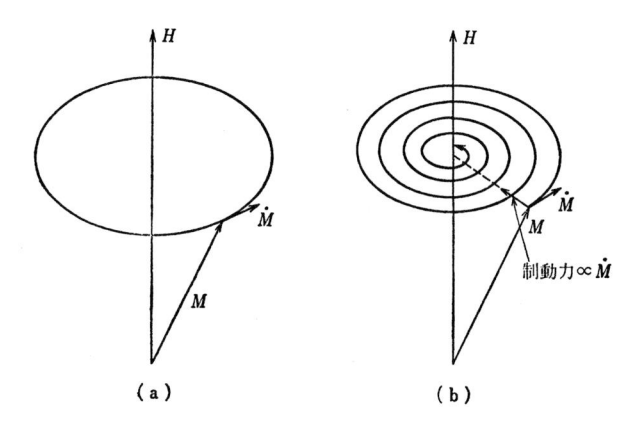

**図 4.14** 磁化の運動

よばれる．歳差運動の角周波数 $\omega_0$ は式（4.35）から，

$$\omega_0 = \gamma H \tag{4.36}$$

となる．式（4.35）に従えば，磁化は磁界のまわりを永久に歳差運動することになるが，実際には制動が加わるため図 4.14（b）のように歳差運動をしながら，しだいに磁界方向を向いていく．

次に $H$ に垂直に高周波磁界を加えた場合を考える．高周波磁界の周波数が歳差運動の周波数に一致すると，共鳴現象が起こることは容易に想像できよう．実際，式（4.35）に制動項を付加した運動方程式を解くと，図 4.15 のような高周波磁界に対する磁化率の周波数変化が導かれる．ここで $\chi'$ および $\chi''$ は磁化率を $\chi = \chi' - j\chi''$ と複素数表示したものである．$\omega = \gamma H$ では $\chi''$ が極大を示し，高周波磁界からのエネルギーの吸収が起こる．この現象を強磁性共鳴という．

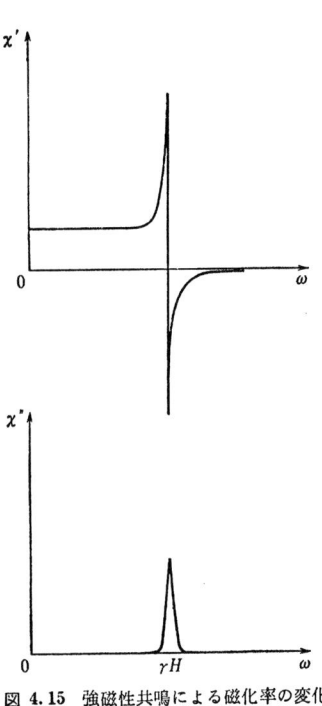

外部から直流磁界を加えず高周波磁界だけを加えた場合にも同様の共鳴現象が起こる．これは自然共鳴とよばれ，その共鳴周波数 $f_r$ は，直流磁界として異方性磁界 $H_k$ が働くことを考慮すると，

$$2\pi f_r = \omega_r = \gamma H_k \tag{4.37}$$

となる．$f_r$ を越える高い周波数の磁界に対しては，損失が増大し磁化率が小さくなることから，$f_r$ は磁性材料としての使用周波数の限界を与えている．式（4.29）と式（4.37）を用いると自然共鳴周波数 $f_r$ と初磁化率 $\chi_i$ の間には，

$$f_r \chi_i = \frac{\gamma I_s}{3\pi} \tag{4.38}$$

図 4.15 強磁性共鳴による磁化率の変化

の関係があり，$\chi_i$ と $f_r$ の積は $I_s$ に比例した一定の値になる．すなわち使用周波数の限界は初磁化率（透磁率）に反比例する．この関係はスヌークがフェライトにおいて初めて示したもので，スヌークの限界とよばれる．

**b. 磁壁の運動** 磁壁の運動を正確に記述することは難しいが,移動速度がそれほど大きくない場合は,180°磁壁に対して次のような運動方程式が成り立つ.

$$m_w \frac{d^2 x}{dt^2} + \beta \frac{dx}{dt} + k_0 x = 2I_s H \tag{4.39}$$

ここで $x$ は磁壁の中心の位置, $m_w$ は磁壁単位面積当りの実効質量, $\beta$ は制動定数, $k_0$ は式 (4.32) で導入した磁壁のばね定数である.

制動が弱い場合の共鳴周波数 $f_w$ は,

$$f_w = \frac{1}{2\pi}\sqrt{\frac{k_0}{m_w}} \tag{4.40}$$

となり, $f_w$ より高い周波数の磁界には,磁壁が追随できなくなる.この周波数は一般に自然共鳴周波数 $f_r$ よりもかなり低い.

**c. 損失(鉄損)** 強磁性材料を交流磁界によって磁化すると,種々の原因によって材料中でエネルギーの散逸が起こる.このエネルギーの損失を鉄損とよぶ.鉄損は電力用鉄心においてはもちろん,高周波用磁心においてもコイルの品質係数 $Q$ を決める重要なものである.通常,鉄損の原因をヒステリシス損,うず電流損,残留損の3つに分けて考える.

ヒステリシス損は強磁性体の履歴現象に起因するもので,B-H ヒステリシスループでかこまれた部分の面積が一周期当りの損失となる.周波数 $f$ で励磁した場合のヒステリシス損 $W_h$ は,

$$W_h = f \oint H dB \quad (W/m^3) \tag{4.41}$$

である.

うず電流損は磁束変化に伴って生じるうず電流によるもので,板状の磁性体で磁束が常に一様に分布していると仮定すると,その大きさは,

$$W_e = \pi^2 d^2 B_m^2 f^2 / 6\rho \quad (W/m^3) \tag{4.42}$$

となる.ここで $d$ は磁性体の厚さ, $B_m$ は最大磁束密度, $\rho$ は磁性体の電気抵抗率である.実際のうず電流損はこの式から計算したものより数倍も大きいことがある.これは異常うず電流損とよばれ,磁壁移動の場合うず電流が磁壁の付近に集中することが原因である.

残留損は上記2つ以外の損失をひとまとめにしたもので,その原因は先に示した自然共鳴や磁壁共鳴,あるいは磁気余効といわれる電子や原子の拡散を伴った

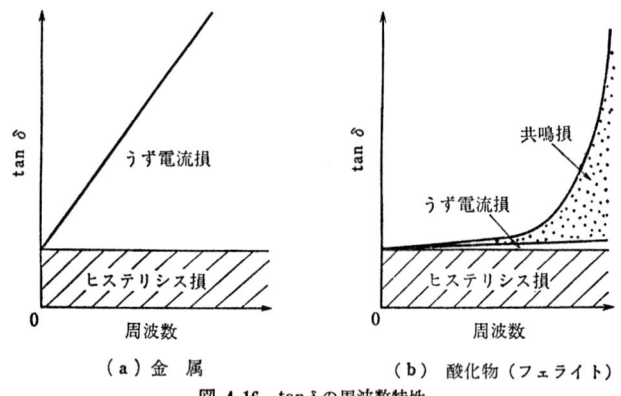

図 4.16 tan δ の周波数特性
(a) 金属
(b) 酸化物（フェライト）

磁化のおくれなどである．図 4.16 は各種損失の周波数による変化の様子を示している．ここで tan δ は複素透磁率の損失角で損失係数とよばれる．高周波になると金属ではうず電流損が急増するのに対して，絶縁物であるフェライトでは残留損が主要な部分を占めるようになる．

### 4.1.9 強磁性物質

**a. 磁性金属** 　3d 遷移金属（鉄族），4f 遷移金属（希土類）およびそれらを含む合金の多くが強磁性を示す．

図 4.17 は 3d 遷移金属同士からなる合金について，一原子当りの平均磁気モー

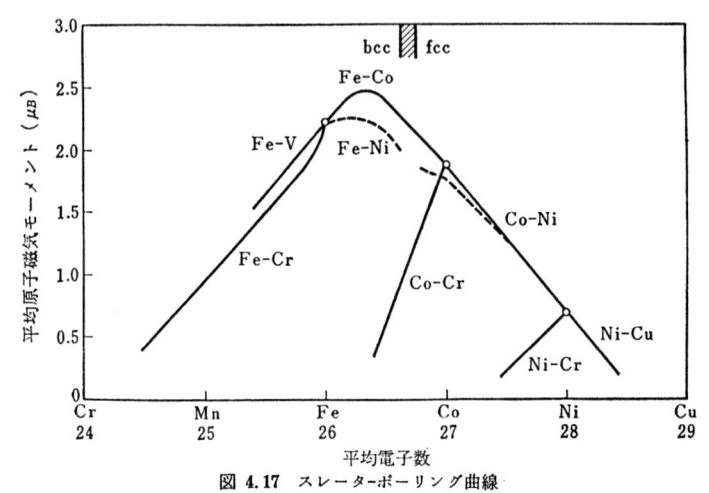

図 4.17 スレーターポーリング曲線

メントを同じく平均電子数に対して示したもので，スレーター-ポーリング曲線とよばれる．図において Fe と Co の中間に不連続があるが，これより Fe 側は体心立方格子 (bcc)，Co 側は面心立方格子 (fcc) となる．ただし Co 単体は常温において六方最密格子 (hcp) の方が安定である．

スレーター-ポーリング曲線の fcc 領域では，Cr，Mn などを添加した場合を除けば，ほぼ $45°$ の下り勾配すなわち電子 1 個に対して $1\mu_B$ 減少する 1 本の直線に沿って磁化が変化する．これは以下に示すバンドモデルで説明できる．

強磁性状態にある 3d バンドは，交換相互作用のため，図 4.18 に示すように上向きスピンのバンドと下向きスピンのバンドにエネルギー差がある．Ni では 3d, 4s 合わせて 10 個の電子のうち，平均して 0.6 個が 4s バンド，5 個が下向きスピンの 3d バンド，4.4 個が上向きスピンの 3d バンドに入る．その結果，両 3d バンドの電子数の差に対応する 0.6 $\mu_B$ の磁気モーメントが生じる．

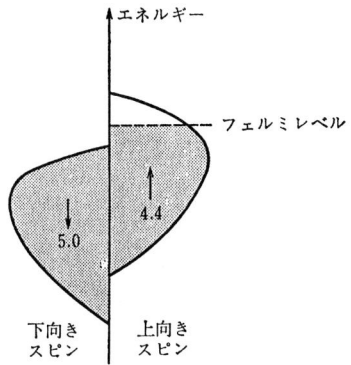

図 4.18 模式的に示した Ni の 3d バンド

Ni に Cu を加えた場合には，バンドの形状に変化がないものとすると（固定バンド近似），Cu からの余分な電子は上向きスピンのバンドに入り，その空席を埋めていく．Cu が 60% に達すると 3d バンドは完全に満たされ磁気モーメントが消失する．逆に，Ni に Fe や Co を加えると上向き 3d バンドの空席が増加し，磁気モーメントが大きくなる．

Fe に Co や Ni を加えた bcc 合金では，Co や Ni を加えることによって Fe のモーメントが増加し，平均磁気モーメントは $Fe_{0.65}Co_{0.35}$ で最大になることが知られている．

3d 遷移金属のキュリー温度 $T_C$ は，Fe, Co, Ni の各単体では表 4.2 に示すように室温よりはるかに高い．したがって室温での飽和磁化（飽和磁束密度）もほぼスレーター-ポーリング曲線に沿った変化を示す．ここで例外は Fe-Ni 合金で，bcc 相と fcc 相の境界である Ni 30% 付近では，キュリー温度が室温以下になる．

周期律表で Fe より左にある 3d 遷移金属はいずれも単体では強磁性を示さない．Mn, Cr は反強磁性的にふるまい，Ti, V は常磁性である．単体では強磁性

表 4.2　各種強磁性物質の磁気的性質

| | | 結晶構造 | 磁気モーメント ($\mu_B$/化学式) | $I_s$(20℃) (T) | $T_C$ (℃) | $K_1(K_u)$ ($\times 10^3$J/m$^3$) | $K_2$ (J/m$^3$) | $\lambda_s$ |
|---|---|---|---|---|---|---|---|---|
| 金属 | Fe | bcc | 2.22 | 2.16 | 769 | 48 | 5 | −7 |
| | Co | hcp | 1.71 | 1.79 | 1 115 | (500) | | −50 |
| | Ni | fcc | 0.62 | 0.61 | 357 | −4.5 | 2.36 | −36 |
| | Gd | hcp | 7.55 | | 20 | | | |
| | GdFe$_5$ | 六方晶 | 5.0 | 0.45 | 182 | | | |
| | SmCo$_5$ | 六方晶 | 6.0 | 0.95 | 747 | (7 700) | | |
| フェライト | MnFe$_2$O$_4$ | スピネル | 4.6 | 0.50 | 300 | −4 | | −5 |
| | Fe$_3$O$_4$ | | 4.1 | 0.60 | 585 | −13 | | +40 |
| | CoFe$_2$O$_4$ | | 3.9 | 0.53 | 520 | 200 | | −110 |
| | NiFe$_2$O$_4$ | | 2.2 | 0.34 | 585 | −6.9 | | −17 |
| | $\gamma$-Fe$_2$O$_3$ | | 2.3 | 0.52 | 575 | −4.6 | | |
| | BaFe$_{12}$O$_{19}$ | 六方晶 (マグネトプラムバイト) | 20 | 0.48 | 450 | (330) | | |
| | SrFe$_{12}$O$_{19}$ | | 20.6 | 0.47 | 460 | (350) | | |
| | Y$_3$Fe$_5$O$_{12}$ | 立方晶 (ガーネット) | 5.0 | 0.175 | 553 | −0.34 | | |
| | Gd$_3$Fe$_5$O$_{12}$ | | 16.0 | 0.001 | 564 | | | |

にならない元素でも合金にすると強磁性を示す例はいくつかあり，$Cu_2MnAl$，MnBi，MnAl などが知られている．

もう一つの磁性元素の系列である希土類金属では，4f 電子が磁気モーメントを担い，5d，6s に入った電子は伝導電子となる．4f 電子は 3d 遷移金属の d 電子とは異なり，外側にある 5s や 5p 電子によって遮蔽されているため，金属であっても自由イオンに近い状態にあり，磁気モーメントの大きさも 3 価イオンとほぼ等しい．

希土類金属の中では Gd がフェロ磁性を示すほかは，かなり複雑な磁気モーメントの配列を示す．キュリー温度は最も高い Gd が 20℃ で他は室温以下である．しかし，Fe，Co などと合金化するとキュリー温度が高くなることから，磁性材料への応用が可能である．4f 遷移金属が 3d 遷移金属と著しく異なる点は，軌道磁気モーメントが凍結されないことである．このため Gd 以外は軌道磁気モーメントを有しており，これが大きな磁気ひずみや磁気異方性をもたらすことから，保磁力の高い材料すなわち永久磁石への応用につながっている．

**b. 磁性酸化物**　　磁性酸化物といえばまずフェライトが挙げられる．ここで

いうフェライトとは $Fe^{3+}$ イオンを含む酸化物という意味である．フェライトにはスピネル形，六方晶，ガーネット形などの結晶構造のものがある．

フェライトの特長は電気抵抗率が高いため高周波で使用できることである．しかし，フェリ磁性であること，酸素の占める割合の大きいことなどからその自発磁化は磁性金属に比べて小さく 0.5T 内外である．

1) **スピネル形フェライト** スピネル形フェライトは $M^{2+}Fe_2^{3+}O_4$ の分子式で表わされる．ここで $M^{2+}$ は 2 価の金属イオンである．M として Ni を含むものは Ni フェライト，Mn と Zn を合わせて含むものは Mn-Zn フェライトなどとよばれる．また特に M として Fe を含む $Fe_3O_4$ はマグネタイトとよばれる．

図 4.19 に示すスピネル構造の単位胞は，分子式 $MFe_2O_4$ の 8 倍の数のイオンからなっている．金属イオンの入る位置には，4 つの酸素イオンで囲まれた 4 面体位置（A）と 6 つの酸素イオンで囲まれた 8 面体位置（B）がある．単位胞中の A 位置の数は 8，B 位置の数は 16 である．A，B 両位置を区別すると金属イオンの分布のしかたで，

|  | A | B |  |
|---|---|---|---|
| 正スピネル | $(M^{2+})$ | $(Fe_2^{3+})$ | $O_4$ |
| 逆スピネル | $(Fe^{3+})$ | $(Fe^{3+}M^{2+})$ | $O_4$ |

の 2 種類のスピネル格子が考えられる．

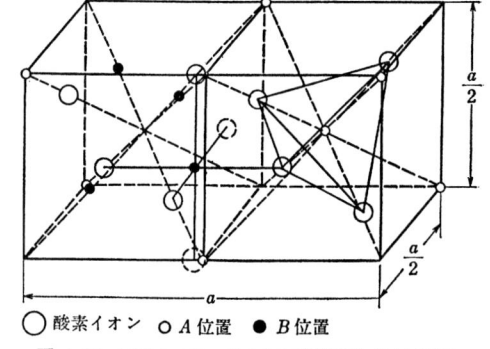

○ 酸素イオン　○ A 位置　● B 位置
**図 4.19** スピネルフェライトの結晶構造 (1/4 格子)

A 位置と B 位置のスピンの間には酸素を介した超交換相互作用が働き，両位置のスピンは反平行になる．分子式当りの磁気モーメントの大きさは，たとえば逆スピネル構造をもつ Ni フェライトでは，

$$(Fe^{3+})\ (Ni^{2+}Fe^{3+})O_4$$
$$-5\mu_B + 2\mu_B + 5\mu_B = 2\mu_B$$

となり，$Fe^{3+}$ の磁気モーメントが打消し合うため Ni のモーメントのみが正味の

磁化に寄与する.

$Fe^{2+}$, $Co^{2+}$, $Mg^{2+}$, $Cu^{2+}$, ($Li_{0.5}^{+}+Fe_{0.5}^{3+}$) など多くの2価金属イオンも逆スピネルを作る. ここで特に興味あるのは逆スピネルフェライトに正スピネルの Zn フェライトを加えた場合である. $Zn^{2+}$ は 3d 殻が一杯になっており磁気モーメントを持たないが, これを加えて混合スピネルにすると

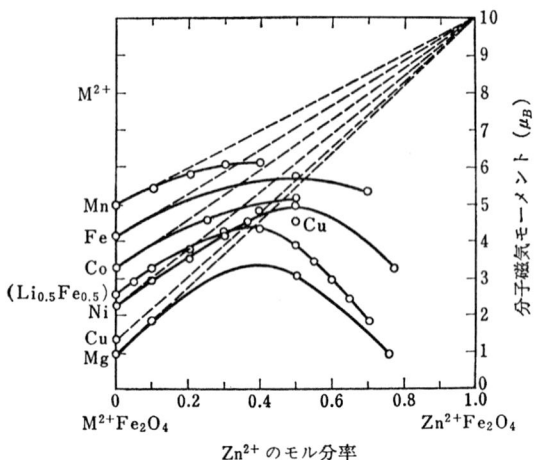

図 4.20 逆スピネルフェライトに Zn フェライトを加えたときの磁気モーメントの変化[1]

図 4.20 に示すように磁気モーメントが増加する. これは $Zn^{2+}$ が $A$ 位置に入ることによって, $A, B$ 両位置の $Fe^{3+}$ の数に差が生じ, それが正味の磁気モーメントに寄与するようになるためである.

2) 六方晶フェライト　マグネトプラムバイト構造およびそれに類似した構造をもつフェライトを六方晶フェライトという. マグネトプラムバイト構造のフェライトは一般的に $M^{2+}Fe_{12}^{3+}O_{19}$ で表わされる, ここで M としては Ba, Sr, Pb などイオン半径の大きな2価イオンが入る. また $Fe^{3+}$ の代りに Al, Ga のような3価イオン, あるいは ($Co^{2+}+Ti^{4+}$) のような組合せが入りうる. $Fe^{3+}$ のスピンはフェリ磁性配列をしており, 化学式当り上向きスピンが8個, 下向きスピンが4個, 差し引き 5 $\mu_B$ が4個すなわち 20 $\mu_B$ の磁気モーメントを有する. 六方晶フェライトは結晶構造の対称性が低いことから磁気異方性が大きく高保磁力になるため, 主に永久磁石材料に用いられる.

3) ガーネット形フェライト　ガーネット形フェライトは磁性ガーネットあるいは RIG ともよばれる. ガーネット (ざくろ石) と同じ結晶構造をもち, $R_3^{3+}Fe_5^{3+}O_{12}$ という分子式をもつ. ここで $R^{3+}$ は希土類イオンである. ガーネット構造は図 4.21 に示すような立方晶で, その単位胞は8分子式からなり合計 160 個のイオンを含む. 金属イオンの入る位置には $c, a, d$ の3種があり, その個数は分子式当りそれぞれ3個, 2個, 3個である. $c$ 位置には希土類イオン, $a$ と $d$ 位

置には $Fe^{3+}$ が入り，スピンの配列は，

$$\underset{\text{スピン}\ \uparrow}{\overset{c}{(R^{3+})_3}}\underset{\uparrow}{\overset{a}{(Fe^{3+})_2}}\underset{\downarrow}{\overset{d}{(Fe^{3+})_3}}O_{12}$$

となる．Rの種類を変えること，$Fe^{3+}$の一部を非磁性イオンで置換することなどによって，自発磁化の値を変化させることができる．

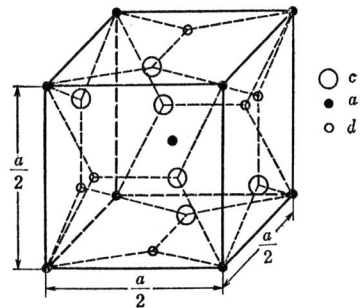

ガーネット形フェライトはマイクロ波素子，磁気バブルなどの用途に開発されたものであるが，透明磁性体であり，光素子への応用も可能である．

**図 4.21** ガーネットの結晶構造 (1/8 格子)

## 4.2 永久磁石材料[16],[20]

### 4.2.1 概　説

保磁力の高い（10kA/m 程度以上）磁性材料は硬質磁性材料ともよばれ，通常のじょう乱磁界に対して磁化が安定なことから永久磁石などに用いられる．保磁力の高いことは磁気記録にも適しているが，これについては4.3で述べる．

永久磁石材料の性能の目安は，外部に発生しうる磁界である．そこで永久磁石材料の性能評価について簡単なモデルで考察してみよう．図4.22のような空げきをもつリング状の磁石を考える．磁石に残留する磁化によって磁極面 P, P′ に正負の磁極が生じる．この磁極のために空げきに磁界が生じるが，同時に磁石内にも磁化と逆向きの反磁界（減磁界ともいう）が生じる．このように永久磁石材料は磁化

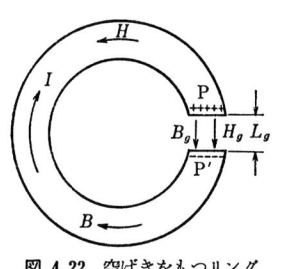

**図 4.22** 空げきをもつリング状の永久磁石

と逆向きの磁界中で使用されるため，磁化曲線における $B>0$, $H<0$ の領域すなわち減磁曲線が重要となる．図4.22においてリングの長さを $L$，断面積を $A$，また空げきのそれらをそれぞれ $L_g$, $A_g$ とし，磁束密度 $B$ および磁界 $H$ は時計回りの方向を正にとると，磁束の連続性と周回路の定理から，

$$AB = A_g B_g \tag{4.43}$$

$$HL + H_g L_g = 0 \tag{4.44}$$

が得られる．ここで $B, H$ は磁石中，$B_g, H_g$ は空げき中での値を示す．また空げきおよび磁石中ではそれぞれ，

$$B_g = \mu_0 H_g \tag{4.45}$$

$$B = \mu_0 H + I \tag{4.46}$$

が成り立つ．以上の式から磁石内の反磁界は磁化 $I$ に比例し，

$$H = -\frac{L_g/A_g}{L/A + L_g/A_g} \cdot \frac{I}{\mu_0} \tag{4.47}$$

となる．この式を $B$ と $H$ の関係として表わすと，

$$B = -p\mu_0 H \tag{4.48}$$

となる．ここで $p = A_g L/A L_g$ はパーミアンスとよばれ，磁気回路の形状で決まる係数である．図4.23 における直線は上式を示したものでパーミアンス線とよばれる．パーミアンス線と減磁曲線の交点Pはこの磁気回路に着磁したあとの永久磁石の動作点を与えるものである．

次に磁石の空げきに貯えられる静磁エネルギー $E_{st}$ を求めると，式 (4.43)，(4.44) から，

$$E_{st} = \frac{\mu_0 H_g^2 V_g}{2} = -\frac{BH}{2} V_m \tag{4.49}$$

となる．ここで $V_m$ および $V_g$ は磁石および空げきの体積である．この式から，磁石が空げきに作り出す磁界の静磁エネルギーは減磁曲線における $B$ と $H$（慣習上，減磁方向を正とする）の積に比例することがわかる．減磁曲線における $B$ と $H$ の積は図4.23に示すように減磁曲線上の一点 $P_m$ で最大になる．この点における値は最大エネルギー積とか $(BH)_{max}$ とよばれ，永久磁石材料の性能の目安となるものである．

最大エネルギー積を大きくするには，$B_r$ や $H_c$ を大きくすればよいが，$B_r$ には飽和磁化という材料固有の限界があるので，製法としては $H_c$ を高くするような工夫がなされる．初期の永久磁石に用いられた磁石鋼では焼入れによって不均一な内部応力を発生させ磁壁を移動しにくくし

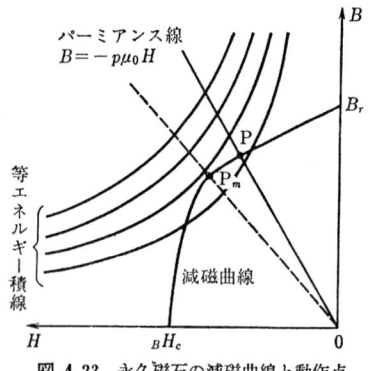

図 4.23 永久磁石の減磁曲線と動作点

## 4.2 永久磁石材料

て保磁力を高めていたが,この種の焼入れ硬化形磁石は安定性に問題があるため現在ではほとんど用いられていない.

今日,大部分の永久磁石材料は単磁区微粒子を利用することで高い保磁力を得ている.磁壁の存在しない単磁区微粒子では磁化は回転のみによって変化し,容易方向に磁界を加えたときの磁化曲線は図4.12に示したように角形になる.この場合,保磁力は異方性エネルギーに比例するから,高保磁力を得るには粒子の異方性エネルギーを大きくすることが必要である.その手段としては①粒子の形状異方性を大きくする,②結晶磁気異方性の大きい材料を用いる,③応力を加える,などが用いられている.

次に単磁区粒子磁石の最大エネルギー積を求めてみよう.図4.24は理想的な単磁区粒子の減磁曲線を示す.$I$–$H$曲線において水平になる部分は$B$–$\mu_0 H$で表

(a) $K_u > \dfrac{I_s^2}{4\mu_0}$ の場合  (b) $K_u < \dfrac{I_s^2}{4\mu_0}$ の場合

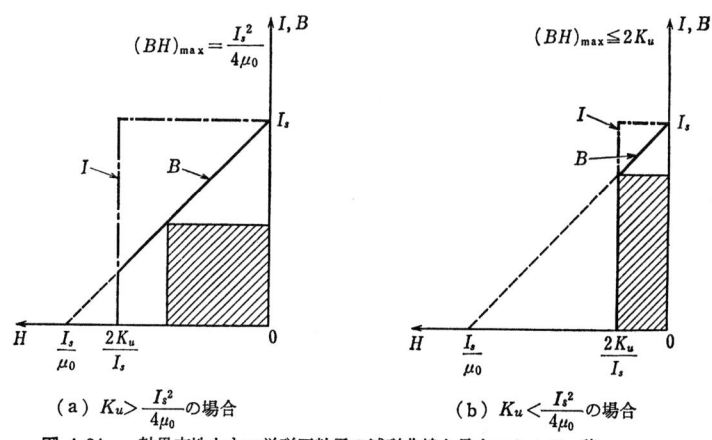

図4.24 一軸異方性をもつ単磁区粒子の減磁曲線と最大エネルギー積

わした減磁曲線では45°傾いた直線になる.図からわかるように,保磁力(異方性磁界に等しい)が大きく$H_k > I_s/2\mu_0$すなわち$K_u > I_s^2/4\mu_0$の場合には,最大エネルギー積は,

$$(BH)_{\max} = \frac{I_s^2}{4\mu_0} \tag{4.50}$$

となる.この式は,高性能磁石を得るためには,保磁力を高めるだけでは限界があり,究極的には$I_s$の高い材料が必要なことを示している.

### 4.2.2 析出合金磁石

鉄に Al, Ni, Co を加え,さらには Cu, Ti, Nb などを添加した合金磁石はアルニコ(または製造法から鋳造磁石)とよばれる.アルニコ磁石の原型となったものは,1931 年三島らによって発明された MK 鋼 (FeNiAl 合金)である.その後,合金組成,熱処理方法,鋳造方法等の改良が加えられアルニコという商品名で生産されるようになった.アルニコの出現で $(BH)_{max}$ は数十 $kJ/m^3$ とそれまでの磁石鋼の数倍が得られるようになり,電磁機器に組み込まれていた電磁石のかなりの部分が永久磁石におきかえられた.

アルニコ磁石は次のような過程で製造される.まず合金を高温で $\alpha$ 相 (bcc) 単相状態にする.これを冷却すると,Fe, Co に富む $\alpha_1$ 相と Ni, Al に富む $\alpha_2$ 相への 2 相分離変態が起こる.このとき,900〜800°C の温度範囲で冷却速度を適当に調節すると $\alpha_1$ 相と $\alpha_2$ 相の微細な粒子が [100] 方向に周期的に析出する.これをスピノーダル分解とよぶ.その後,600°C で長時間焼なましをすると,$\alpha_1$ 相内には Fe と Co が,$\alpha_2$ 相内には Ni と Al が濃縮され,その結果 $\alpha_2$ 相のキュリー温度が下がり常温では非磁性になる.これによって常磁性相中に強磁性単磁区粒子が周期的に分散した状態の微粒子磁石ができる.

Co 量が多くキュリー温度の高いアルニコ合金では,磁界中でスピノーダル分解を行うと,静磁エネルギーの効果によって磁界方向の分解が抑制され,その結果針状の単磁区粒子が磁界方向に成長する.この針状粒子の形状異方性によって,保磁力,残留磁化とも大幅に向上する.これを異方性アルニコといい,アルニコ 5 が有名である.

通常アルニコ磁石は多結晶であるが,鋳造方法に工夫を加えると,[100] 方向(容易軸)を円柱状に優先配向させることができる.これは柱状晶アルニコとよばれ,$(BH)_{max}$ が $80 kJ/m^3$ にも達するものが得られる.

アルニコの材料としての欠点は硬くてもろく,加工が難しいことである.アルニコと同一の原理に基づく析出合金磁石で,より加工容易なものに CuNiFe 合金(キュニフェ),CuNiCo 合金(キュニコ),FeCrCo 合金などがある.キュニフェ,キュニコの $(BH)_{max}$ はアルニコに及ばないが,靱性に富み冷間加工によって細線や薄板にすることができる.FeCrCo 合金はアルニコに匹敵する磁化特性をもち,機械的加工が可能,Co 量が少ないなどの特長を有している.

表 4.3 永久磁石材料の特性例

| 種類 | 名称 | 成分 (wt%, 残Fe) | $B_r$ (T) | $_BH_C$ (kA/m) | $(BH)_{max}$ (kJ/m³) |
|---|---|---|---|---|---|
| 析出合金磁石 | アルニコ5 (異方性) | 24Co, 14Ni, 8Al, 3Cu | 1.3 | 50 | 40 |
| | アルニコ9 (柱状晶) | 34Co, 15Ni, 7Al, 4Cu, 8Ti | 1.1 | 120 | 72 |
| | Cunife | 60Cu, 20Ni | 0.5 | 44 | 12 |
| | Cunico | 50Cu, 21Ni, 29Co | 0.3 | 56 | 7 |
| | Fe-Cr-Co | 24Cr, 15Co, 3Mo | 1.5 | 67 | 76 |
| フェライト磁石 | Baフェライト(等方性) | $BaO \cdot 6Fe_2O_3$ | 0.22 | 150 | 9 |
| | Baフェライト(異方性) | 同上 | 0.41 | 160 | 30 |
| | Srフェライト(異方性) | $SrO \cdot 6Fe_2O_3$ | 0.44 | 190 | 35 |
| マンガンアルミ磁石 | Mn-Al-C (異方性) | | 0.57 | 170 | 50 |
| 希土類磁石 | LM-22 | $SmCo_5$ | 0.93 | 730 | 172 |
| | REC-30 | $Sm_2Co_{17}$系 | 1.09 | 510 | 240 |
| | Nb-Fe-B | $Nb_{12}Fe_{82}B_6$ | 1.23 | 880 | 320 |

析出合金磁石は一般にキュリー温度が高く,また異方性として温度変化の少ない形状異方性を利用していることから,磁石特性の温度変化は非常に少ない.

### 4.2.3 フェライト磁石

フェライト磁石は今日最も多量に生産されている永久磁石である. 1951年Wentらによって発明されたBaフェライトは保磁力 ($_BH_C$) が140 kA/mと非常に高いことが注目されたが,そのエネルギー積は6.4 kJ/m³程度にすぎなかった. その後,磁界中成形法など製造法の進歩により $(BH)_{max} = 30$ kJ/m³以上のものが生産されるに至って,原材料,生産性などの点で不利なアルニコに代わって永久磁石の主流になった.

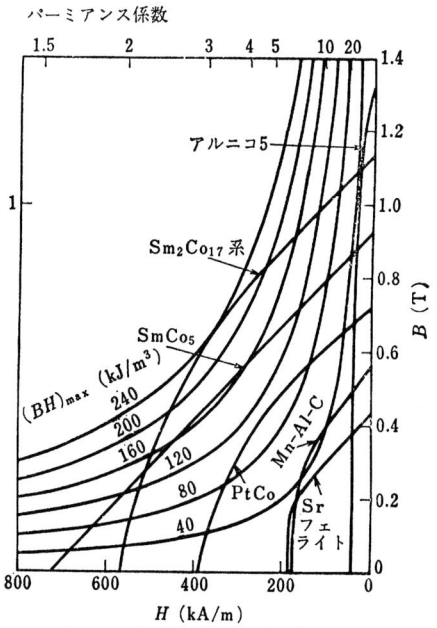

図 4.25 各種磁石材料の減磁曲線の比較

Baフェライト磁石は酸化鉄 $Fe_2O_3$ と $BaCaO_3$ を主原料として製造される.

これら粉末を混合加熱し,$BaO \cdot 6Fe_2O_3$ に近い化合物を作る.この化合物を単磁区粒子になる程度の大きさ(直径 1 μm 程度)に粉砕し,所望の形に圧縮成形したあと,再び加熱焼結するとフェライト磁石が得られる.成形については金型に充てんする材料の状態によって,湿式,乾式の2つの方法がある.また圧縮成形の際に磁界を加え粒子の磁化容易軸(c 軸)をそろえて異方性磁石を作る場合と,磁界を用いず等方性磁石を作る場合がある.

Sr フェライトは Ba フェライトと同様の方法で近年多量に生産されているもので,Ba フェライトに比べて異方性が大きくエネルギー積の大きいものが得られる.

フェライト磁石の使用にあたって注意しなければならないのは温度特性である.図 4.26 は減磁曲線の温度変化の例である.残留磁束密度の温度係数はアルニコ磁石の 10 倍にも及ぶので必要に応じて温度補償をしなければならない.また温度低下時にパーミアンス線が減磁曲線の肩よりも下になると不可逆的な磁化変化(低温減磁)が起こる.

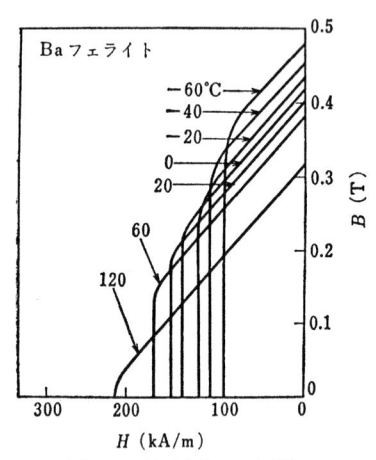

**図 4.26** 減磁曲線の温度変化

フェライト粉末をゴムやプラスチックとともにバインダで固めた複合材料は,ゴム磁石とかプラスチック磁石とかよばれ,柔軟性や加工性に富んだものが得られる.これら複合材料においてもフェライト粒子を配向させて磁石性能を高めることができる.ゴム磁石の場合はゴムとフェライトの混合物を圧延加工することによって c 面を圧延面にそろえることができる.プラスチック磁石では磁界中成形によって c 軸をそろえ異方性がつけられる.

### 4.2.4 希土類コバルト磁石[4]

希土類コバルト磁石は超高性能磁石として近年開発の進んでいるものである.希土類 (R) とコバルトはさまざまな組成比の金属間化合物を作るが,磁石材料にはコバルトの割合が多く室温での磁化の大きい $RCo_5$ や $R_2Co_{17}$ が用いられる.R の磁気モーメントは,Ce,Pr,…,Sm の軽希土類では Co と平行に,Gd,Tb,

…，Yb の重希土類では反平行になる．そのため前者の方が正味の磁化は大きく永久磁石に向いている．

永久磁石として，最初に開発されたのは Sm, $Co_5$ を中心とする $RCo_5$ 化合物である．$RCo_5$ 化合物は $CaZn_5$ 形の結晶構造をもち，c 軸を容易軸とする結晶磁気異方性は $10^3$〜$10^4 kJ/m^3$ と極めて大きい．したがって単磁区粒子が実現した場合の $(BH)_{max}$ は式 (4.50) で示したように $I_s^2/4\mu_0$ となるはずである．$SmCo_5$ の $I_s$ は 0.965T であるから，この値は $185 kJ/m^3$ となり，アルニコ 5 の 4〜5 倍が期待される．

希土類コバルト磁石は一般に，溶融合金化→粉砕→磁界中圧縮成形→焼結→焼鈍のようなプロセスで作られる．

実際の $SmCo_5$ 磁石は，$(BH)_{max}$ はほぼ理論値程度になるが，保磁力は単磁区理論から期待される値より 1 桁ほど小さい．これは磁壁移動が起こっているためと考えられている．

最近，$SmCo_5$ 磁石よりもさらに $(BH)_{max}$ の大きい $Sm_2Co_{17}$ 系磁石が実用化された．$Sm_2Co_{17}$ 系は $SmCo_5$ に比べて飽和磁化が大きいため $(BH)_{max}$ を向上させることができる．しかし単純な $Sm_2Co_{17}$ では十分な保磁力が得られないため，Co の一部を Cu, Fe, Zr などのさまざまな元素で置換するとともに，焼結後に特殊な熱処理が施される．これによって 2 相分離反応が起こり，内部が不均一になるため保磁力が高くなる．Co を置換した $Sm_2Co_{17}$ 系は $SmCo_5$ に比べて Sm，Co の使用量が少なく原料面でも有利である．

希土類コバルト磁石の減磁曲線は，図 4.25 に示したとおりで，$(BH)_{max}$ がアルニコの 4 倍，フェライト磁石の 6〜7 倍もあり，しかも高保磁力であるためフェライトと同様低パーミアンスの磁気回路にも使用できる．

### 4.2.5 その他の永久磁石材料

**a. マンガン・アルミ磁石**[2]　　希少資源である Co を含まず．しかも機械加工が容易な高性能磁石として最近製品化されたものである．

Mn-Al 合金において強磁性準安定相が存在することはかなり以前から知られていたが，この相の安定性や製造法に難点があることから実用に至らなかった．近年 C を添加することによって強磁性相が安定になることがわかり，実用磁石が得られるようになった．

Mn-Al-C 強磁性相は CuAu 形の面心正方晶で，c 軸を容易軸とする $10^6$ J/m³ の一軸異方性を有する．$I_s=0.8$T として単磁区理論を適用すると $(BH)_{max}$ は 128kJ/m³ となるが，製品化されているものでは 50 kJ/m³ 程度でアルニコ 5 とほぼ同じ値である．減磁曲線は図 4.25 に示されているように，アルニコに比べて高保磁力であり，低パーミアンスの磁気回路にも使用できる．

**b. Pt-Co 磁石**　$SmCo_5$ 磁石が開発される以前における最も高性能な磁石材料である．Pt-Co 合金は 850℃ に規則格子への変態点がある．規則格子相は飽和磁化は小さいが極めて大きな一軸磁気異方性を有している．熱処理によって規則相を適当な大きさに成長させると，96 kJ/m³ に達する高い $(BH)_{max}$ が得られる．Pt-Co 磁石は高性能かつ加工性に優れていることから，小形計器，進行波管など特殊用途に用いられてきた．

**c. Nb-Fe-B**[3]　ごく最近 (1983 年) 発表された超高性能の希土類磁石で，正方晶の $Nb_{12}Fe_{82}B_6$ を基本としている．その飽和磁化は 1.35T，結晶磁気異方性は $K_1=3.5$ MJ/m³ で，単磁区粒子とした場合の理論上の $(BH)_{max}$ は 400 kJ/m³ 程度になる．実験的にも 320 kJ/m³ と Sm-Co 磁石よりもはるかに高い値が得られている．Nb-Fe-B 磁石のキュリー温度は 585 K とかなり低いが，温度特性はフェライト磁石よりは良好である．

### 4.2.6　半硬質磁性材料

永久磁石は最初に着磁してそのままの状態で使用されるのに対して，ヒステリシスモータの回転子や自己保持型のリレーの場合は，外部磁界によって正負いずれの方向にも着磁できることが必要である．このような用途には残留磁束密度が大きく，かつ適当な保磁力を有することが要求される．保磁力はリレーでは 1～3 kA/m，ヒステリシスモータでは 10～20 kA/m 程度が望ましい．このように永久磁石と軟磁性材料の中間の保磁力をもった材料を半硬質磁性材料とよぶ．

　半硬質磁性材料は用途によってさまざまな特性が要求されるためその種類は非常に多い．表 4.4 は代表的な材料の特性と用途を示す．

　炭素鋼や Co, Cr などを含む合金鋼は，焼入れした後低温で焼もどしして使用する．焼もどしによって保磁力は減少するが，残留磁束密度が増加するとともに経年変化が少なく安定になる．アルニコ磁石は Co 量を少なくすると保磁力が小さくなりヒステリシスモータに適した特性が得られる．バイカロイは Fe-Co 合

表 4.4 半硬質磁性材料

| 種類 | 名称 | 組成(wt%, 残Fe) | $H_c$ (kA/m) | $B_r$(T) | 角形比 $B_r/B_s$ | 用途 |
|---|---|---|---|---|---|---|
| 焼入鋼 | 炭素鋼 | 0.5C | 1 | 1.4 | 0.7～0.9 | ラッチングリレー |
| | Cr 鋼 | 0.9C, 0.3Mn, 3Cr | 3 | 1.3 | | |
| | Co-Cr 鋼 | 0.8C, 15Co, 4.5Cr | 6 | 1.1 | 0.6～0.7 | |
| 析出合金 | アルニコ | 0～20Co, 7～9Al, 12～17Ni | 4～20 | 0.9～1.1 | 0.8 | ヒステリシスモータ |
| γ-α 変態 | バイカロイ | 9V, 52Co | 4～15 | 1.2 | 0.7～0.8 | ヒステリシスモータ |
| | リメンダー | 49Co, 3V | 1.6～5 | 1.6～2.1 | 0.93～0.95 | フェリード |
| 圧延集合組織 | ニブコロイ | 85Co, 3Nb | 1.6～2.4 | 1.45 | 0.95 | レマネントリードスイッチ |

金にVを添加した加工性を有する永久磁石材料である．冷間加工後焼もどすと $\alpha$ 相 (bcc) 中に $\gamma$ 相 (fcc) が析出し高保磁力になる．Vの添加量を減らすと保磁力が適当な値の材料が得られる．

またバイカロイは圧延方向に一軸異方性を有するため鋭い角形ヒステリシスをもったものが得られる．

## 4.3 軟磁性材料[15),22),23)]

### 4.3.1 概説

保磁力が小さく透磁率の高い材料を磁気的にやわらかいという意味で軟磁性材料とよぶ．軟磁性材料はいわゆる鉄心として，発電機，変圧器，電動機などから通信用変成器，高周波トランスなどまでさまざまの用途がある．

軟磁性材料で重要なことは，大電力用では鉄損の少ないことや材料の経済性であり，弱電用，高周波用では初透磁率が大きく，その周波数特性がよいことである．これらの要件を材料の性質としてまとめると，①飽和磁束密度が大きいこと，②保磁力が小さく，透磁率が高いこと，③交流磁界中での損失が少ないこと，などとなる．

飽和磁束密度 $B_s$ は材料組成によって決まってしまうが，金属材料の場合は，スレーターポーリング曲線で上限が与えられており，これを越えることは不可能に近い．また酸化物材料の $B_s$ は，一般に金属材料に比べて小さい．

保磁力や透磁率は構造敏感な量であり，同一組成でも製造法によって大きく値が変わる．商用周波数ないしは低周波における磁化過程は磁壁移動によることが

多く，軟磁性を得るには磁壁を動きやすくすることが必要である．そのためには，結晶磁気異方性や磁気ひずみの小さな組成を選ぶとともに，材料の均一性を高め，内部応力や欠陥など磁壁移動の障害となるものを少なくすることが有効である．

次に損失について考えると，各種損失のうちヒステリシス損は $H_c$ を小さく，$\mu$ を高くすること，すなわち磁気的にやわらかくすることによって減少できる．うず電流損は金属材料の場合重要であるが，これを少なくするには材料を薄くするか，材料の電気抵抗率 $\rho$ を高めることが必要である．

### 4.3.2 鉄系材料

**a. 純鉄・電磁軟鉄** 鉄は飽和磁束密度 $B_s$ が 2.15T と大きく，経済性にも優れた材料であるが，一般の構造材である鉄鋼では C, N, O, S などの不純物を含むためあまりよい軟磁性は得られない．一方，高温水素中処理によって特に不純物を少なくしたものでは極めて低い保磁力 $H_c=2$A/m を示すことが知られている．

実用材料としての純鉄は高度に精練された不純物の少ない鋼を加工したもので電磁軟鉄とよばれる．電磁軟鉄の保磁力は 100 A/m 内外であるが，$\rho$ が低いことから，継鉄，電磁石の磁極，継電器の鉄心などのような直流磁気回路に使用される．

**b. けい素鋼**[5] 鉄に Si を加えたけい素鋼板は電気鉄板ともよばれ，磁性材料の中で最も多量に使用されている．この合金の磁気特性を図 4.27 に示す．Si 添加による飽和磁化の減少はそれほど目立たないが，電気抵抗率が著しく増大しうず電流損が軽減される．また結晶磁気異方性は Si の添加によって減少し透磁率が向上する．さらに Si には C, O, N などの不純物による悪影響（保磁力の増大）を防ぐ効果もあると考えられている．

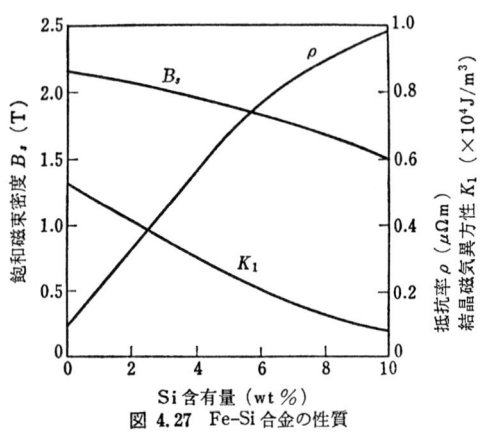

図 4.27 Fe-Si 合金の性質

けい素鋼板の鉄損は Si 添加量が多いほど少なくなるが，Si 量の多いものは機械的に脆くなり圧延が困難なため，実用材料としては 1〜3% Si のものが用いられている．

けい素鋼板の製造には，かつては熱間圧延法が用いられたが，圧延技術の進歩とともに冷間圧延法が用いられるようになっている．冷間圧延法は表面の平滑な板が得られ鉄心にしたときの占積率が高いこと，長い鋼帯を連続して製造でき生産性がよいことなどの利点がある．

現在生産されているけい素鋼板は，表 4.5 に示すような種類のものがあり，それぞれ JIS 規格が定められている．

表 4.5 電気鉄板の種類と特性

| 種類 | Si (wt%) | 厚さ (mm) | 磁束密度 (T)[*1] | | 鉄損 (W/kg)[*2] | | | JIS 記号 |
|---|---|---|---|---|---|---|---|---|
| | | | $B_{10}$ | $B_{50}$ | $W_{10/50}$ | $W_{15/50}$ | $W_{17/50}$ | |
| 小型電動機用磁性鋼帯 | <0.5 | 0.50 | | >1.69 | | <15.5 <10.0 | | S60 S30 |
| 無方向性けい素鋼帯 | 1.5〜3 | 0.35 | >1.66 >1.57 | | <2.3 <0.95 | <5.5 | | S23 S9 |
| 方向性けい素鋼帯 | 3 | 0.35 | >1.68 >1.79 | | | | <2.00 <1.36 | G13 G9 |
| 高配向性けい素鋼帯 | 3 | 0.30 | >1.89 | | | | <1.22 <1.05 | (Z8H) (Z6H) |

[*1] $B_{10}$ は磁化力 1 000 A/m における磁束密度．
[*2] $W_{10/50}$ は磁束密度 1.0 T，周波数 50 Hz における 1 kg 当りの鉄損．

小型電動機用磁性鋼帯は主に家庭用機器に用いられるもので鉄損よりも経済性が重視され，Si 量は 0.5% 程度以下になっている．

無方向性けい素鋼板は結晶粒がほぼ等方的に配列したもので，1.5〜3.0% の Si を含む．方向性のないものが適している中形，小形の回転機に使用される．

方向性けい素鋼板は結晶粒の磁化容易軸を圧延方向に配向させたもので，1935 年 Goss によって発明された．Goss の方法による方向性けい素鋼板の製造工程は，

　　　熱間圧延→冷間圧延→中間焼なまし→冷間圧延→最終焼なまし

からなり，冷間圧延と焼なましを 2 回繰り返すのが特徴である．中間焼なましの際，微量の MnS が存在（これをインヒビターという）すると，磁化容易軸が圧

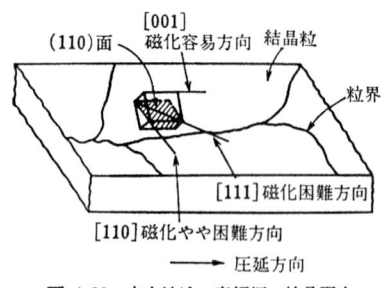

図 4.28 方向性けい素鋼板の結晶配向

延方向からずれた結晶粒の成長が抑制され，図4.28に示すような (100)[001] 方位の結晶粒が選択的に成長する．

方向性けい素鋼板は圧延方向に磁化した場合，鉄損が非常に少なく，また磁化過程が磁壁移動のみによっておこるため騒音の発生も少ない．このような特長から変圧器にはもっぱらこれが使用される．

高配向性けい素鋼板はインヒビターとして AlN を使用し結晶粒の配向性をさらに高めたもので1968年に開発された．高配向性けい素鋼板は高磁束密度での鉄損が少なく，従来のものに比べて高い磁束密度で使用できることから高磁束密度けい素鋼板ともよばれる．

高配向性けい素鋼板では，圧延方向に張力を加えると磁壁の数が増え異常うず電流損が減少することから，絶縁層として張力皮膜が施される．

高配向性けい素鋼板は，柱上変圧器や一部の大形の変圧器に使用されている．

図4.29には各種けい素鋼板の磁化曲線と鉄損特性を示す．

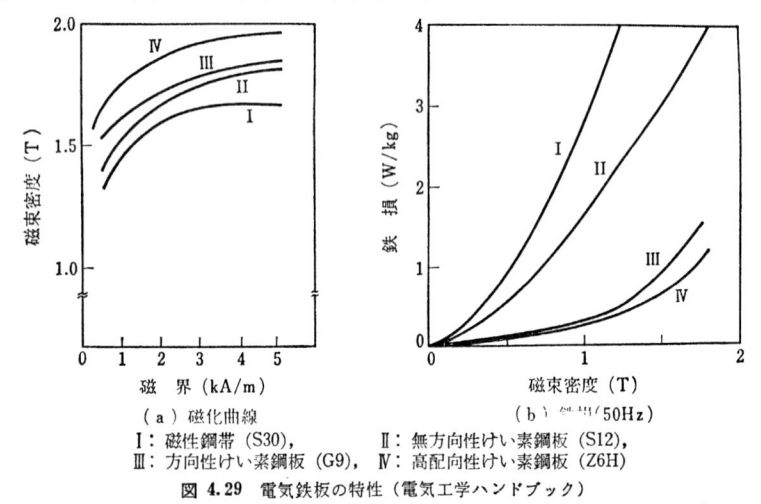

(a) 磁化曲線  
(b) 鉄損/50Hz  
Ⅰ：磁性鋼帯 (S30)，　Ⅱ：無方向性けい素鋼板 (S12)，  
Ⅲ：方向性けい素鋼板 (G9)，Ⅳ：高配向性けい素鋼板 (Z6H)  
図 4.29　電気鉄板の特性（電気工学ハンドブック）

### 4.3.3　ニッケル-鉄合金

通称パーマロイ（商品名）とよばれる Ni-Fe 合金はその名の通り透磁率の高い

## 4.3 軟磁性材料

ことが特徴である．パーマロイはけい素鋼板に比べ，飽和磁束密度や経済性の点では劣るが，はるかに高い透磁率が得られる．

Ni-Fe 合金は Ni 35% 以上で面心立方格子の固溶体となる．この系は図 4.30 に示すように Ni 78% 前後で結晶磁気異方性 $K_1$，飽和磁気ひずみ $\lambda_s$ がともに非常に小さくなる．この合金の特異な点

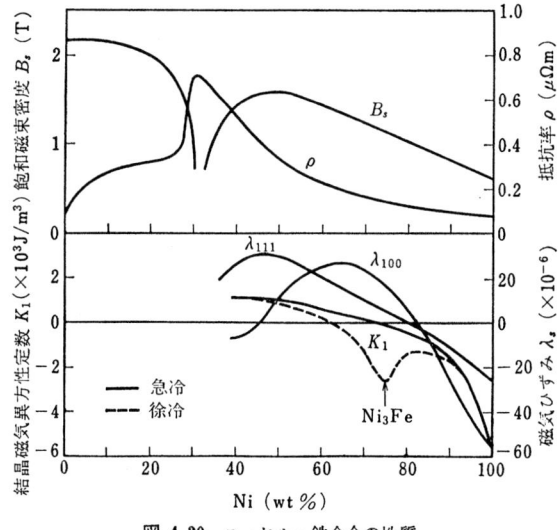

図 4.30 ニッケル・鉄合金の性質

は徐冷して作成したものより急冷したものの方が $\mu_i$ が高いことである．急冷処理が異方性の大きい $Ni_3Fe$ 規則格子（図 4.30 参照）の発達を抑え，さらに誘導磁気異方性の発生も妨げることが透磁率が高くなる原因と考えられている．

78%Ni-Fe（78 パーマロイ）は急冷処理が必要で製造に手間がかかることから，Mo, Cr, Cu などを添加し規則格子の生成を抑制した多元系パーマロイが開発された．多元系パーマロイは $B_s$ は小さいが，急冷処理を施さなくても 78 パーマロイより高い $\mu_i$ を示す．また電気抵抗 $\rho$ は 78 パーマロイの 0.2 $\mu\Omega$m に比べて，0.6 $\mu\Omega$m と 3 倍になり高周波特性も向上する．

多元系パーマロイの一般工業製品（JIS, PC）の $\mu_i$ は 30 000～80 000 程度であるが，真空溶解および水素中焼鈍を行ったスーパーマロイ（79Ni, 5Mo, 0.5Mn）では $\mu_i$=100 000～200 000 と全磁性材料中最高の値が得られる．

50～35% Ni の低ニッケルパーマロイは 78 パーマロイに比べて透磁率が多少低いが，急冷処理が不要なこと，$B_s$ が高いこと，$\rho$ が高いこと，材料コストが安いことなどの利点がある．JIS では高飽和磁束密度の 45% Ni パーマロイ（PB）と，高抵抗率の 36% Ni パーマロイ（PD）が定められている．その他，異方性 50% Ni パーマロイ（PE）は冷間圧延後焼鈍によって再結晶させ，圧延方向に磁気異

方性をつけたもので，その方向に磁化すると鋭い角形ヒステリシスを示す．

表 4.6 には各種パーマロイの特性と主な用途を示す．

表 4.6 各種パーマロイの特性と用途

| 名称 | 成分(wt%) | $B_s$(T) | $H_c$ (A/m) | $T_C$(× $10^2$°C) | $\mu_i$ (×$10^3$) | $\mu_{max}$ (×$10^4$) | $\rho(\mu\Omega m)$ | 用途* |
|---|---|---|---|---|---|---|---|---|
| 78 パーマロイ | 78Ni | 1.07 | 4.0 | 5.8 | 8 | 10 | 0.16 | |
| Mo パーマロイ | 79Ni, 4Mo | 0.87 | 4.0 | 4.2 | 20 | 10 | 0.60 | |
| スーパーマロイ | 79Ni, 5Mo | 0.78 | 0.2 | 4.1 | 100 | 100 | 0.65 | a, b |
| 多元系パーマロイ (PC) | 77Ni, 5Cu, 4Mo | 0.70 | 1.0 | 3.5 | 50 | 15 | 0.60 | c, d |
| 45 パーマロイ (PB) | 45Ni | 1.60 | 8.0 | 4.5 | 4 | 5 | 0.45 | c, e, f |
| 36 パーマロイ (PD) | 36Ni | 1.50 | 30 | 2.3 | 2 | 2 | 0.75 | g |
| 異方性 50 パーマロイ (PE) | 50Ni | 1.55 | 10 | 5 | | 10 | 0.40 | a, b |

\* a：磁気増幅器，b：可飽和リアクトル，c：磁気シールド，d：変流器，e：継電器用鉄心，f：ステップモータ用コア，g：入出力変成器．

### 4.3.4 その他の高透磁率合金

**a. Fe-Co 合金** この合金系は Fe 側から 75%Co に至るまで体心立方格子を形成する．常温での飽和磁化 $I_s$ は 40%Co で最大値 2.35T を示す．この値は全磁性材料中最大である．高透磁率が得られるのは 50%Co 付近で，パーメンジュールとよばれる．加工性を改善するため V を添加した 2V パーメンジュール (2V-49Co-Fe) は高磁束密度で大きな可逆透磁率を示すため，電話受話器の振動板に用いられるほか，高磁束密度が要求される電磁石やモータ磁極片にも使用される．

**b. Fe-Al，Fe-Si-Al 合金** Al は Fe に 32 at% 程度まで固溶する．$I_s$ は最初は Fe を希釈するように減少し $Fe_3Al$(13%Al) で $I_s$=1.4T，16% Al で 0.8 T となる．結晶磁気異方性 $K_1$ は Al の添加とともに単調に減少し 13% Al でほぼ零になる．一方，磁気ひずみはけい素鋼の場合とは逆に増加し 13%Al で $\lambda_s$= $37\times10^{-6}$ に達する．このため 13% Al-Fe は磁気ひずみ材料（4.5.3 参照）として用いられる．さらに Al の量が増えると $\lambda_s$ は急減し 16% Al-Fe では $K_1$, $\lambda_s$ ともほぼ零になり高透磁率の材料（アルパーム）が得られる．この合金は非常に硬いこと，電気抵抗率が高いことなどの特長から，磁気ヘッドに用いられることもある．

Fe-Si-Al 3元合金では，10% Si, 6% Al の組成で $K_1=0$, $\lambda_s=0$ となり鋳込状態で初比透磁率 $\mu_i=30\,000$ という高い値が得られる*．また，$B_s=0.93\,\text{T}$, $\rho=0.9\,\mu\Omega\text{m}$ とパーマロイ (PC) 以上の特性を示すにもかかわらず，非常にもろいため用途が限られていた．しかし近年，鋳造法，加工技術などの進歩によって磁気ヘッドに用いられるようになっている．

**c. アモルファス合金**[26]　アモルファス（非晶質）合金は原子配列に長距離の規則性がないため結晶質にはみられない数々の特徴を有している．磁性材料としてのアモルファス合金の特長は，①結晶磁気異方性がないため低保磁力，高透磁率が得られる，②原子配列が無秩序なため電気抵抗が高い，③結晶粒界がなく均質性がよいため磁壁移動が容易である，④直接薄板が製造できる，などで，いずれも軟磁性材料を得るうえで都合のよいものである．一方欠点としては，結晶質に比べて $B_s$ がやや小さいこと，熱的安定性に劣ることなどがある．

アモルファス磁性合金は，Fe, Co, Ni などの鉄族遷移元素を適当な添加元素とともに液体または気体から急冷することによって得られる．添加元素としては，B, C, Si, P などの半金属元素を用いる場合と，Zr, Y, Nb, Gd などの金属元素を用いる場合がある．実際の製造は図 4.31 に示すように液体状態に加熱した材料を回転する金属ロールにふきつけて行うのが最も一般的である．この方法によって厚さ 20～40 $\mu$m の薄帯を連続的に製造することができる．

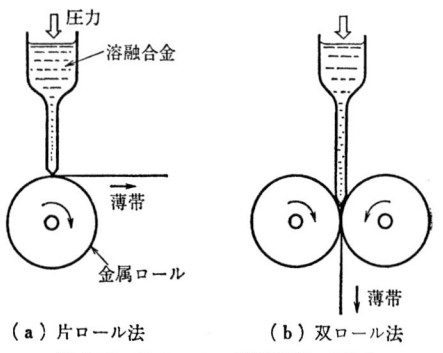

**図 4.31** アモルファス磁性薄帯の製造法　(a) 片ロール法　(b) 双ロール法

FeSiB, FeSiBC など Fe を主体としたアモルファス合金は，$B_s$ が 1.6 T とかなり大きく，材料も安価なことから柱上トランスなどへの応用が考えられている．けい素鋼板と比較すると $B_s$ はやや低いが，鉄損は数分の1以下に減少する．

磁気ひずみが零の CoFeSiB 合金などはスーパーマロイに匹敵する低保磁力，高透磁率を有している．電気抵抗率の高いこと，硬度の高いこと，薄板の製造が

---

\* この合金は仙台で作られたことからセンダストとよばれる．

表 4.7 アモルファス磁心材料の特性[16),18),20)]

| 組成 | $B_s$(T) | $T_C$(°C) | $\rho(\mu\Omega m)$ | $\lambda_s$ ($\times 10^{-6}$) | $H_c$ (A/m) | $\mu_i$ | 鉄損 (W/kg) |
|---|---|---|---|---|---|---|---|
| $Fe_{80}B_{20}$ | 1.60 | 374 | 1.45 | 31 | 2.4 | | 0.44 (1.45T/60Hz) |
| $Fe_{81}Si_{13}B_4C_2$ | 1.61 | 400 | 1.25 | 40 | 0.7 | | 0.06 (1.3T/50Hz) |
| $Co_{75}Fe_5Si_4B_{16}$ | 1.10 | | | ~0 | 0.12 | 20 000 | |
| $Co_{62}Fe_4Ni_4Si_{10}B_{20}$ | 0.54 | 210 | | | 0.02 | 120 000 | |

容易なことなどの特長があり,磁気記録ヘッドなどに応用されている.

**d. 圧粉磁心** 高周波用の磁心では,周波数の上昇とともに急増する各種の損失が問題になる.金属磁心の場合にはまずうず電流損を考えなければならない.うず電流損は板厚の2乗に比例するので,薄板化が有効であるが,最も薄く圧延した10 $\mu$m 厚のパーマロイでも1MHz程度が使用限度である.そこで材料を粉末にし,各粒子間を絶縁したあと圧縮成形する方法がとられる.このようにして得た圧粉磁心の比透磁率は100以下と低いが,数百MHzまで使用可能になる.

今日,圧粉磁心の用途の大部分はフェライト磁心によって置きかえられたが,安定性,高飽和磁束密度などの要求される特殊な用途には,センダストやMoパーマロイの圧粉磁心が使用される.また,安価で高飽和磁束密度の純鉄系圧粉磁心がラインノイズフィルタに用いられている.

### 4.3.5 高透磁率フェライト

保磁力が低く,透磁率の高いフェライトは永久磁石用の六方晶フェライトと区別するため高透磁率フェライトとかソフトフェライトとよばれる.ソフトフェライトはスピネル構造をもつフェリ磁性酸化物で,その特長として,①抵抗率が高いため,うず電流損が少なく高周波まで使用できる,②粉末冶金的な方法でつくられ,多量生産に適している,③金属鉄心のように積層する必要がなく,塊の状態のまま使用できる,④原料が安価である,などがあげられる.

ソフトフェライトは $Fe_2O_3$, MnO, ZnO など酸化物を原料とし,

原料の混合→仮焼成→粉砕→造粒→成形→焼結→加工

の工程で製造される.最近は高密度のフェライトを得る目的で,ゾーンメルト法による単結晶作成や加圧焼結法も行われている.

現在量産されている高透磁率フェライトはMn-Znフェライト,Ni-Znフェラ

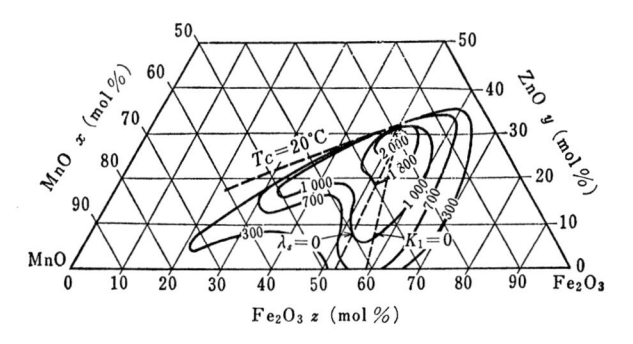

**図 4.32** Mn-Zn フェライトの初比透磁率と $\lambda_s, K_1, T_C$ の関係[8]

イトなどの複合フェライトである.一般に Zn フェライトを固溶するとキュリー温度が下がり透磁率が高くなる.Mn-Zn フェライトにさらに少量の $Fe_2O_3$ を加えると電気抵抗率は下がるが初透磁率はより高くなる.図 4.32 は $(MnO)_x(ZnO)_y(Fe_2O_3)_z$ の 3 元系における初比透磁率 $\mu_i$ の変化を示す.結晶異方性 $K_1$,磁気ひずみ $\lambda_s$ がともに零になる組成で $\mu_i$ の極大がみられる.

Ni-Zn フェライトは Mn-Zn フェライトよりも電気抵抗率が格段に高いことから高周波で使用される.Ni-Zn フェライトのように $\rho$ が高い材料では,うず電流よりも自然共鳴などの残留損失が使用周波数の限界を決める.図 4.33 にその周波数特性を示すように,Ni-Zn フェライトの透磁率は自然共鳴によって決まるスヌークの限界式 (4.38) を越えることができない.透磁率の高いフェライトでは共鳴周波数 $f_r$ が低く,低い周波数から透磁率 $\mu'$ の低下と損失 $\mu''$ の増大が起こり磁心としての役割をはたさなくなってしまう.

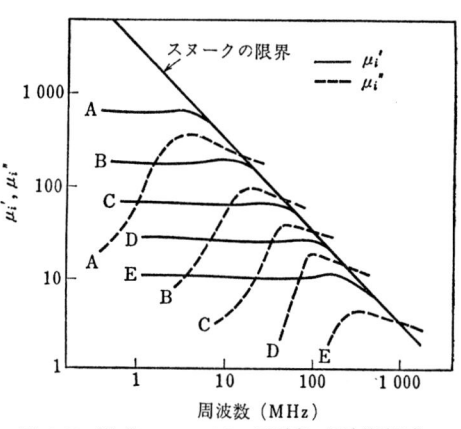

**図 4.33** Ni-Zn フェライトの透磁率の周波数特性[9]

ソフトフェライトに共通な問題としてディスアコモデーション (DA) がある.DA は消磁後時間の経過とともに透磁率が低下していく現象で,時効のような不

可逆的なものではなく，消磁をすればまた元の透磁率を示すようになる．DA の大きさを表わす量としてディスアコモデーション係数，

$$\mathrm{DF} = \frac{\mu_1 - \mu_2}{\log t_2/t_1} \cdot \frac{1}{\mu_1^2} \quad (4.51)$$

が定義されている．ここで $\mu_1, \mu_2$ はそれぞれ消磁後 $t_1, t_2$ 経過時の透磁率である．フェライトの DA の主な原因は空孔子点への $Fe^{2+}$ イオンの移動と考えられ，焼結時の雰囲気の酸素分圧を低くして空孔を少なくすると DA は小さくなる．

表 4.8 には代表的なソフトフェライトの特性を示す．$\mu_i \geq 1000$, 周波数 3MHz 程度以下では Mn-Zn フェライトが，$\mu_i \leq 1000$, 周波数 1MHz 程度以上では Ni-Zn フェライトおよびその他の Ni 系フェライトが使用される．Mn-Zn フェライ

表 4.8 高透磁率フェライトの特性

| 材質 | $\mu_i$ | $B_m$ (mT)* | $H_c$ (A/m) | $\tan\delta/\mu_i$ | $T_C$(℃) | $\alpha_{\mu i}(10^{-6}$℃) | DF | $\rho(\Omega\mathrm{m})$ | 使用周波数 (MHz) |
|---|---|---|---|---|---|---|---|---|---|
| Mn-Zn | 15 000 | 320 | 2.7 | 15 | ≥120 | −1.5〜2.0 | <1 | 0.02 | <0.05 |
|  | 5 000 | 420 | 8.0 | 6.5 | ≥130 | −0.5〜2.0 | <3 | 1 | <0.1 |
|  | 800 | 400 | 80 | <13 | ≥200 | 0〜2.5 | <12 | 4 | 0.2〜2.0 |
| Ni-Zn | 290 | 330 | 80 | <28 | ≥280 | −4〜4 | <30 | $20 \times 10^5$ | <8 |
|  | 70 | 300 | 480 | <60 | ≥350 | 2.5〜7.5 | <15 | $2.5 \times 10^5$ | <20 |
|  | 25 | 260 | 1 100 | <150 | ≥450 | 5〜15 | <20 | $10 \times 10^5$ | 1〜50 |
| Ni-Cu-Zn | 70 | 360 |  | 130〜350 | ≥300 | −3〜3 |  | $10^5$ | 0.5〜20 |
| Ni-Mg-Zn | 350 | 210 | 40 | 55 | ≥150 | 46 |  | $10^5$ | 0.01〜0.4 |

\* $H = 1600$ A/m における磁束密度

トの主な用途は，装架コイル，通話路フィルタ，フライバックトランス，スイッチング電源用トランスなどである．また磁気記録ヘッドの磁心にも Mn-Zn フェライトが多用されている．一般の粉末冶金法によるものは空孔を含み，微細加工の必要な磁気ヘッドには適さないため，真空焼結法や加圧焼結法による高密度フェライトや単結晶フェライトが使用されている．

Ni 系フェライトは高周波用変成器，フィルタ，発振コイル，アンテナコイル，偏向ヨークなどに用いられる．

## 4.4 磁気記憶・記録材料

### 4.4.1 概説

強磁性体の磁化が履歴をもつことを利用して情報の記憶・記録を行うことがで

きる．記憶・記録が可能な材料には半導体や感光物質などもあるが，強磁性体は記録が不揮発性であること，消去・書き換えが容易なことなど他の材料では実現しにくい特長をもっている．

記憶・記録材料一般に求められる性能は，①記憶・記録容量の大きいこと，②時間当りの書き込み（記録），読み出し（再生）可能な情報量の大きいこと，③必要な情報へのアクセスが速いこと，などである．これらの要求のうち，特に大容量と高速アクセスを同時に，単一の材料・装置で実現することは困難である．そこで電子計算機のように高速動作が不可欠で，しかも装置全体では大きな記憶容量が必要な場合には種々の記憶装置を組み合わせて使用する．図4.34は種々な記憶装置のアクセス時間と記憶容量の範囲を示している．高速を要求される部分には半導体メモリのように動作速度が高く電気的にアクセス可能なものが，一方，大容量を要求される部分には磁気テープのように機械的なアクセスで動作は遅いが，体積当りの記憶容量の大きいものが使用される．

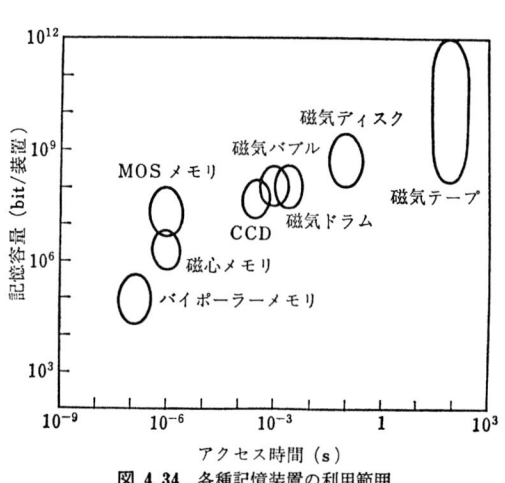

**図 4.34** 各種記憶装置の利用範囲

磁性体を用いる記憶・記録の主流は，磁気テープ，磁気ディスクなどのように記録媒体が移動し，磁気ヘッドで記録再生を行う方式であるが，そのほかに磁気バブル，光磁気記録などまったく別の方式によるものもある．

### 4.4.2 磁気記録媒体[10]

磁気テープ，磁気ディスクなど，通常の磁気記録において記録の保持を担う部分，すなわち磁気記録媒体は歴史的には炭素鋼線，合金線，合金バンドなどを経て今日見られるような磁性粉を塗布した形に至っている．

塗布形記録媒体は，1 μm 以下の微細な針状磁性粒子（磁性粉）をバインダとともにポリエステル（磁気テープ，フロッピーディスク）やアルミニウム（ハー

ドディスク）のベースに薄く塗布したもので，その性能は磁性粉の性質に左右される．

磁性粉の特性としては，記録感度の点からは磁化曲線が急峻で $\Delta B/\Delta H$ が大きいこと，再生感度の点からは残留磁束密度が大きいこと，記録密度の点からは保磁力の高いことが要求される．これらの要求には互いに矛盾するものもあり，また磁気ヘッドの性能も考慮しなければならないことから総合的な設計が必要である．磁性粉の形状も記録媒体の性能を決める重要なポイントである．磁性粉は細かく一様なほど雑音が少なく，その針状性がよいほど高い $H_c$ と大きな $I_r$ が得られる．

**a. $\gamma\text{-}Fe_2O_3$**　　マグヘマイトあるいはガンマヘマタイトとよばれ，スピネル構造をもつ．マグネタイト ($Fe^{2+}Fe_2^{3+}O_4$) が過酸化され，$B$ 位置に空孔子点が生じたもので，空孔子点を □ で示すと，

$$Fe^{3+}Fe_{5/3}^{3+}\square_{1/3}$$

で表わされる．

$\gamma\text{-}Fe_2O_3$ 粒子は次のような過程で得られる．

$$Fe^{2+}, Fe^{3+} 溶液 + NaOH 溶液 \rightarrow ゲータイト\ (\alpha\text{-}FeOOH) \xrightarrow{脱水} \alpha\text{-}Fe_2O_3 \xrightarrow{還元} Fe_3O_4$$

$$\xrightarrow{酸化} \gamma\text{-}Fe_2O_3$$

まず磁酸鉄あるいは塩化鉄の水溶液にアルカリを加え，徐々に空気を吹き込みながら加熱し酸化するとゲータイトの針状微粒子が生成する．これを沪過し，水洗，乾燥した後，水素で還元すると $Fe_3O_4$ 粒子ができる．$Fe_3O_4$ は化学的，磁気的に不安定であるが，これをもう一度 250～300°C の空気中でゆっくりと酸化すると安定な $\gamma\text{-}Fe_2O_3$ が得られる．この方法の利点は最初のゲータイト粒子の針状形状が最後まで保たれることにある．得られた $\gamma\text{-}Fe_2O_3$ 粒子は，塗布後，磁界中処理によって長手方向が揃えられる．

$\gamma\text{-}Fe_2O_3$ は非常に安定であり，価格も安いことから，録音用磁気テープ，コンピュータ用の磁気テープ，磁気ディスクなどに広く用いられている．

**b. $CrO_2$**　　$CrO_2$ はルチル形の結晶構造をもち，$Cr$ スピンが平行に結合したフェロ磁性を示す．$CrO_2$ の飽和磁化は $\gamma\text{-}Fe_2O_3$ に比べて大きいが，キュリー温度は 120°C とかなり低い．

$CrO_2$ が磁気記録材料として優れている点は，非常に針状性のよい粒子が得られることで，そのため保磁力は $40 \sim 60 \text{ kA/m}$ と $\gamma\text{-Fe}_2\text{O}_3$ に比べてかなり高く高密度記録に適している．

**c. コバルト添加酸化鉄**　コバルトフェライト $CoFe_2O_4$ は結晶磁気異方性が $200\text{kJ/m}^3$ 程度で，$\gamma\text{-Fe}_2\text{O}_3$ や他のフェライトに比べて一桁以上大きく，$\gamma\text{-Fe}_2\text{O}_3$ と固溶体を形成する．そこで高保磁力の磁性粉を得る目的で，$\gamma\text{-Fe}_2\text{O}_3$ に適当量の $Co^{2+}$ を固溶させる方法が試みられたが，この方法による磁性粉は経時変化などの点で問題があった．Co 吸着 $\gamma\text{-Fe}_2\text{O}_3$ はこの点を改良したもので，$\gamma\text{-Fe}_2\text{O}_3$ 粒子の表面数十 Å の極く薄い層に $Co^{2+}$ を拡散させた構造を有しており，表面層から磁気異方性のため高い保磁力が得られる．Co 吸着 $\gamma\text{-Fe}_2\text{O}_3$ は $CrO_2$ に代わって録音・録画用磁気テープに使用されている．

**d. 金属磁性粉塗布形（メタルテープ）[11]**　Fe を主成分とする金属磁性粉は酸化物磁性粉に比べて $I_s$ が大きいことから，$H_c$, $I_r$ が極めて高く，記録密度を大幅に向上できる．しかし化学的に活性な金属磁性粉末を安定かつ大量に製造する技術，磁気的吸引力の強い磁性粉を均一に分散・塗布する技術，高性能な磁気ヘッド等の条件が満たされず実用化が遅れたが，最近（$1978 \sim 1979$ 年）になってこれらの問題がほぼ解決され製品化されている．金属磁性粉を用いた塗布形磁気テープは，図 4.35 に示すように，$B_r$, $H_c$ とも $\gamma\text{-Fe}_2\text{O}_3$ によるものの 2 倍以上が得られる．

**e. 薄膜記録媒体**　記録密度を高くするために記録波長を短くすると図 4.36（a）のように反磁界が大きくなり記録の保持が困難になる．この困難を避ける一つの方法は，同図（b）のように記録媒体を薄くして反磁界を小さくすることである．

薄膜記録媒体は電気めっき，蒸着，スパッタリング等の方法によっ

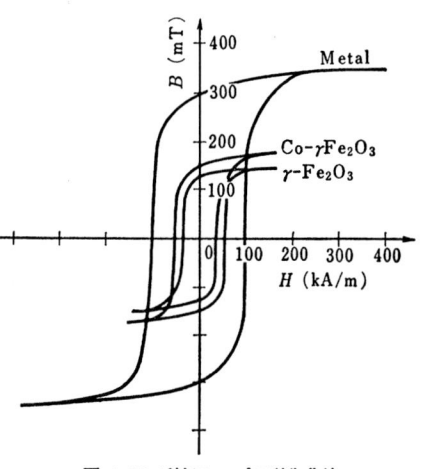

図 4.35　磁気テープの磁化曲線

て基板上に直接形成されるもので，その厚さは $0.1 \mu\text{m}$ 以下と塗布形に比べては

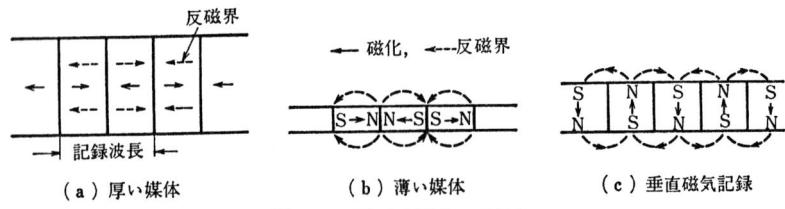

(a) 厚い媒体　　(b) 薄い媒体　　(c) 垂直磁気記録

図 4.36　磁気記録媒体の反磁界

るかに薄い．この薄膜は連続膜ではあるが，内部には柱状構造のような微細な構造があり，それが高い保磁力をもたらしているものと考えられる．連続薄膜の記録媒体のもう一つの特長は，塗布形に比べて磁性物質の充填率が高いことで，残留磁束密度が大きいことから大きな再生信号が得られる．

これまでに Co-Ni-P めっき膜（磁気ドラム），Co-Ni 系斜め蒸着膜（磁気テープ）などが実用化されている．

表 4.9　磁気記録媒体（テープ，ディスク）の特性

| 種類 | | $B_s$(mT) | $B_r$(mT) | $H_c$(kA/m) | 厚さ (μm) | 粒子の長さ (μm) |
|---|---|---|---|---|---|---|
| 酸化物 | $\gamma$-Fe$_2$O$_3$ 塗布形 | 140 | 120 | 32 | ディスク 1~2<br>テープ 5~12 | 0.3~0.6 |
| | CrO$_2$ 塗布形 | | 150 | 48 | | 0.2~0.7 |
| | Co-$\gamma$Fe$_2$O$_3$ 塗布形 | 170 | 150 | 53 | | 0.3~0.6 |
| | $\gamma$-Fe$_2$O$_3$ スパッタ膜 | | 210 | 56 | 0.2 | |
| 金属 | Fe 系 塗布形 | 350 | 300 | 104 | 2.5 | 0.3~0.6 |
| | Co-Ni-P めっき膜 | | 900 | 48 | 0.06 | |
| | Co-Ni 蒸着膜 | 750 | 600 | 64 | 0.1 | |

**f. 垂直磁気記録媒体**　記録波長が短くなった場合の反磁界の影響を避け高密度の記録を実現する方法として，図 4.36 (c) に示すような媒体面に垂直方向の磁化で記録する方法，すなわち垂直磁気記録が注目されている．

垂直磁気記録方式では，媒体面に垂直方向に反磁界が作用することから，垂直方向を容易軸とする強い磁気異方性をもつ材料が必要になる．

Co-Cr 膜，Ba フェライト塗布膜，Co-O 膜など六方晶で一軸磁気異方性が大きく，c 軸（容易軸）が膜面に垂直に配向する材料が試みられている．

### 4.4.3　磁気バブル材料[17]

磁気バブルとは膜面に垂直な磁化をもつ磁性薄膜にみられる円筒状磁区（泡磁区）のことで，これを外部磁界によって発生，消滅あるいは移動させることによって記憶や論理機能をもたせることができる．

## 4.4 磁気記憶・記録材料

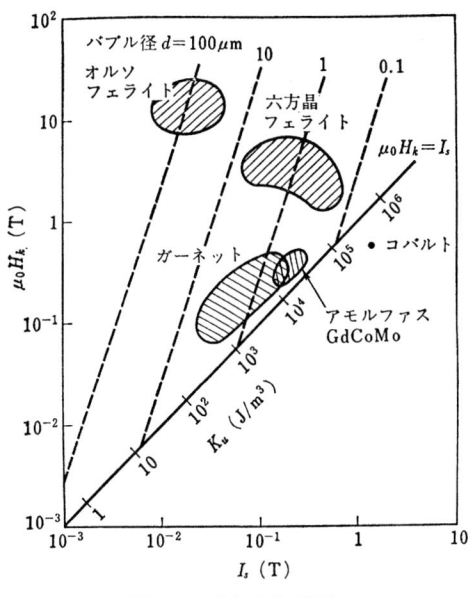

図 4.37 磁気バブル材料

磁気バブル材料に必要な性質は，①適当な寸法のバブル磁区が安定に存在すること，②保磁力が小さくバブル磁区の移動が容易なこと，③磁壁の移動度* $\mu_w$ が大きく，バブル磁区の高速転送が可能なこと，などである．バブル磁区が存在するためには，まず膜面に垂直方向を容易軸とする一軸磁気異方性があり，それに伴う異方性磁界 $H_k$ が反磁界よりも大きいこと，すなわち，

$$H_k > \frac{I_s}{\mu_0} \quad (4.52)$$

が必要である．図 4.37 は各種材料の $\mu_0 H_k$ と $I_s$ の関係を示したもので，$\mu_0 H_k = I_s$ を示す直線より上にある材料は磁化が膜面に垂直（垂直磁化）になり，バブル磁区をもつ可能性のあるものである．

垂直磁化膜は消磁状態では図 4.38（a）のような迷路（メイズ）磁区をもつ．メイズ磁区に下向きの磁界を印加すると，上向きの磁区は徐々に侵食され，磁界がある大きさになると（b）のようなバブル磁区になる．バブル磁区の大きさは記録密度を決める重要な量であるが，その直径 $d$ はバブル磁区が安定に存在する膜厚（≃ $d$）では，

$$d = \frac{8\mu_0 \sigma_w}{I_s^2} \quad (4.53)$$

図 4.38 磁気バブル

---

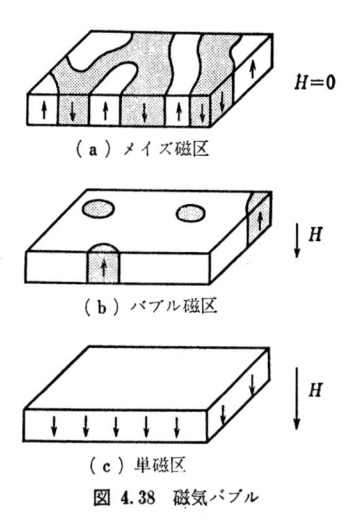

* 磁界 $H$ のもとでの磁壁の移動速度を $v$ とすると $v = \mu_w H$ と表わされる．

となり，$I_s$ が大きいほどバブル径は小さくなる．ここで $\sigma_w$ は磁壁エネルギー密度である．この式から求めたバブル径を図 4.37 に点線で示した．

磁性ガーネット（$R_3Fe_5O_{12}$, R：希土類）は，図 4.21 で示したように立方晶のフェリ磁性体である．液相成長法（LPE）によって GdGa ガーネット（GGG）基板上にエピタキシャル成長させると膜面に垂直方向を容易軸とする磁気異方性が誘導され垂直磁化膜になる．

バブル素子用のガーネット膜では所要の特性を得るため，R, Fe にさまざまな元素置換が行われている．たとえば現在の代表的な材料である Ca-Ge 置換ガーネット $(Y, Sm, Lu, Ca)_3(Fe, Ge)_5O_{12}$ では，$I_s$ を下げるために $c$ 位置の $Fe^{3+}$ を $Ge^{4+}$ で置換し，それに対する電荷補償を $Ca^{2+}$ で行っている．また Sm は磁気異方性を発生させるため，Lu は基板との格子定数を合わせるために加えられている．

記憶素子として実用化されているのは 2 μm 径バブルを用いたもので，1Mbits/cm² の記憶密度が得られている．1 μm 以下のバブル径の材料もすでに開発されているが，バブル転送路の微細加工技術の問題から素子としては未だ実用化されていない．

### 4.4.4 光磁気記録材料

光磁気記録はレーザ光を利用して書き込み，読み出しを行う光記録の一種で一般の光記録と同様，$10^8$bits/cm² 程度の高密度記録が可能である．光磁気記録の書き込みには，図 4.39 に示すようにキュリー温度 $T_C$ または補償温度 $T_{comp}$ 付

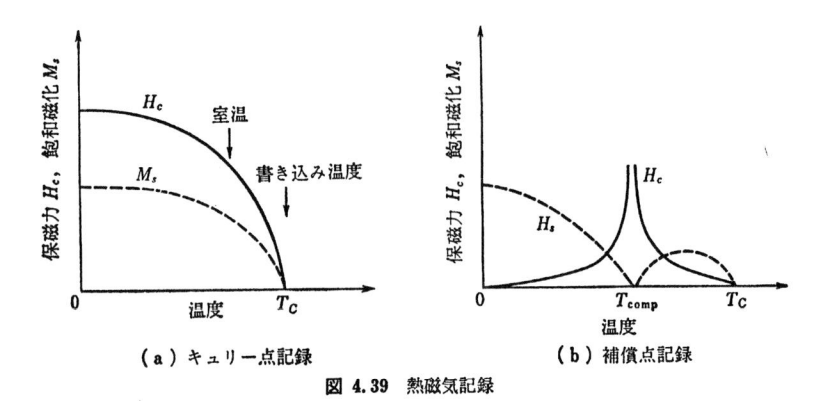

**図 4.39** 熱磁気記録
（a）キュリー点記録　（b）補償点記録

近での保磁力の急激な変化を利用する．直径 1 $\mu$m 程度に収束したレーザ光を磁性膜に照射すると，その部分が局部的に温度上昇し保磁力がさがる．このとき，周囲からのもれ磁界や外部磁界によって磁化が反転し情報が書き込まれる．

読み出しは一般の磁気記録とは異なり，磁性体自身の磁気光学効果を利用する．磁気光学効果は直線偏光が磁性体を透過あるいは反射したとき，磁化の方向に依存して偏光面が回転する現象である．この偏光面の回転を検光子によって光の強弱に変え，ホトダイオードなどで検出する．

光磁気記録材料では，①キュリー温度や補償温度が適当なこと，②保磁力が高く，1 $\mu$m 程度の径の磁区が安定に存在できること，③磁気光学効果が大きいこと，④膜面に垂直な磁化を有すること，などが要求される．

表 4.10 は主な光磁気記録材料の特性を示す．金属間化合物 MnBi は初期の研究に使われたもので，六方晶 NiAs 形の結晶構造をもつフェロ磁性体である．MnBi は c 軸を容易軸とする大きな結晶磁気異方性をもっており，c 軸が膜面に垂直に配向した薄膜では磁化が膜面に垂直になる．MnBi 膜は磁気光学効果も大きいが，熱磁気記録に際して相転移が起こることなどに問題があり実用化に至らなかった．

表 4.10 光磁気記録材料

| 材料 | キュリー温度 $T_C$(℃) | カー回転角 $\theta_K$(度)* | 性能指数 $2\theta_F/\alpha$(度)* |
|---|---|---|---|
| MnBi（低温相） | 360 | 1 | 3.6 |
| MnBi（高温相） | 180 | | 1.4 |
| EuO | 70 K | | 7.5 |
| EuOFe | 180 K | | 3 |
| Gd–Co | | | 0.45 |
| Tb–Fe–Co | >140 | 0.25〜0.4 | |
| Co フェライト | 150 | | 1.56 |

\* 波長 $\lambda$=633 nm

今日，光磁気記録媒体として実用化が急がれているのは，Tb-Fe, Tb-Fe-Co などの希土類-鉄族-アモルファス合金膜や Co-フェライト膜である．

希土類-鉄族 (R-T) 合金は R が重希土元素（Gd, Tb, Dy など）の場合，R と T の磁気モーメントが反平行に結合しフェリ磁性を示す．そのため R と T の組成比を変えることによって適当な $I_s$ を得ることができる．スパッタ法や真空蒸着法で作成した膜は膜面に垂直方向を容易軸とする一軸磁気異方性を有し，$I_s$ の小さ

い組成では垂直磁化になる．キュリー温度が比較的低い Tb-Fe，Tb-Fe-Co など R-Fe 系合金はキュリー温度記録に適しており，キュリー温度が高い Gd-Co などは補償点記録に適している．保磁力は一般に R として Tb, Dy のような軌道磁気モーメントを有する希土類を含むと大きくなる．

Co フェライトはスピネル構造（立方晶）であるが，作成法によっては垂直磁化の状態にすることができる．Co フェライトは R-T アモルファス膜に比べて磁気光学効果が大きいこと，酸化物で耐久性のよいことなどの特長をもっている．

## 4.5 特殊材料

### 4.5.1 マイクロ波材料[18]

4.1.7 で述べたように磁界 $H$ のもとにある磁化は $\gamma H$ の角周波数で，磁界に対して右回りに歳差運動をする．これに電磁波を加えると，右回りの磁界成分のみが磁化と相互作用し，左回りの成分は相互作用しない．この結果，左右の円偏波に対する透磁率に差が生じる．この差は直線偏波が磁性体を通過する際にファラデー回転とよばれる偏光面の回転をもたらすことから，アイソレータ，サーキュレータ，移相器などマイクロ波帯域の非相反回路素子に利用される．

マイクロ波材料では，まず電気抵抗率の高いことが必要である．さらに重要な材料パラメータとして飽和磁化 $I_s$，強磁性共鳴半値幅 $\Delta H$，誘電率 $\epsilon$，誘電損 $\tan\delta_\epsilon$ などがあげられる．$I_s$ は，使用される周波数帯や素子の種類によって異なるが，一般的には周波数にほぼ比例した大きさが要求される．$\Delta H$ は材料内での電力損失の目安を与えるものであり，$\epsilon$ や $\tan\delta_\epsilon$ も素子の設計，損失の評価に欠かせない量である．

マイクロ波材料には，スピネル形フェライト，ガーネット形フェライト，六方晶フェライトなど各種フェライトが使用される．これらフェライトは一般に多結晶の焼結体であるが，YIG（イットリウム・鉄・ガーネット）については単結晶も使用されている．表 4.11 にスピネル形とガーネット形フェライトの特性例を示す．

Mn-Mg 系フェライトは最初に実用化されたマイクロ波用フェライトであり，中程度の飽和磁化を有する材料として広く使用されてきた．Ni-Zn 系フェライトは飽和磁化が大きく，サブミリ波，ミリ波帯用に使用される．Li 系フェライト

表 4.11 マイクロ波用フェライトの特性

| 材料 | | $I_s$(T) | $T_C$(℃) | $\Delta H$(kA/m) | $\epsilon/\epsilon_0$ | $\tan\delta$, ($\times 10^{-3}$) |
|---|---|---|---|---|---|---|
| スピネル形 | Mn-Mg系 | 0.1〜0.3 | 120〜320 | 10〜30 | 11〜14 | <1.5 |
| | Ni-Zn系 | 0.3〜0.5 | 120〜530 | 10〜40 | 9〜14 | <2 |
| | Li系 | 0.04〜0.4 | 230〜600 | 20〜40 | 15〜19 | <2 |
| ガーネット形 | YIG（単結晶） | 0.178 | 280 | <0.04 | | |
| | Al-YIG | 0.02〜0.2 | 85〜280 | 0.4〜4 | 14〜16 | <0.8 |
| | Gd-YIG | 0.04〜0.16 | 100〜280 | 4〜8 | 15〜16 | <0.8 |
| | CaVIn-YIG | 0.02〜0.17 | 110〜240 | 0.4〜2 | 12〜14 | <3.0 |

はキュリー温度が高いことが特徴で，0.4Tから0.04Tまでの広範囲の$I_s$を有するものが得られる．またLi系フェライトは材料の経済性，軽量，高角形比などの特長も有している．

YIGに代表されるガーネット形フェライトはマイクロ波における損失が少なく，特に単結晶では$\Delta H$が40A/m以下のものが得られる．ガーネット形フェライトは$I_s$が0.02T〜0.2Tとスピネル形フェライトよりも小さく，同程度の$I_s$を有するフェライトに比べると高いキュリー温度を有しているため，低い周波数帯において重要な材料である．$Fe^{3+}$の一部をAlで置換したYIGは，さらに$I_s$を小さくしたものである．CaV置換形ガーネットは$\Delta H$が単結晶なみに小さいものが得られることから注目されている材料である．

### 4.5.2 磁気光学材料[12]

直線偏光を強磁性体に入射させると，磁化の入射方向成分に比例して，透過光の偏光面が回転する．この現象を磁気光学ファラデー効果という．偏光面が回転する点においてはマイクロ波領域のファラデー効果に似ているがその原因はまったく異なる．巨視的にいえば，マイクロ波領域では左右円偏波に対する透磁率に差が生じるのに対して，磁気光学効果では左右の円偏波に対する誘電率に差が生じる．磁気光学ファラデー回転の非相反性を利用すると光アイソレータを得ることができる．また偏光ビームスプリッタとファラデー素子を組み合わせると光スイッチが得られる．このような光応用素子に用いる材料ではファラデー効果が大きくしかも光の吸収が少ないことが要求される．そこで材料の性能を示す尺度として，磁気光学性能指数，すなわち光の強度が1dB低下する間に偏光面の角度がどれだけ回転するかを示す量（deg/dB）がよく用いられる．図4.40は代表的

な磁気光学材料の性能指数を比較したものである．磁性ガーネットは性能指数が高く，しかもキュリー温度が高いため室温で使用できる．ガーネットのRの位置を一部Biで置換すると可視光領域でさらに高い性能指数が得られる．

### 4.5.3 磁気ひずみ材料[15]

磁気ひずみの大きい強磁性材料は，電気的振動を機械的振動に変換する超音波振動子などに用いられる．磁気ひずみ材料には，磁化

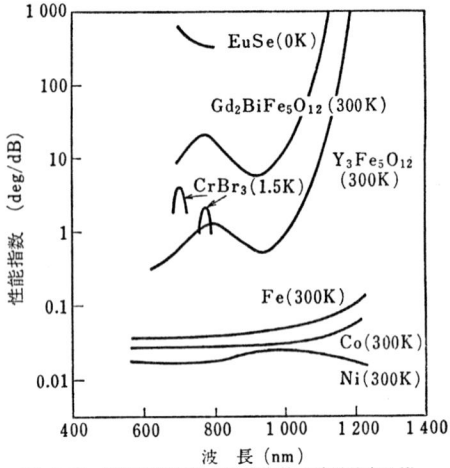

図 4.40 磁気光学材料の性能指数の波長依存性[12]

力に対する磁気ひずみの大きさが大きいことの他，磁気的・機械的損失が少ないこと，電気抵抗率が高いこと，機械的強度が高いことなどが要求される．

表 4.12 に代表的な磁気ひずみ材料の特性を示す．ここで $k_m$ は磁気機械結合係数で，$k_m^2$ が磁気エネルギーから機械エネルギーに変換される割合を示す．磁化

表 4.12 磁気ひずみ材料

| 材料 | $\lambda_s$ ($\times 10^{-6}$) | $k_m$ | $T_C$ (°C) | $\rho$ ($\Omega$m) |
|---|---|---|---|---|
| Ni | $-33$ | 0.31 | 358 | $7 \times 10^{-8}$ |
| 96Ni4Co | $-31$ | 0.51 | 410 | $10 \times 10^{-8}$ |
| 87Fe13Al | $-40$ | 0.33 | 500 | $90 \times 10^{-8}$ |
| アモルファス $Fe_{18}Si_{10}B_{12}$ | $\sim 50$ | 0.68 | | $\sim 100 \times 10^{-8}$ |
| $NiFe_2O_4$ | $-27$ | 0.21 | 590 | 10 |
| Ni-Co フェライト | $-28$ | 0.27 | 590 | 10 |
| Ni-Cu-Co フェライト | $-28$ | 0.32 | 530 | 100 |

過程において磁気異方性が支配的な場合は，

$$k_m^2 = \frac{\lambda_s^2 E_s}{K} \tag{4.54}$$

となる．ここで $E_s$ はヤング率，$K$ はすべての磁気異方性の和である．Ni など金属系材料は高い周波数ではうず電流損が大きくなるので，超音波振動子には Ni-Cu フェライト，Ni-Co フェライトなどが多く用いられる．また近年開発されたアモルファス合金の中には，磁気ひずみが大きくても非常に磁気的に軟らかく，

著しく大きい $k_m$ の値を示すものがある.

**参考文献**

1) E. W. Gorther: Philips Res. Rep., **9**, p. 295, 1954.
2) 小嶋　滋：日本応用磁気学会誌, **6**, p. 19, 1982.
3) M. Sagawa, *et al.*: Proc. of 29th Conf. on Magnetism and Magnetic Materials, Pittsburgh, 1983.
4) 米山哲人他：日本応用磁気学会誌, **6**, p. 9, 1982.
5) 鈴木　匠：日本応用磁気学会誌, **2**, p. 2, 1978.
6) S. Ohnuma, *et al.*: Phys. Status Solidi a, **44**, p. K151, 1977.
7) T. Jagielinski *et al.*: IEEE Trans. Magn., **MAG-13**, p. 1553, 1977.
8) 七条：Trans. Jpn. Inst. Met., **2**, p. 204, 1961.
9) J. Smit and H. P. J. Wijn: "Ferrite", Philips Tech. Library, 1959.
10) 徳岡保導他：日本応用磁気学会誌, **7**, p. 190, 1983.
11) 玉川惟正, 中鉢良治：日本応用磁気学会誌, **7**, p. 202, 1983.
12) 品川公成：日本応用磁気学会誌, **6**, p. 247, 1982.
13) 近角聡信：強磁性体の物理, 裳華房, 1965.
14) 太田恵造：磁気工学の基礎, Ⅰ, Ⅱ, 共立全書, 1973.
15) 近角聡信他編：磁性体ハンドブック, 朝倉書店, 1975.
16) 岩間義郎編：硬質磁性材料, 磁気工学講座 3, 丸善, 1976.
17) 飯田修一他編：磁気バブル, 磁気工学講座 4, 丸善, 1977.
18) 桜川良文編：光・マイクロ波磁気工学, 磁気工学講座 7, 丸善, **1976.**
19) 金森順次郎：磁性, 培風館, 1969.
20) 平井平八郎他：現代電気電子材料, オーム社, 1978.
21) 内山晋, 増田守男：磁性体材料, コロナ社, 1980.
22) 電気学会編：電気工学ハンドブック, 電気学会, 1967.
23) 電子通信学会編：電子通信ハンドブック, 電子通信学会, **1979.**
24) K. Honda and S. Kaya: Sci. Rep. Tohoku Univ., **15**, 721, 1926.
25) 増本　健, 深道和明編：アモルファス合金—その物性と応用, p. 144, アグネ, 1981.

# 5. 材料評価技術

　これまでに述べられた種々の電気・電子材料の多岐に亘る性質も，それを評価する手段があってこそ，はじめて実用に供することができる．LSIに代表される半導体エレクトロニクスの発展の基礎は，良質な材料の精密な評価手段が確立され，これによりさらに目的にかなった精選された材料や新しい材料を作り出すことができるようになったことにある．本章では，これらの方法の中で材料の電気的・磁気的・光学的性質や結晶学的性質の評価方法の基礎を概説する．

　材料の評価技術は，その生産技術と一体となって日進月歩で発展しており，本章で取り上げることのできなかった新しい方法も次々に開発されている*．

## 5.1 電気的性質

　電気・電子材料の最も基本的な性質は電気抵抗である．すでに第1章で述べたように，抵抗率 $\rho$ は，

$$\rho = 1/\sigma = 1/nq\mu \tag{5.1}$$

と書き表わすことができ，キャリヤ数 $n$ と移動度 $\mu$ の測定が最も基本的な電気的性質の評価手段であるということができる．絶縁材料として用いる場合は電気抵抗の他に誘電率 $\epsilon$ が重要なパラメータであり，この周波数依存性を測定することにより，電荷担体の由来を知ることと併せて材料評価が行われる．以下これらについて順に述べる．

### 5.1.1 抵抗率測定

　金属材料，半導体材料の抵抗率測定は基本的には電気抵抗を測定することであり，抵抗の大小によりそれなりの技術的問題がある．たとえば測定端子における

---

\* これらの方法を実際に使用する場合や，さらに詳しいことを知る必要のある場合には専門書を参照されたい．

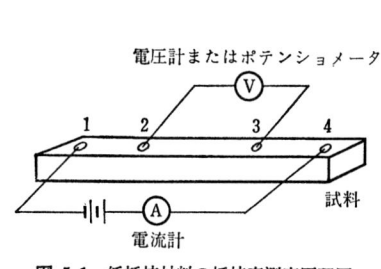

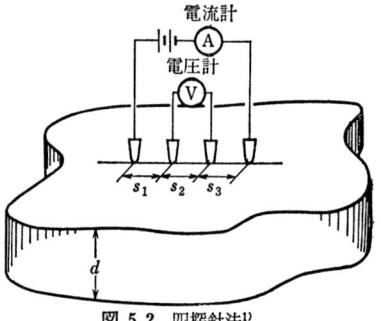

**図 5.1** 低抵抗材料の抵抗率測定原理図

**図 5.2** 四探針法[1]

接触抵抗が材料の抵抗に比して無視できるか否か，試料中の電界が一様であるか否かなどである．金属材料では主として前者が，高抵抗材料では主として後者が無視できない場合が多い．図5.1は低抵抗材料の抵抗率測定を行う原理を示した図で，電流端子と電圧端子を分けることにより，電界一様な部分で電界を乱さぬように電圧降下を測定できるよう工夫がなされている．

図5.2は半導体材料の比抵抗測定に用いられる四探針法の原理を示したものである．4本の金属針（タングステン針など）を図に示した間隔 $s_1, s_2, s_3$ で一直線上に試料上にたてる．外の2本に電流 $I$ を流し，中の2本に現われる電圧 $V$ をポテンショメータで測定する．試料の厚さ $d$ が十分大きく，

$$d \gg s_1, s_2, s_3$$

である場合には，抵抗率は，

$$\rho = \frac{V}{I} \frac{2\pi}{\frac{1}{s_1} + \frac{1}{s_2} - \frac{1}{(s_1+s_2)} - \frac{1}{(s_2+s_3)}} \tag{5.2}$$

で与えられる[1]．$s_1 = s_2 = s_3 = s$ と置ける場合には上式は，

$$\rho = \frac{V}{I} 2\pi s \tag{5.3}$$

となり容易に抵抗率を測定することができる．$d$ がそれほど大きくない場合や，試料の大きさが有限であることによる補正式なども詳しく調べられており，専門書にはこれらのデータが記載されている．試料が pn 接合やデバイスの場合は4本の探針を立てるスペースがなく，1本の探針のみで行われることもある．この方法は広がり抵抗測定法と呼ばれ，半無限の試料に立てた金属針からみた抵抗の大きさを測定することが基本となっている．

### 5.1.2 ホール効果

電荷 $q$ をもった粒子が速度 $v$ で磁束密度 $B$ 中を運動するとこの粒子にはローレンツ力,

$$F=qv\times B \tag{5.4}$$

が働く.これにより力 $F$ の方向に荷電粒子の流れが生じ,したがって起電力(式(2.35)の $V_H$)が発生する.2.1.9 で述べたようにホール係数 $R_H$ を実測すればその符号により電子か正孔かの区別ができ,またその大きさからキャリヤの数密度を決定することができる.また試料の電気伝導度 $\sigma=nq\mu$ (式(5.1))がわかっていれば式(2.36)により移動度を決めることができる.

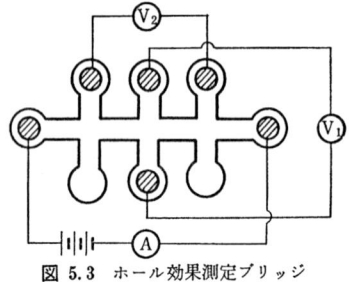

図 5.3 ホール効果測定ブリッジ

このようにして決められた移動度はホール移動度と呼び後述する他の方法で決められた移動度と区別している.両者は測定している電子のエネルギー帯構造や散乱機構を反映して多少異なる.

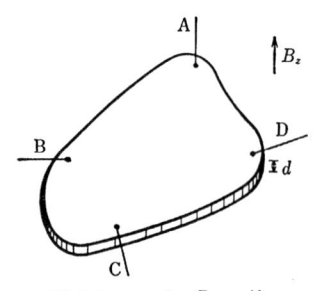

図 5.4 van der Pauw 法

図 5.3 に示したのはホール効果測定用としてよく用いられるブリッジの例である.電極による影響を極力小さくするように工夫されたもので,電圧 $V_1$ の値からホール電界を,電圧 $V_2$ から伝導度を決定する.このブリッジは比較的大きな試料が必要であること,加工が必要なことなどのために最近は次に述べる van der Pauw の方法が用いられることが多い.図 5.4 に示す任意の形をした平板状試料に4個の電極をとる.電極 AB 間に流れる電流を $I_{AB}$,それにより電極 CD 間に現われる電圧を $V_{CD}$ のように書き,

$$R_{AB,CD}=\frac{V_{CD}}{I_{AB}}$$

で抵抗 $R_{AB,CD}$ を定義すると,厚さ $d$ の試料の抵抗率 $\rho$,キャリヤ密度 $n$,ホール移動度 $\mu_H$ はそれぞれ,

$$\rho=\frac{\pi d}{\ln 2}\cdot\frac{R_{AB,CD}+R_{BC,DA}}{2}f\left(\frac{R_{AB,CD}}{R_{BC,DA}}\right)=\frac{1}{\sigma} \tag{5.5}$$

$$n = \frac{B_z}{2qd\,\Delta R_{BD,AC}} \tag{5.6}$$

$$\mu_H = \frac{d}{B_z}\frac{\Delta R_{BD,AC}}{\rho} \tag{5.7}$$

で与えられる.ただし,$\Delta R_{BD,AC}$ は磁界 $B_z$ を試料に垂直に印加したとき現われる $R_{BD,AC}$ の変化分であり,前述のホール電界に相当する量である.$f(z)$ は試料の形状の非対称性を補正するための係数で,試料が正方形で電極を各頂点にとった場合には1に等しく,さもない場合は1より小さい数である.本法による測定を結晶層をエッチングしながら繰り返すことにより,キャリヤ密度,移動度などの深さ方向の分布を評価することも可能である.$f(z)$ の値や測定誤差に関する詳しい議論は文献を参照されたい[2].

### 5.1.3 深い準位に基づく電気的性質の評価

半導体材料と固体絶縁材料の電気伝導度がバンドギャップ内の深い不純物準位,トラップなどにより左右されることが多いことはすでに述べた.高純度 Si や化合物半導体を用いた電子デバイスでは製作のための多くのプロセスに伴う深い準位の形成が重要である.また絶縁材料では絶縁破壊の前駆現象が深い準位に基づく微少な電流により決定されることがある.このように結晶の欠陥,トラップなど微量の準位が電子デバイスの性能を左右することが多く,これらの評価は電子デバイスの性能向上のために重要である.

トラップ中に捕獲されたキャリヤは一般的に温度上昇により解放されて伝導に寄与する.低温から一定の温度上昇率で温度を上昇させ試料に流れる電流の増加割合の変化を調べることにより深い準位のエネルギー準位や密度を測定するのが熱刺激電流(TSC)による方法である.図 5.5 はポリエチレンの TSC の測定例を示したもので,電流のピーク値とピーク付近の曲線の形からいろいろな外挿式を用いて各ピークに対応するトラップ準位のエネルギーと密度を決定することができる.この方法は後に述べる DLTS に比べて分解能は劣るが,比較的簡単に複数の準位がスペクトロスコピー的に検出

図 5.5 ポリエチレンの TSC スペクトル[3]

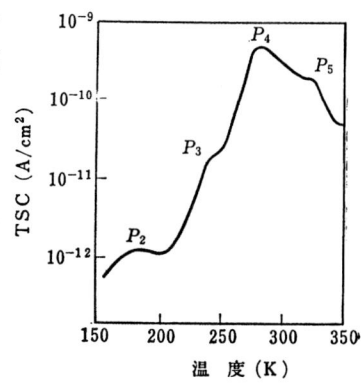

できるため広く用いられている.

電極のとり方等,試料の形としては,絶縁材料では単に金属を蒸着しただけのものでバルクまたは薄膜状材料の抵抗を測る要領で行われることもあるが,半導体材料では, pn 接合, ショットキー接合などの接合を作り,接合を流れる電流を検出することにより感度の向上が得られる.ただしこの場合には接合を作ることにより新たなトラップ準位が導入される可能性が考慮されなければならない. TSC と同様の方法として,接合の電流以外に接合容量の変化を測定する熱刺激容量法 (TSCAP) や電位の変化を測る熱刺激表面電位法 (TSSP) などがある.

DLTS(deep level transient spectroscopy) は,上記の方法をさらに改良し,エネルギー分解能の向上が得られる新しい方法である[4]. この方法では,その名の示すとおり,接合にパルス電圧を加えるか,パルス的に光を照射し,その後の空乏層容量または接合電流の時間変化を測定する.この結果を解析することにより深い準位のエネルギーと密度を決定する.図 5.6 はこの原理図を示したものである.(a)に示したパルス電圧を切った後 ($t>0$) の接合容量の変化はトラップからのキャリヤの解放によるものであるが, この時間変化を差分 $C(t_1)-C(t_2)$ の形で種々の温度で測定し,(b)に示すような差分の温度依存性を求める.差分の最小となる温度 $T_m$ を決定すると $T_m$ でのキャリヤの放出時定数 $\tau$ は,

$$\tau = (t_1-t_2)[\ln(t_1/t_2)]^{-1} \tag{5.8}$$

で与えられる.$(t_1-t_2)$ の大きさを変えて測定を繰り返すことにより $\tau$ の温度依存性を決めることができる.以上の測定は高速応答の可能なキャパシタンスメー

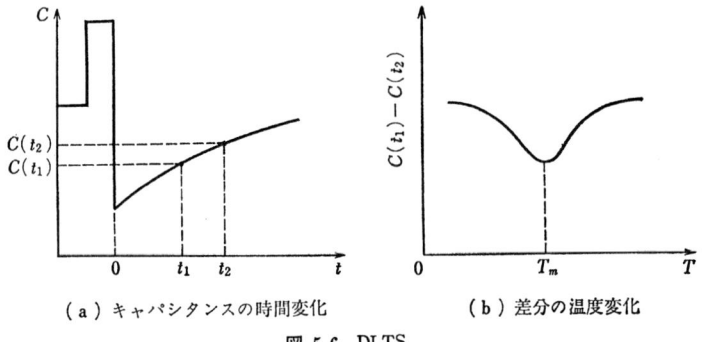

(a) キャパシタンスの時間変化 (b) 差分の温度変化

図 5.6 DLTS

タとミニコンピュータを用いて解析しながら行われるのが普通である．DLTSは接合を用いた方法の中で，分解能と感度の点で最もすぐれており欠陥評価の主流となりつつある．

### 5.1.4 比誘電率・誘電損

すでに述べたように誘電率は絶縁材料，誘電材料として用いる材料の実用上，物性上最も基本的なパラメータの1つである．誘電率の大きさは電界により発生する分極の大きさにより決まり，分極形成に時間遅れがある場合には交流電界を印加した場合，分極形成に位相遅れを生じ，誘電率は複素数で表わされ誘電損という電力損を生ずる．

複素誘電率の周波数特性を調べると，材料に固有の分極の種類が決定できる．100 MHz 以下の周波数では平行平板電極の間に試料をはさみ，試料の並列容量 $C$ と並列コンダクタンス $G$ とを測定し，3章で述べた比誘電率 $\epsilon_r'$ および比誘電損率 $\epsilon_r''$ を求めることができる．

$$\epsilon_r' = \frac{C}{C_0} \tag{5.9}$$

$$\epsilon_r'' = \frac{G}{\omega C_0} \tag{5.10}$$

電極の端部での電界のみだれや，漏れ電流が無視できないことが多く，第3電極としてのガード電極を併用するのが普通である．低周波領域ではパルス電界を用いた方法が用いられることもある．高周波数領域では上記の等価容量の測定が困難となり，導波管または空胴共振器中に試料を投入し，マイクロ波の減衰と位相変化を測定することにより誘電率と誘電損を求める方法がとられている．第3章図3.6は $\epsilon_r'$ と $\epsilon_r''$ の典型的な周波数変化を概念的に示したものである．$\epsilon_r''$ にはマイクロ波領域，赤外線領域，可視光線領域に各々1つずつのピークがみられるが，これは各々の周波数領域に固有振動数をもつ分極が存在することを意味している．第1のピークは分子の配向分極，第2のピークはイオンによる変位分極，第3のピークは電子による変位分極によるものである．これらの特徴的ピークの現われる周波数域は物質により異なることはいうまでもない．$\epsilon_r'$ の周波数変化には，$\epsilon_r''$ の第1のピークに対応する変化と第2，第3のピークに対応する変化とに相違があることに気づくであろう．第1のピークに対応するのはデバイ形分散と呼ばれ配向の時間遅れは緩和時間で表わされ分極に固有振動数がない．第

2, 第3のピークに対応する変化では, $\epsilon_r'$ にもピークが現われている. これは電界による分極の形成をさまたげる力がクーロン力に基づくものであるために分極の運動は一種の調和振動子となり, 固有振動数をもつために生ずる特徴的性質である. 後者は変位分極と呼ばれ配向分極とはまったく性質を異にするものである.

誘電率 $\epsilon_r'$ と誘電損率 $\epsilon_r''$ との間には次のクラマース-クローニヒの関係があることが知られている.

$$\epsilon_r'(\omega) - \epsilon_r'(\infty) = \frac{2}{\pi} \int_0^\infty \epsilon''(\nu) \frac{\nu}{\nu^2 - \omega^2} d\nu \tag{5.11}$$

$$\epsilon_r''(\omega) = \frac{2}{\pi} \int_0^\infty \{\epsilon_r'(\nu) - \epsilon'_r(\infty)\} \frac{\omega}{\omega^2 - \nu^2} d\nu \tag{5.12}$$

したがって, $\epsilon_r'$, $\epsilon_r''$ のどちらか一方の周波数特性がわかれば他方は上式を用いて計算できることになる. 光学的周波数領域では $\epsilon_r''$ の測定は困難であることが多く, $\epsilon_r'$ の測定値から, $\epsilon_r''$ の周波数特性を上式により計算し共鳴エネルギーを決定する方法がとられている.

### 5.1.5 高抵抗物質の伝導度測定

半絶縁性の半導体や高分子絶縁材料, あるいはアモルファス半導体材料などの抵抗率は非常に大きく, $10^{-12}$A 程度以下の電流を測定しなければならないなど, 高抵抗物質特有の問題が生ずる. 金属材料の抵抗率測定には電極の接触抵抗やオーム性が問題となった (5.1.1参照) が, 高抵抗材料では, 試料表面などを流れる漏れ電流が問題となる. 図 5.7 は, 第3電極を用い, 漏れ電流を電流計に入れない方法の一例を示したものである. この種の測定では電流計をできるだけ接地に近いポテンシャルの位置に接続することが望ましい. また吸収電流が大きく, 電流計の指示は一定の値に定まらないことも多いので注意を要する.

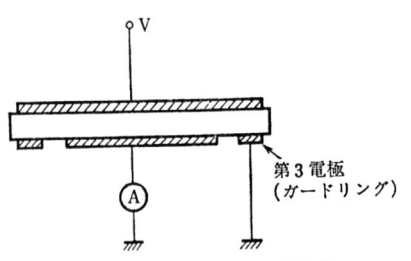

図 5.7 高抵抗物質の電流測定例

絶縁材料には光またはX線等を照射することにより, 伝導に寄与するキャリヤ (光キャリヤ) を誘起できるものがある. 広いバンドギャップをもつ半導体の暗電流は非常に小さく, ほとんど絶縁体と考えられるが, 光を照射することにより

抵抗が下がる．これは後述する光伝導と呼ばれる現象である．一般に光励起されたキャリヤは有限の寿命をもつので，この寿命の間に電気伝導度を測定すれば，キャリヤの移動度を決定することも可能である．以下に述べる2つの方法は高抵抗材料の特性評価に最近広く用いられるようになったものである．

**a. ブロッキング電極を用いたホール効果測定法**[5]　　図5.8にこの方法の概念図を示した．絶縁性試料にオーム性電極をとることは非常に難しいので，電極には平行平板電極を用い，試料をこれではさむだけにする．電界を印加して，光パルスにより結晶表面にキャリヤを励起すると，キャリヤはその寿命の間は電界によりドリフトし，これにより外部回路には誘導電流が流れる．電流波形は回路条件によっても異なるが，キャリヤが対向電極に到達すれば，ブロッキング電極であるために，ここに電荷がたまることになって，電流波形に変化が現われる（図5.9参照）．この時間 $t_T$ はキャリヤの走行時間に等しく，試料の厚さ $l$ とから，キャリヤの速度を決めることができる．

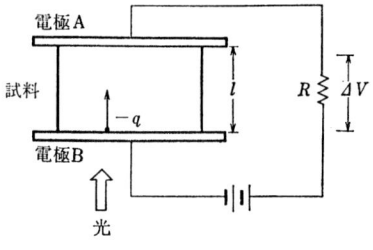

図5.8　ブロッキング電極

光を照射するために，図の電極BはITO(In, Snの酸化物) などの透明電極が用いられ，試料と電極の間に水晶板などの絶縁体をスペーサとしてはさむこともある．

この測定を磁界中で行えば，励起されたキャリヤはローレンツ力を受け横方向の電界が発生する．図5.10はホール効果の測定原理図である．透明電極のシー

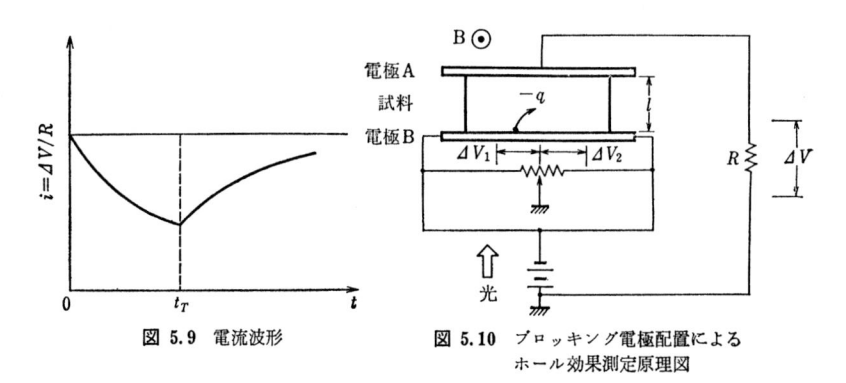

図5.9　電流波形

図5.10　ブロッキング電極配置によるホール効果測定原理図

ト抵抗が有限であることを利用して，ホール電界の大きさをポテンショメータにより測定する．材料によっては，誘起電流が非常に小さく，パルス測定が困難であることがある．この場合には誘起電流の積分値すなわち誘起電荷を測定する．測定データは電子の速度や移動度の相対値を与えるので，他の方法で求められた値で較正されることもある．

**b. 飛行時間法 (TOF, time of flight)[6]**　この方法は，光または電子ビームのパルスにより試料表面に励起されたキャリヤが対向電極まで走行するのに要する時間を測定するという点では前述の方法と類似であるが，試料にオーム性電極を設けて電流波形を観測する点が異なっている．図5.11に原理図を，図5.12に得られる電流の概念図を示した．

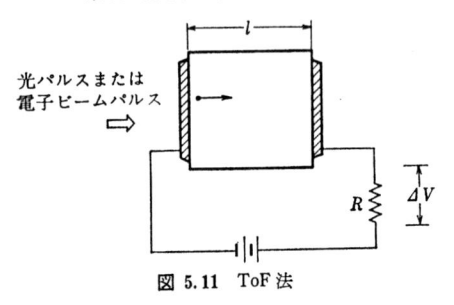

図 5.11　ToF 法

試料が半導体単結晶の場合，電子ビームまたは光のパルスで試料表面に励起されたキャリヤは，印加電界により対向電極に向かって走行する．キャリヤの集団が対向電極に到達するまでの時間，このキャリヤによる電流が観測され，この信

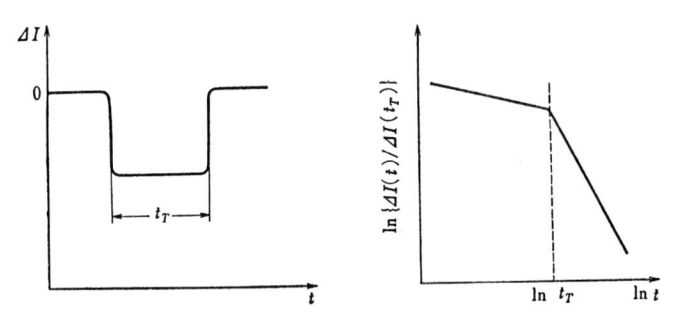

（a）結晶材料　　　　　（b）非晶質材料，高分子材料
図 5.12　ToF 法の電流波形

号の幅から走行時間を決定する（図5.12(a)）．この方法で，Ge, Si, GaAs, CdTeなど多くの半導体の移動度が決定された．GaAs などの直接遷移形半導体では，キャリヤの寿命は $10^{-9}$ 秒程度と小さいので，ピコ秒パルス技術が要求される．GaAs は 4 kV/cm 以上の電界を印加するとガン効果による負性抵抗が現われ，

普通の方法で移動度を決めることはできないが，ToF 法ではガンドメインが形成される前に測定を終了することが可能であり，$10^5$V/cm 程度の高電界までの測定に成功した例がある．

アモルファス半導体や高分子材料などでは，キャリヤの移動度が非常に小さく，またキャリヤの数も少ないので，前述のホール効果による移動度の決定は困難である．ToF 法によればこれが可能であり，広く用いられている．これらの材料では電界下でのキャリヤの運動はホッピングなどのランダム歩行によるため，ToF で得られる信号は，図 5.12(b) に示したように，結晶材料のそれとまったく異なっている．パルス光を照射後の時間 $t$ に対する電流の依存性が，走行時間 $t_T$ より前と後とで異なることから，$t_T$ を決定することができる．これは光励起されたキャリヤが走行の途中で，何度も局在準位にトラップされ，ばらばらに対向電極に到達するために，統計的処理をされた信号が観測されることによるもので，詳しい理論によれば電流の時間依存性は，

$$\ln I \propto t^{-(1-\alpha)} \quad t \leq t_T \tag{5.13}$$
$$\ln I \propto t^{-(1+\alpha)} \quad t \geq t_T \tag{5.14}$$

で表わされることが知られている．ただし $\alpha$ は 1 より小さい正の定数である．この方法で多くの高分子材料やアモルファス半導体の伝導機構が調べられている．

## 5.2 磁 気 測 定

### 5.2.1 静磁気測定

**a. 磁 化** 磁化あるいは磁気モーメントの大きさを測定する手段には，磁気モーメントが磁界によって受ける力を力学的に測定する方法と，磁気モーメントの発生する磁束を電磁誘導によって測定する方法がある．力学的測定法には，図 5.13 に示す磁気天秤や磁気振子がある．磁界勾配中に置かれた磁化 $I_m$ は，

$$F_z = V I_m \frac{\partial H}{\partial z} \tag{5.15}$$

の力を受ける．ここで $V$ は試料の体積であり，力 $F_z$ は磁界勾配の方向に働く．この力を分銅または電気的に磁石とコイルによって測定すればよい．磁気天秤は高感度であり，強磁性体の飽

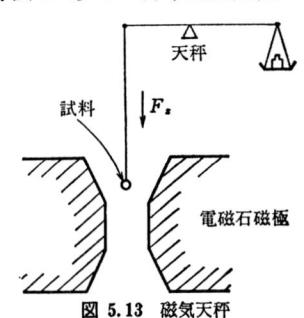

図 5.13 磁気天秤

和磁化だけでなく，常磁性体や反強磁性体の磁化率の測定にも利用される．

磁気モーメントの発生する磁束を利用する磁化測定方法には磁束計や振動試料形磁力計がある．磁束計は古くから用いられている方法で，図5.14に示すように試料の移動や磁化反転による磁束変化を電磁誘導によって検出するものである．検出コイルに発生する電圧を $e$ とすれば，磁束密度変化 $\varDelta B$ は，

$$\varDelta B = \frac{1}{nA} \int e\,\mathrm{d}t \tag{5.16}$$

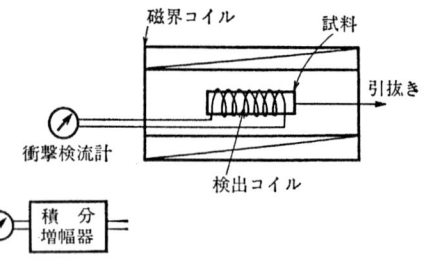

図 5.14 磁束計

となる．ここで $A$ は試料の断面積，$n$ は検出コイルの巻数である．上式で示されるように $B$ を求めるためには，$e$ を積分することが必要である．そこで，衝撃検流計のような機械的な積分器や，電子的な積分増幅器が用いられる．

振動試料形磁力計（VSM）は，図5.15に示すように試料を低周波で振動させ，それによって生じる振動磁界を検出するものである．検出コイルに発生した電圧を，振動に比例した電圧を参照信号として同期検波することによって高感度，高安定度の測定ができる．

**b. 磁化曲線**　磁化曲線，すなわち磁界 $H$ に対する磁化 $I$ または磁束密度 $B$ の応答は，先に示した磁束計や振動試料形磁力計によって測定できる．磁化曲線の測定においては試料自身の磁化による反磁界の影響に特に注意する必要がある．トロイダル

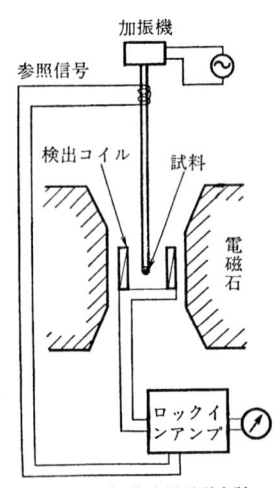

図 5.15 振動試料形磁力計

状の試料と磁束計を用いたヒステリシス直視装置（図5.16）では反磁界の影響を受けることなく測定できる．反面，この方法は感度が磁界の掃引速度に比例するため，静的な測定には適さない．一方，振動試料形磁力計は準静的な磁化曲線

## 5.2 磁気測定

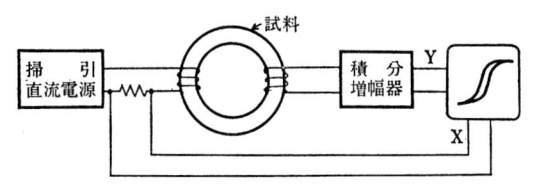

**図 5.16** ヒステリシス直視装置

($I$-$H$ 曲線）を高感度で得ることができるが，球状試料等を用いるため反磁界の影響が大きい．

一般に反磁界が存在する場合には，試料に加わる真の磁界を次式によって求め磁化曲線を補正しなければならない．

$$H = H_{\text{ext}} - \frac{N_m}{\mu_0} I$$

ここで $H_{\text{ext}}$ は外部磁界，$N_m$ は反磁界係数（減磁率）である．

**c. 磁気異方性** 磁気異方性を直接的に求めるには，図 5.17 に示す磁気トルク計（トルク磁力計）を用いる．円板状試料を磁極間に弾性線で吊し，飽和まで磁化する．このとき，磁化は磁化容易方向に向こうとするが，磁化の方向が固定されているため，試料の方が回転し磁化容易方向が磁化方向に近づこうとする．この際，試料に動くトルクは，磁気異方性エネルギーを $\mathcal{E}$ とすると，

$$L = -\frac{\partial \mathcal{E}}{\partial \varphi} \tag{5.17}$$

である．磁化方向 $\varphi$ を変えながら，吊線のねじれから $L$ を測定すると $\mathcal{E}$ の方向依存性，すなわち磁気異方性が求まる．

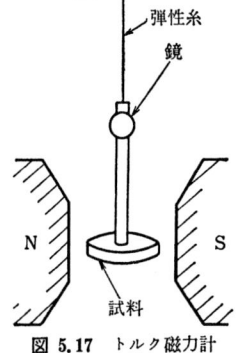

**図 5.17** トルク磁力計

磁気異方性は，磁化曲線の磁化方向依存性あるいは強磁性共鳴磁界の方向依存性からも求めることができる．

**d. 磁気ひずみ** 磁気ひずみの最も一般的な測定法は抵抗線ひずみゲージによるものである．試料にひずみゲージを貼りつけ，トルク磁力計の場合と同様，電磁石で磁化を飽和させ，磁化方向の関数としてひずみの量を測定する．ひずみの測定法には，ほかに，試料に電極をとりつけ，形状の変化を静電容量の変

化として検出する方法もある．

**e. 磁区観察** 磁区観察は磁性材料の磁化機構を理解するうえで重要な役割を果す．最も簡便な方法は粉末図形法（ビッター法）である．$Fe_3O_4$ の微粒子を含む磁性コロイドを試料表面にたらすと，微粒子は自由に動き，やがて磁界勾配の大きい磁壁部分に集まる．この微粒子の集まりを顕微鏡で観察すれば，試料表面の磁区模様を知ることができる．

他の方法は磁気光学効果を利用して，偏光顕微鏡によって観察する方法である．カー効果を利用した反射法とファラデー効果を利用した透過法があり，前者は主として金属磁性体に，後者は磁性ガーネットなどの透明磁性体に用いられる．粉末図形法が磁壁をみるのに対して，磁気光学的方法は磁区そのものを見ることができる．

上記2つの方法は光学顕微鏡を用いるので分解能に限界があるが，電子顕微鏡を用いるとさらに微細な磁区構造や磁壁内のスピンの構造までも観察することができる．電子顕微鏡による磁区観察法には，電子の受けるローレンツ力を利用したローレンツ法や粉末図形を利用した方法などがある．

### 5.2.2 微視的磁気測定

磁性材料の評価手段には，前節で述べた巨視的な量の測定のほかに，磁性の微視的な様相を直接観察する方法がいくつかある．なかでも特に重要なものとして，中性子線回折，磁気共鳴，メスバウア効果の3つが挙げられる．これらは主に磁性物理の分野で行われてきた実験手段であるが，磁性材料の基礎的な理解のためには欠かせないものである．

**a. 中性子線回折** 中性子は電荷をもたないため電子による散乱を受けにくく原子核まで入りこむことができる．原子炉から出る波長1Å程度の中性子線を用いると，核の散乱によってX線と同様，結晶構造を解析できる．また中性子は磁気モーメントをもっており，原子の磁気モーメントと相互作用し，磁気モーメントが規則的に並んでいる場合には磁気構造による回折線を生じる．これによって結晶構造だけでなく磁気モーメントの配列に関する知識が得られる．

**b. 磁気共鳴** 磁気共鳴には電子のスピンによる電子スピン共鳴（ESR）と核スピンによる核磁気共鳴（NMR）がある．電子や原子核のエネルギー準位はその磁気モーメントのため磁界中で分裂を起こす．これに準位間隔に対応するラ

ーモア歳差運動の周波数の電磁波を照射すると共鳴吸収をおこす．

常磁性物質のESRは，物質構造に関する多くの情報を与えることから，有機化学の分野，格子欠陥の研究などに広く用いられている．強磁性物質でのESRは，強磁性共鳴(FMR)と呼ばれるもので，磁性材料の磁気異方性，歳差運動の減衰定数，磁気回転比などの測定に利用される．

核磁気共鳴は，核の種類によって共鳴周波数（共鳴磁界）が異なり元素の同定ができること，また化学結合状態によって共鳴スペクトルの微細構造に差が見られることなどから化学的な構造解析に有効な手段である．強磁性材料の場合には，磁性原子の核の共鳴周波数から，核の位置での内部磁界を知ることができる．

さらに内部磁界の値から，その原子のもつ磁気モーメントの大きさを推定することができる．

**c. メスバウア効果** メスバウア効果は核の$\gamma$線共鳴吸収現象であり，$\gamma$線の吸収スペクトルから，核の位置での内部磁界の大きさが測定される．核は$\gamma$線を吸収することによって基底状態から励起状態に遷移するが，これらの状態は強磁性物質では内部磁界と核スピンの相互作用によって分裂しているため，吸収スペクトルにも分裂が生じる．この分裂幅から内部磁界や原子磁気モーメントの大きさを知ることができる．$Fe^{57}$核がメスバウア効果の実験に適していることは，鉄を主体とする強磁性材料の研究に好都合である．

### 5.2.3 交流および高周波磁気測定

**a. 鉄損** 熱量計法，ブリッジ法，電力計法などの測定法がある．ブリッジ法は，試料に施された巻線の入力端子からみたインピーダンスをブリッジによって測り，その実効抵抗から鉄損を求めるものである．電力計法は，電力計によって損失を直接求めるもので，エプスタイン試験装置がけい素鋼板の標準的な試験法として採用されている．

**b. 透磁率** パーマロイやフェライトなど磁心材料の透磁率はブリッジ法や共振法によって測定される．ブリッジ法は巻線を施した試料のインピーダンスをマックスウェルブリッジで測定するもので，MHz帯以下の低い周波数で用いられる．磁心材料の複素（比）透磁率 $\bar{\mu}_r = \mu' - i\mu''$ および損失係数 $\tan\delta$ は次式から求められる．

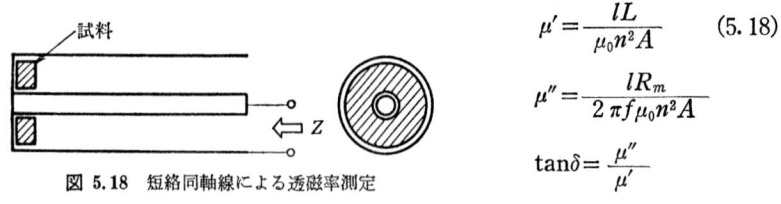

**図 5.18** 短絡同軸線による透磁率測定

$$\mu' = \frac{lL}{\mu_0 n^2 A} \quad (5.18)$$

$$\mu'' = \frac{lR_m}{2\pi f \mu_0 n^2 A}$$

$$\tan\delta = \frac{\mu''}{\mu'}$$

ここで $L$ は試料のインダクタンス,$R_m$ は磁心損失による抵抗,$f$ は周波数,$l$ は磁路長,$A$ は磁心断面積,$n$ は巻数である.

100 kHz から数十 MHz では,Q メータを用いてインピーダンスを測定する共振法が便利である.また数 MHz から 200 MHz 程度での測定には,図 5.18 に示す短絡同軸線が用いられる.試料そう入前後のインピーダンスの変化をブリッジまたは Q メータで測定し,次式から複素透磁率を算出する.

$$\mu' = 1 + \Delta L l / \mu_0 A \quad (5.19)$$
$$\mu'' = \Delta R l / 2\pi f \mu_0 A \quad (5.20)$$

ここで,$\Delta L$ はインダクタンスの変化分,$\Delta R$ は抵抗の変化分である.

## 5.3 光 学 的 性 質

半導体レーザ,発光ダイオードに代表されるように,電気,電子材料の光学的性質(発光,光吸収等)は電気的性質と並んで,最近のエレクトロニクスの基本的で最も重要な性質の1つとなっている.5.2.5で述べたように,絶縁材料に光を照射すると,キャリヤが励起され絶縁破壊の引き金となり得ること等の消極的な意味もあるが,半導体の発光デバイス,光検知器など光学的性質が積極的に利用され,多様なエレクトロニクスの一面を担っている.

光学的性質の重要な点は,光吸収によるキャリヤの励起と,過剰キャリヤの発光再結合の2点にあり,キャリヤ励起の方法と光放射の利用法により多種多様な材料の評価方法が試みられ,実用されている.本節では光学的性質の基本的な2点について述べ,多様な評価方法については次節以後で述べる.

### 5.3.1 ルミネセンス[7]

物質を熱することにより発光する現象は黒体輻射と呼ばれる.熱以外の光や電子線などのエネルギーを吸収してキャリヤを励起し,このエネルギーを光として放射する現象をルミネセンスと呼ぶ.放射光のエネルギースペクトルが物質中の電子のエネルギー準位を反映することを利用し,スペクトルを解析することによ

り，電子状態を知ることができる．

ルミネセンスはキャリヤの励起方法により区別し，
a. エレクトロルミネセンス（EL）
b. フォトルミネセンス（PL）
c. カソードルミネセンス（CL）

が材料評価手段として広く用いられている．以下，順にその概要を紹介する．

**a. エレクトロルミネセンス**　ZnSに代表されるⅡ-Ⅵ族化合物半導体EL素子は蒸着薄膜を絶縁物薄膜でサンドイッチ状にはさみ，交流電界を印加することにより発光する．この現象を電界発光（EL）と呼んだ．最近では半導体pn接合など，注入現象を利用した（電界による発光ではない）発光も注入形ELと呼んでいる．いずれも，外部から電極を通して電気的エネルギーを与えることにより，材料の特性を反映した発光が得られる現象であり，発光のメカニズムにより発光スペクトルが決定される．発光スペクトルを解析することにより，次に述べるPLやCLと同様，材料の評価を行うことが可能であるが，電極を通して，バイアスを印加することにより，発光部分では平衡状態とはまったく異なる電子状態が現われるため，材料の詳細な評価の目的に用いられることは比較的少ない．ZnS ELでは幅の広い発光スペクトルが得られ，これから材料の電子状態の詳細を評価するには多少の無理があるし，GaAs等Ⅲ-Ⅴ族化合物半導体材料を用いた発光デバイスでも発光スペクトルは材料というよりむしろ接合の形態で決定されることが多く，材料そのものの評価には不向きであることが多い．

**b. フォトルミネセンス**　試料に光を照射すると，固体内の電子は励起状態になる．電子が，基底状態にもどる際に光を放射する現象をフォトルミネセンスと呼ぶ．関与する種々の電子状態により帯間発光，励起子発光，ドナ・アクセプタペア（D-A）発光，自由電子・アクセプタ発光等々と呼ばれており，各々の機構特有のルミネセンス特性を示す．

図5.19に，半導体にみられるルミネセンスのいくつかを例示した．これらの遷移に伴う発光波長は，各々のエネルギー差により決まることから，発光波長とその発光強度，およびそれらの温度依存性などを測定することにより，材料に含まれる不純物や欠陥の種類およびそれらの密度等が決定できる．また励起子発光は純度のよい結晶にのみ見られることから，結晶性の評価が可能である．この方

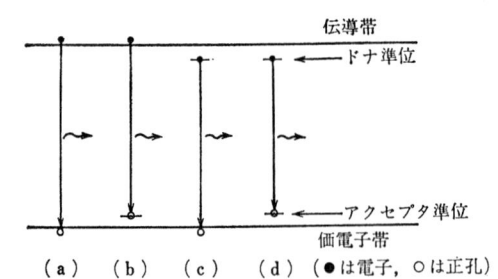

(a) バンド間発光, (b) 自由電子・アクセプタ発光,
(c) ドナ・自由正孔発光, (d) ドナ・アクセプタペア発光
図 5.19 半導体のルミネセンスの例

法は試料に電極付けなどの処理を必要とせず, 非破壊的に材料の評価を行うことができることや, 後述する真空中での種々の評価方法に比べて, 非常に簡単な手続きで比較的精度のよい結果が得られる等の利点があり, 半導体材料の評価に広く用いられている. 最近, 半導体超格子構造や量子井戸の井戸幅や界面の急峻性なども PL により評価できることも示され, ますます応用分野の広がる方法と考えられる.

図 5.20 には GaP 単結晶の低温における PL の測定例を示した. このスペクトラムは GaP に Si と C を不純物としてドープした場合に得られたものである. 4本のスペクトラムで (a), (b), (c), (d) の順に Si または C の不純物濃度が高

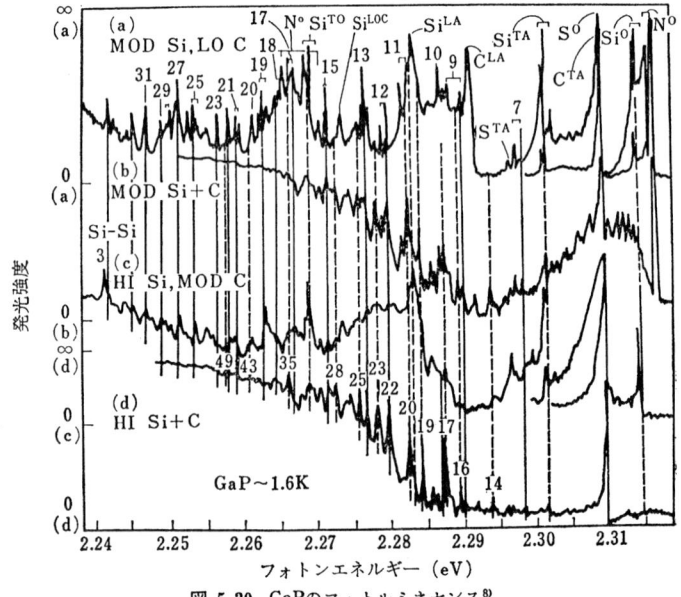

図 5.20 GaP のフォトルミネセンス[8]

## 5.3 光学的性質

くしてある．いくつかのピークはSi-CおよびS-CのD-A発光によるもので，ドナ原子とアクセプタ原子の相対距離により，発光エネルギーが異なり多くの分離したピークがみられる．図の中で，$Si^O$はSi-Cのペア発光，$Si^{LA}$および$Si^{TO}$と記してあるピークは，それぞれLAフォノンおよびTOフォノンを伴ったSi-Cのペア発光を意味し，後の二者はフォノンレプリカと呼ばれ，$Si^O$のピークエネルギーとの差からフォノンのエネルギーが決定できる．

不純物準位を介した発光スペクトルは，不純物濃度が比較的低いときにはこのようによく分離した形で不純物が同定できるが，不純物濃度が高い場合には各々のピークの半値幅が大きくなり分離が難しくなる．不純物濃度が極端に高い場合には発光ピークのエネルギーが変化する現象も見い出されており注意を要する．GaPではPLにより，Be, Mg, Zn, Cd等の発光も見い出されており不純物状態の評価が行われている．

深い不純物準位や欠陥は半導体材料や広いエネルギーギャップをもつ絶縁性結晶で重要な働きをすることが多い．たとえば，ZnSにCu等を添加することにより，ブラウン管の蛍光材料が作られているし，ルビーやサファイヤ等の宝石の色はいずれも深い不純物準位に基づくものである．古くからNaClなど絶縁体の色中心と呼ばれているものも深い準位に基づくものである．

深い準位を介した遷移には光の放射を伴わないものも多く，これは無輻射遷移（非放射遷移）と呼ばれている．図 5.21 はこれらの過程を併せて表わす配位座標表示である．横軸は配位座標と呼ばれ，系のすべての量子状

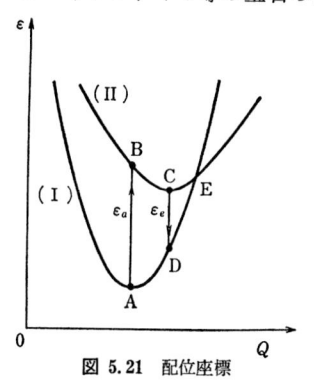

図 5.21 配位座標

態を表わす座標で，縦軸は電子のエネルギーである．基底状態は曲線（Ⅰ）で表わされ，電子は曲線の最低エネルギーの位置Aにある．外部からの光で電子は励起され系は励起状態に移る．その状態は曲線（Ⅱ）で表わされる．光学遷移で電子はほとんどその座標を変化できないのでB点に移る．これが光吸収の過程で光吸収のエネルギーは$\varepsilon_a$である．励起状態にある電子は格子緩和を伴い次第にその最低エネルギー位置C点まで移り，そこに落ち着く．光放射によるCからDへ

の遷移（放射遷移）は確率過程であり，電子には有限の寿命があって，光励起を止めた後にも発光がみられるのはこのためである．

図でも明らかなように，B→C, D→A の状態の変化には格子緩和を伴い，吸収されたエネルギーの一部は電子-格子相互作用などにより費やされる．ルミネセンスのエネルギー $\varepsilon_e$ は吸収のエネルギー $\varepsilon_a$ より小さい．これはフランク・コンドン原理と呼ばれ，このエネルギーの変化をストークスシフトという．電子-格子相互作用が非常に強い場合には，C-D への遷移は光学遷移とならず，C→E→D の経路を経ることがあり，これには発光はみられず無輻射遷移となる．深い不純物準位はその電子状態が孤立しているために，これを介した遷移は無輻射遷移となることも多く，特に欠陥などとの関係で最近注目されるようになった．PAS と呼ばれる方法は，光吸収に伴う音響フォノンの放出強度を観測することにより結晶欠陥などを調べる方法で，無輻射遷移を利用した代表的な評価方法である．

**c. カソードルミネセンス**　この方法は励起源として，光の代りに電子ビームを用いること以外は前述の PL とほとんど同等である．電子ビームは光ビームに比して，ビーム径を非常に小さくすることができる性質を利用し，ルミネセンススペクトルの結晶表面上での分布を調べるのに都合がよい．図5.22に GaP の結晶欠陥近くでの CL による分析結果の例を示した．欠陥近傍での発光強度の分布は発光帯（赤と緑）により異なる．このことから CL は欠陥の同定の手段となり得ることがわかる．

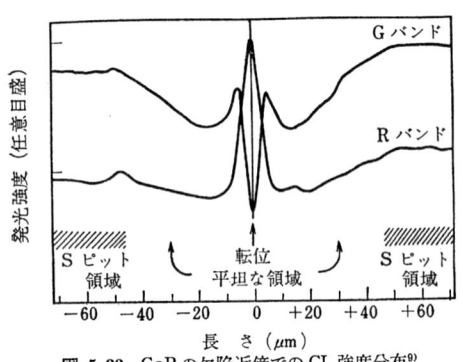

図 5.22　GaP の欠陥近傍での CL 強度分布[9]

光励起の場合にも同様の方法を用いることにより，PL トポグラフィが行われてはいるが，励起光の波長よりビーム径を小さくすることはできず，分解能はせいぜい数 $\mu m$ の程度である．CL 法ではビームを Å のオーダにまで小さくすることができ，微小領域の測定が可能である．しかし明瞭な CL 像を得るためには電子ビームの強度が必要で，これによりビームが広がるだけでなく，試料内での電子の拡散による像のボケが生じ，分解能としては 0.5 $\mu m$ の程度となっている．

## 5.3.2 光伝導

半導体および絶縁体のキャリヤは光励起により容易に作り出すことができるので，これによる電流（光電流PC）の大きさを励起光のエネルギー（波長）の関数として測定することにより，キャリヤの種類，励起と消滅過程，試料に含まれる欠陥の種類，不純物など非常に多くの情報が得られ，前述のPLと同様材料評価の手段として古くから広く用いられている．

測定には接合に光を照射し流れる電流を測る

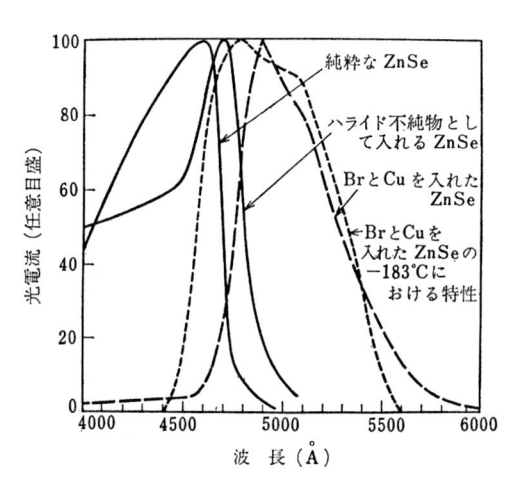

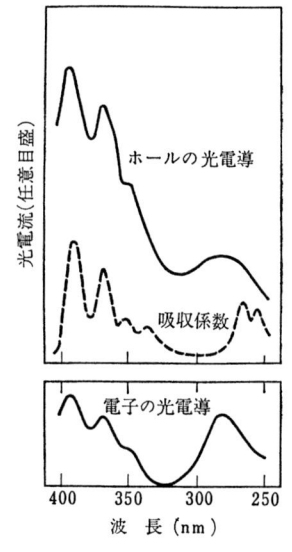

**図 5.23** ZnSe の光伝導度[10]

**図 5.24** アントラセンの光伝導度[6]

方法が用いられることもあるが，バルク試料を用いる場合には，オーム性電極をとり一様な光照射により生ずる電流を測定することが多い．図5.23にZnSeのPCの例を，図5.24にはアントラセンの光電流の測定例を示した．ZnSeの結果からもわかるように，PLと同様，PCには試料中の不純物を反映しスペクトルに変化が現われる．光電流あるいは光伝導度は光により励起されたキャリヤの数とその寿命により決定され，その波長に対するスペクトルは光キャリヤの励起スペクトルを反映していて，後述する光吸収のスペクトルとの対応がある．図5.24のアントラセンの例はこの事情を示

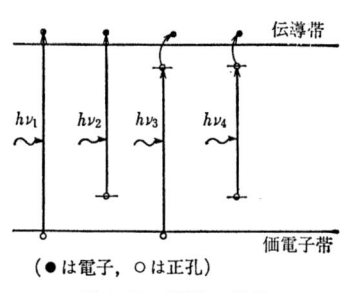

（●は電子，○は正孔）

**図 5.25** 光励起の過程

したものである．

　光励起の過程あるいは光吸収の過程は，価電子帯から伝導帯へ直接励起するものの他，図5.25に示したような種々の形があり，これに要する励起エネルギーが光伝導度のスペクトルに現われ，エネルギーギャップ内の準位を決定することも可能である．

　第2の光源を併用することにより，当該準位の占有状態を変え光伝導度の変化を測定する方法もある．これは光クエンチと呼ばれ，深い準位の決定に適している．測定温度を変化させることによる同様の測定は熱クエンチと呼ばれている．光伝導度測定により決定できるエネルギー準位密度は，エネルギーの大きさにもよるが，$10^{13} cm^{-3}$ 程度まで可能とされ，PLより感度はよい．

　パルス光励起による光伝導度の時間変化を測定することにより，キャリヤの寿命や再結合過程を調べることもできる．5.1.5に述べたフォトホール効果は一種の光伝導度測定であり，キャリヤの寿命内に測定を終えてしまうことにほかならない．

　II-VI族化合物半導体の中には，CdSやCdSeなど高感度の光検知器として実用に供されているものがあり，これらの材料についての光伝導の研究は古くから行われてきた．局在準位や応答速度を速めるための添加剤などの効果などが詳しく調べられている．この方法では光照射により得られるキャリヤの数を測定するので，レーザ光源などを用いなければ適当な信号を得るに足るキャリヤ数の得られないこともある．II-VI族化合物半導体などのもともとキャリヤ数の少ない高抵抗物質では，弱い光源でも十分な信号が得られる．このことがこれらの物質が光検知器として用いられる理由でもある．

　励起源として電子線を用いる方法は光伝導とは呼ばないが，欠陥の面分布などを調べる方法についてふれておこう．電子線誘起電流（EBIC）は，電子ビームを試料に照射し，これにより励起されたキャリヤの伝導を調べるもので，励起が試料表面近くのみに限られること，ビーム径を細くできることなどの他，電子エネルギーを変化させることによるスペクトロスコピー的測定には適さないことなどの点で光励起の場合と異なっている．第2の特徴を生かし細くしぼった電子ビームを試料表面上で走査し電流の変化を検出することで，面内の欠陥分布を調べることができ，LSIやSiパワーデバイス等での材料評価などに用いられている．

図 5.26 に EBIC の測定原理図を示した.

レーザビームを用いた同様の方法 LBIC も最近開発され，IC などの検査に用いられた例も報告されている．分解能は EBIC より劣るが，光学顕微鏡が使える比較的簡便な方法である.

### 5.3.3 吸収，反射による方法

前項までに述べてきた光学的方法は，試料に光を照射すると光の吸収が起こることを前提としている．試料表面に垂直に入射

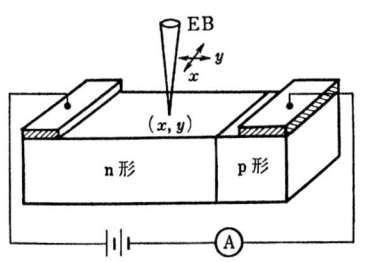

電子ビーム (EB) を走査し座標 $(x, y)$ の関数として逆バイアスされた p-n 接合を流れる電流を測定する．結果はモニターテレビに映し出し写真にとるか X-Y レコーダなどに記録する．

図 5.26 EBIC

した光波は電磁波であり，Maxwell 方程式により表面での光波の反射を試料の誘電率から求めることはできるが，もし光波のエネルギーにより，試料の表面または内部で新たな素励起が生ずる場合には，これによる光エネルギーの吸収を考慮に入れて，反射，透過を考えなければならない.

5.1.4 で述べた複素誘電率の実部と虚部は，各々光の屈折率と吸収係数とに対応づけることができる．したがって，クラマース−クローニヒの関係式は，

$$n(\varepsilon) - 1 = \frac{2}{\pi} P \int \frac{\varepsilon' k(\varepsilon')}{\varepsilon'^2 - \varepsilon^2} d\varepsilon'$$
$$= \frac{ch}{2\pi^2} P \int \frac{\alpha(\varepsilon')}{\varepsilon'^2 - \varepsilon^2} d\varepsilon' \qquad (5.21)$$

と書くことができる．ただし，$n(\varepsilon)$，$\alpha(\varepsilon)$ はエネルギー ε の光波に対する屈折率と吸収係数である．試料表面での光の反射率は，

$$R = \frac{(n-1)^2 + k^2}{(n+1)^2 + k^2} \qquad (5.22)$$

で与えられるので，薄い試料を用いて透過光強度を測定するか，薄い試料の得られぬ場合には表面からの反射光強度を測定することにより式 (5.21) と式 (5.22) を用いて吸収係数 $\alpha(\varepsilon)$ を決定することができる.

光吸収の過程は，ルミネセンスと同様光学遷移のマトリクスエレメントと終状態，始状態の状態密度などにより決定され，(a) 基礎吸収，(b) バンド内遷移による吸収，(c) バンド間遷移による吸収，(d) 励起子吸収，(e) 不純物吸収などがある．図 5.19 に示したルミネセンスの過程とは若干異なるものも含ま

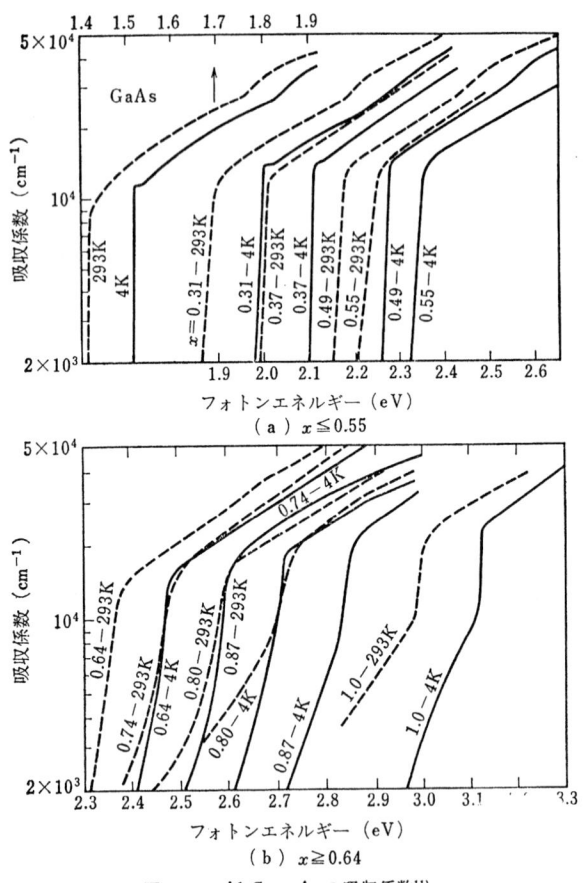

図 5.27 $Al_xGa_{1-x}As$ の吸収係数[11]

れている．$α(ε)$ はあるエネルギー $ε$ に対するこれら素励起のスペクトルを反映するので $α(ε)$ の値から，試料のエネルギー帯構造，状態密度，局在準位など非常に多岐に亘る情報を得ることができる．

図 5.27 は，$Al_xGa_{1-x}As$ のバンドギャップ近くでの吸収係数を光エネルギーの関数として測定した結果の例である．バンドギャップに相当するエネルギーでの吸収を基礎吸収端と呼ぶが，$α$ の増加の様子は $x<0.55$ と $x>0.55$ とで著しく異なることが明らかであり，GaAlAs が直接遷移形から間接遷移形に変わることに対応している．直接遷移形と間接遷移形とでは光学遷移に伴うモメンタム保存

## 5.3 光学的性質

則に対する要請から遷移確率のエネルギー依存性が異なるために吸収係数のエネルギー依存性が異なることによるものである.$x<0.55$ の基礎吸収端には励起子吸収のピークが現われており,これは試料の結晶性が良いことを示している.

試料が多くの不純物を含む場合には,基礎吸収端より低エネルギー側に不純物による吸収が現われ,不純物濃度が極端に高い場合には,基礎吸収端や励起子吸収によるピークが判別できないこともある.図 5.28 は GaP の不純物による吸収を測定した例である.同じく比較のためにルミネセンスのデータをも示した.両者は非常によい対応関係にあり,GaP にドープされた窒素によるペア発光とペア吸収が共にペアの密度により決まる強度で起こることを示す例である.

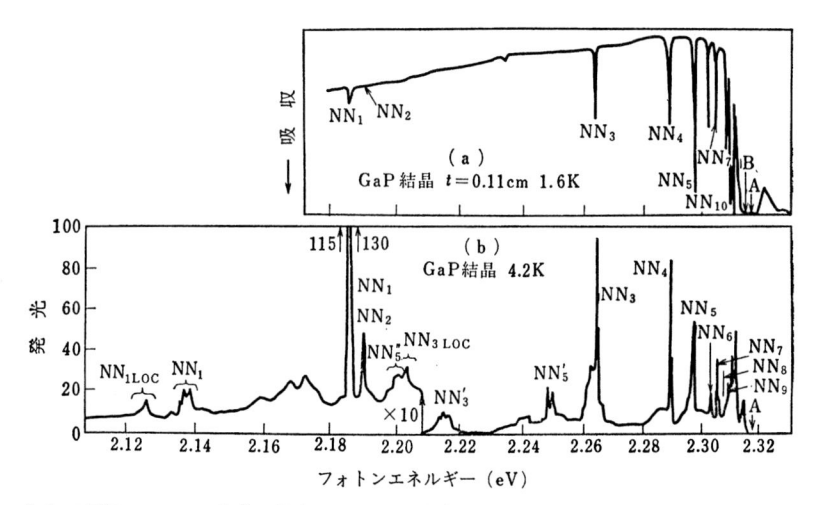

(a)は吸収スペクトル (b)は発光スペクトル.(b)で NN' としたものはフォノンレプリカを示す
図 5.28 GaP の NN 吸収と発光[12]

バンドギャップが大きい絶縁物やアモルファス半導体では,赤外線領域での吸収特性が調べられることが多い.1 eV 以下の赤外線領域のエネルギーには原子と原子の結合の振動モードに対応するものがあり,この領域での吸収エネルギーを調べることによりボンド(結合形式)を知ることが可能である.図 5.29 にアモルファス $Si_{1-x}Ge_x$ の赤外吸収スペクトルの測定例を示した.結合形式と振動モードを仮定して得られる振動エネルギー吸収ピークのエネルギーとの対応関係から,材料に含まれる結合形式を決めることができる.

波長が 50 μm 以上の遠赤外線領域の実験は測定装置が大がかりになることや,

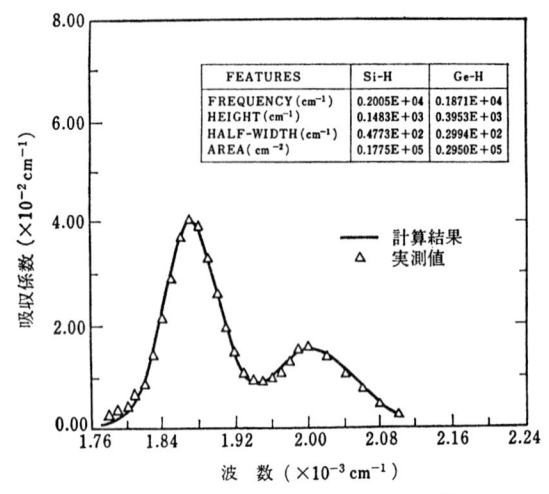

| FEATURES | Si-H | Ge-H |
|---|---|---|
| FREQUENCY (cm$^{-1}$) | 0.2005E+04 | 0.1871E+04 |
| HEIGHT (cm$^{-1}$) | 0.1483E+03 | 0.3953E+03 |
| HALF-WIDTH (cm$^{-1}$) | 0.4773E+02 | 0.2994E+02 |
| AREA (cm$^{-2}$) | 0.1775E+05 | 0.2950E+05 |

図 5.29 $a$-Si$_{1-x}$Ge$_x$の赤外吸収スペクトル[13]

光検知器に高感度のものが得られないという欠点はあるものの,格子振動モードや浅い不純物レベルのエネルギーや電子状態などに関する知見を得ることができ,よく利用されている.不純物状態に関する実験は熱エネルギーによるスペクトルのボケを避けるため,液体ヘリウム温度で行われ,静磁界を印加してより詳しい情報を得る試みもなされている.

単一波長のレーザ光源を入射し,散乱光のエネルギースペクトルを測ることにより結晶の格子振動に関する知見を得ることもできる.この方法はブリルアーン散乱あるいはラマン散乱と呼ばれ,半導体などの特性評価に用いられている.上に述べた反射または吸収の方法では,入射光と同一のエネルギーの反射光または透過光を対象としているのに対し,ブリルアーン散乱またはラマン散乱法は入射光と散乱光とのエネルギー差を求めて素励起のエネルギーを測定するという点でまったく異なっている.入射光源として単色性の強いレーザ光源が得られてから急速に進歩した.入射光のエネルギーと波数ベクトルを $h\nu_1, \mathbf{k}_1$,散乱光のエネルギーと波数を $h\nu_2, \mathbf{k}_2$,励起されるフォノンのエネルギーと波数を $\hbar\omega_q, \mathbf{q}$ とすれば散乱におけるエネルギーと運動量保存則により,

$$h\nu_1 - h\nu_2 = \pm \hbar\omega_q \tag{5.23}$$

$$\mathbf{k}_1 - \mathbf{k}_2 = \pm \mathbf{q} \tag{5.24}$$

なる関係が成り立つ．$h\nu_1 > h\nu_2$の場合は，フォノンの生成にあたり，このエネルギー変化をストークスシフト，逆の場合はフォノンの消滅（吸収）にあたり反ストークスシフトと呼んでいる（5.3.1参照）．音響モードを主とする相互作用はブリルアーン散乱と呼び，$q \neq 0$がこの実験の条件となるため，散乱光の方向とエネルギーシフトの両者を測定することにより，音響モードの分散関係に関する知見を得ることができる．光学モードを主とする相互作用はラマン散乱と呼ぶ．ラマン散乱では$q=0$での散乱が主となるため，光の偏光方向とエネルギーシフトを測ることにより，振動のモードとエネルギーを決めることができる．III-V族化合物半導体混晶では，これらのモードとエネルギーは材料や組成により多様な形態をとるが，ラマン散乱によりモル分率の決定を行うことも可能である．入射ビーム径を5 $\mu$m程度にしぼることにより微小領域での格子振動モードを測定することもできる．この方法は顕微ラマン散乱法と呼ばれ，混晶の評価に用いられている．

## 5.4 結晶の評価

電子材料の適否には結晶であればその結晶の完全性や不純物分布の均一性などが，また薄膜材料なら膜厚の均一性や表面の平坦性が問題になるなど，作製技術と密接に関係のある事柄が重要な因子となることが多い．以下の2節では最近急速に発達してきた電子材料関連技術の中で，主としてデバイス作製技術と表裏一体となって発展した評価技術のいくつかを中心に紹介する．本節では結晶や薄膜の結晶学的，幾何学的完全性に関する評価法について述べ，次節では不純物濃度やその分布，材料組成の均一性等に関する評価法を分光分析法を中心として紹介することとする．

### 5.4.1 エッチング

エッチングとは，化学反応や機械的な機構により材料表面の原子または分子を取り除くプロセスを言う．LSI製造技術では加工技術の1つとして集大成され，プラズマを用いたスパッタエッチ等のドライエッチングも行われている[7]．本書では材料評価法の1つとして古くから行われてきた溶液による化学エッチングについて概説する．

この方法は主に格子欠陥，転位などを目視可能とするプロセスである．エッチ

ング速度の遅いエッチ液に材料を浸すと，転位など欠陥を含む部分のエッチング速度が他の部分に比べて速いこと（選択性）により，欠陥部分に窪み（ピット）が生じる．これを光学顕微鏡で観察することにより，欠陥の種類と，その密度を容易に知ることができる．一般に行われる方法では，まず，機械的研磨により平坦な結晶表面を作り，次にエッチ速度の速いエッチ液で鏡面に仕上げ（選択性なし），次いでエッチピット観察用のエッチ液に浸す．エッチ液は材料の種類と目的とにより異なり，多くの実験により蓄積されたデータによるところが多い．参考までに表5.1に代表的半導体材料のエッチピット用エッチ液の組成例を挙げておく．

Si 結晶には引き上げ時に，スワールやストリエーションと呼ばれる欠陥が導

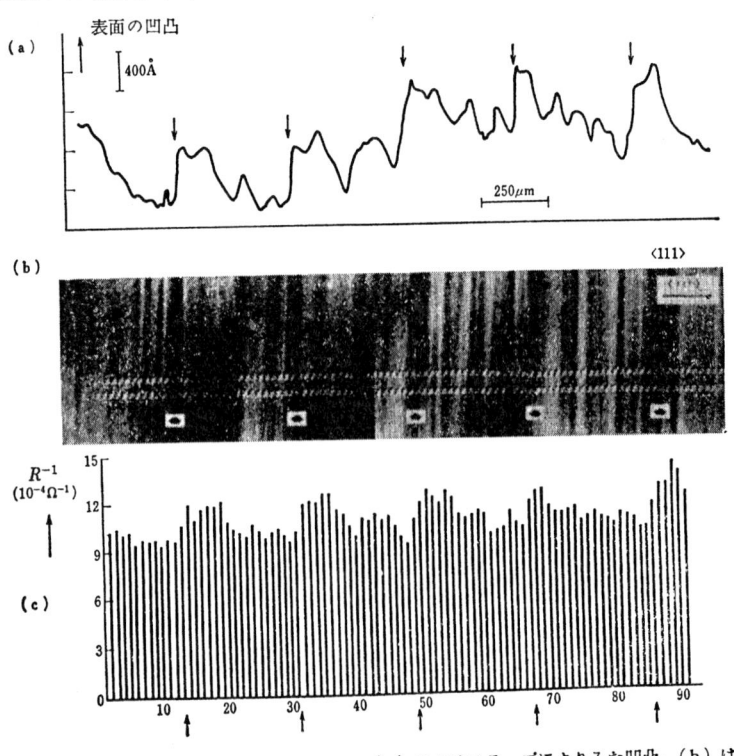

FZシリコンのエッチング表面のパターン．(a) はタリステップによりみた凹凸，(b) は干渉顕微鏡写真，(c) は拡がり抵抗の逆数
図 5.30 シリコンのエッチングパターン[10]

## 5.4 結晶の評価

表 5.1 エッチピット用エッチ液

| 材料 | 組成例 |
|---|---|
| Ge | HF 160 cc HNO₃ 80 cc H₂O 160 cc AgNO₃ 8 g |
| Si | HF 10 cc HNO₃ 30 cc CH₃COOH 100 cc |
| GaAs | H₂O₂ 10 cc 5%NaOH 50 cc |
| GaP | HF 30cc HNO₃ 50 cc CH₃COOH 30 cc |

入されるか，不純物の濃度分布や酸素などの混入も同様のパターンをとることが明らかにされた．図5.30はこの例を示したもので，不純物の濃淡により，表面に凹凸が生じ，写真でも濃淡の縞がよみとれる．このパターンはSi結晶を用いたビジコンの暗電流パターンとして現われたり，LSIの歩留り低下の要因になるなどの弊害をもたらしている．

エッチングは化学反応であるために，反応温度に敏感であることはもちろんであるが，材料に含まれる不純物の種類や濃度の差が，エッチング速度や表面の平坦さの差となって現われることがある．半導体のpn接合やヘテロ接合では接合の両側の材料のエッチングのされ方が異なり，接合境界にコントラストの差を生ずる．この方法により，接合を顕微鏡を用いて容易に観察することができる．多結晶材料の結晶粒界を明確にするのにもエッチング法が用いられている．

### 5.4.2 X線回折

X線は波長の短い電磁波であるが，その透過能力が非常に強いことを利用して，種々の非破壊検査の手段の一つとして用いられている．X線による計算機トモグラフィ(CT)が医用電子技術の一つとして実用化されているのはよく知られているところである．これはX線が直進する性質を利用した方法である．この項で述べるX線回折とは，X線の波長が結晶の格子定数より短いために波としての性質が現われ，規則正しく並んだ多数の原子からの散乱波の干渉により回折像が得られる現象を利用した方法である．

X線の回折条件はラウエにより求められた．波数ベクトル $k$ をもつ電磁波が点 $\rho$ にある原子により散乱され，散乱波として球面波が生じたとしよう（図5.31）．散乱体から十分離れた点 $R$ における散乱波の電界は，散

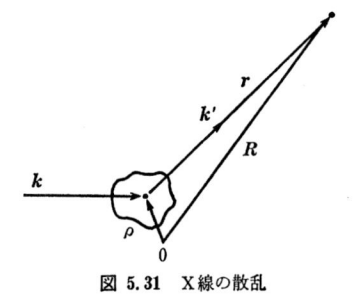

図 5.31 X線の散乱

乱波の波数ベクトルを $k'$ とすると,

$$E \propto \frac{E_0}{r}\exp(ik'r-i\omega t)\cdot\exp(ik\cdot\rho) \tag{5.25}$$

のように書ける. ただし, $k', r$ はベクトル $k', r$ の大きさである. ここに $r=R-\rho$ であるから, $R\gg\rho$ の場合には式 (5.25) は,

$$E \propto \frac{E_0 e^{ikR}}{R}\exp[i(k-k')\cdot\rho-i\omega t] \tag{5.26}$$

と近似できる. もし, 散乱体が密度 $n(\rho)$ のように分布しておれば, 散乱波は各々の散乱体からの散乱波の合成として与えられ, その大きさは,

$$a=\int d\rho\, n(\rho)\exp[i(k-k')\cdot\rho] \tag{5.27}$$

に比例する. 1.3.4で述べた逆格子ベクトルを用いて $n(\rho)$ をフーリエ変換すれば,

$$a=\sum_G \int d\rho\, n_G\exp[i(k-k'+G)\cdot\rho] \tag{5.28}$$

となり, 散乱波は $n_G \neq 0$ の場合に,

$$k-k'+G=0 \tag{5.29}$$

であるときにのみ零でない値をもつことが示された. $n_G$ は構造因子と呼ばれる. X線の散乱は主として弾性散乱によるので $|k|=|k'|$, したがって式 (5.29)を,

$$(k+G)^2=k'^2$$

すなわち,

$$2k\cdot G+G^2=0 \tag{5.30}$$

のように書くことが多い. これがラウエの回折条件である. 式 (5.30) は1.3.4で述べた電子のエネルギー帯図に現われるブリルアーン域の境界を与える式と同等である. 結晶中の電子波も電磁波も同様のブラッグ反射を起こすことになる. 電子波ではポテンシャルのフーリエ成分 $V_G$ が有限の場合にエネルギーバンドギャップが現われたことに対応し, 電磁波の散乱では $n_G$ が有限の場合に回折像が得られるのである. 1.3.1に述べた種々の結晶構造に対し $n_G$ を求めると, 式 (5.30) を満たす $G$ の値に対し $n_G$ が零になるものもある. これはラウエの回折条件を満たす回折像の中に構造因子が零であるために, 実際には像が得られないもののあることを意味しており, 消滅則と呼ばれている. X線回折の専門書には

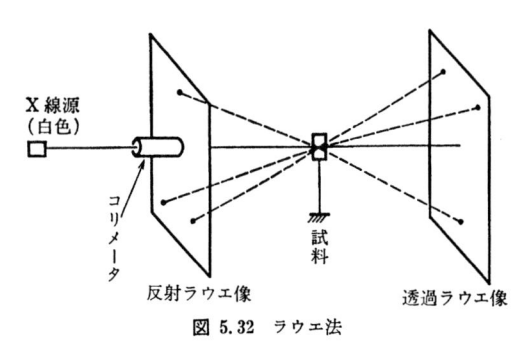

## 5.4 結晶の評価

その一覧表が作られ，多くの結晶の $G$ に対する回折強度の一覧表も紹介されている．

X線回折の最も簡単な実験法はラウエ法である．図 5.32 にこの概念図を示した．コリメータにより方向のそろった白色光のX線を試料にあてると，この試料の結晶構造により決まる逆格子ベクトルに対し，式 (5.30) で決まる $k'$ の方向に回折線が得られ，反射像または透過像として感光紙上にスポットが観測できる．このスポットを逆フーリエ変換すれば実空間格子像が得られ，この方法により原理的に結晶の構造を決定することができる．

図 5.32 ラウエ法

試料が多結晶の場合には $G$ の方向は定まらず，大きさのみが有意となるので，回折線のベクトル $k'$ も方向が定まらず大きさのみが有意となる．個々の微結晶からの回折線は同心円状に並び，円環状の写真が得られる．他方，試料がアモルファスのように $G$ の定義できない場合には，円環もスポットも現われない．ハローと呼ばれる同心円状の濃淡が観測されるのみである．この濃淡の半径方向の分布から，アモルファス材料の原子の相関距離を表わす径方向の密度分布 (RDF) を決めることも行われている．単結晶の格子定数の正確な決定は，回折法やロッキングカーブと呼ばれる単色X線を用いた方法によって行われるのが普通である．試料に単色X線を入射し，試料と検知器を連動して回転することにより，入射角を変えながら回折線強度を測定する方法である．図 5.34 はこのようにして得られた KBr 単結晶に対する回折線強度である．$(h, k, l)$ で表示された種々の逆格子ベクトルに対しそれぞれの強度の回折線が得られている．

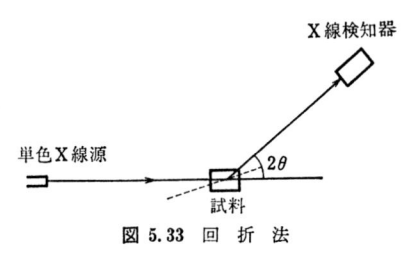

図 5.33 回折法

半導体のエピタキシャル単結晶薄膜では基板との格子整合が最も重要な因子であり，この方法で得られた回折線強度の角度依存性を秒のオーダまで測定するこ

とができ，このロッキングカーブから格子定数を有効数字6桁の精度で決定することが可能である．この程度の精度を得るためには，X線源の単色性が要求され，試料にできるだけ近い格子定数をもつ単結晶から得られる回折線をX線源に用いる2結晶法によるのが普通である．図5.35にはGaAs基板上にエピタキシャル成長したInGaAsPのロッキングカーブの測定例を示した．(511) 回折線を用いた測定で格子定数の不整合 $\Delta a/a$ が調べられている．

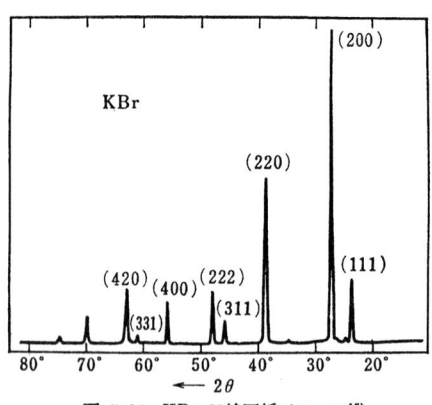

図 5.34 KBr X線回折パターン[15]

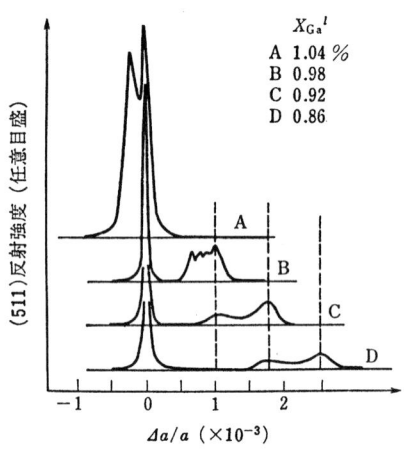

$X_{Ga}{}^l$ を変えた場合の (511)反射ピークの変化
(Super Cooling 法，成長開始温度 $T_g=785℃$，
$CR=0.5℃/min$)

図 5.35 GaAs 上にエピタキシャル成長した InGaAsP のロッキングカーブ

X線を用い結晶の欠陥や不純物の分布などを調べることも可能である．X線トポグラフィと総称される種々の方法は，特定の回折線の強度や回折角の試料中の場所による変化を記録，解析することにより，格子欠陥の分布を知る方法である．いずれの方法でもX線を試料上で走査することが基本であり，この目的のためにX線源を広げるかあるいは試料を移動させるかの2種の方法が考案されている．前者に属するものとしては，点源から放射状に広がるX線を用いるシュルツの方法と，線状のX線源から得られる二次元的X線源を用いるベルグ・バレット法があり，後者に属するものとしては，スリットと結晶とを平行移動させるラング法が代表的である．散漫散乱法と呼ばれる方法は，強力なX線を試料に入射することにより得られるバックグラウンドの回折線，すなわち式 (5.30) では与えられない回折線強度の角度依存性を調べることにより，欠陥や不純物の分布や混

晶におけるクラスタなどの知見を与える.

X線を用いた方法で得られる分解能はX線ビームのスポット径で決まる. 種々の工夫がなされてはいるが, 数 $\mu$m 以下の分解能を得ることはできない. ミクロな構造は次に述べる電子顕微鏡などの電子ビームを用いる方法が優れている.

### 5.4.3 電子顕微鏡

電子顕微鏡を用いる方法は, 広い領域での情報を得るには不向きであるが, 狭い領域での欠陥, 転位, 形状など微細な構造を直接見ることのできる方法である.

試料に高エネルギーの電子線を照射すると, 種々の情報をもった電子や光波がでてくる. 図 5.36 に物性測定に用いられているものをいくつか示した. 反射電子を用いる反射形電子顕微鏡では試料表面の形状の観察, 元素分析, 構造解析などを行うことができる. 二次電子を用いる場合数十Åの横方向の分解能が得られる. X線, オージェ電子, カソードルミネセンスを用いたマイクロアナリシスでは元素分析が行えるし, 透過電子を用いた透過形電子顕微鏡では上記の測定の他, 欠陥分析が可能である. 試料を流れる電流を検出する EBIC はすでに述べた. 最近の電子ビームを用いた測定装置はこれらの解析装置のいくつかが組み込まれているもの, 入射電子線を試料表面上で走査することにより, 表面形状の観察, 元素分析, 欠陥分析などを同時に行い, 試料の総合的評価が可能となっている.

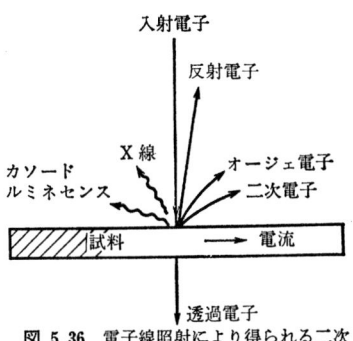

図 5.36 電子線照射により得られる二次物理量

本項では主として二次電子の強度を調べることにより表面の形状観察を主目的とする走査形反射電子顕微鏡 (SEM) と薄膜試料を透過する電子線の回折像を調べることにより, 試料内の欠陥や原子の分布を調べることのできる透過形電子顕微鏡 (TEM) について述べる. 反射電子の回折線を用いる LEED や HEED, あるいはオージェ電子分光や電子エネルギー損失分光, X線マイクロアナリシス等については次節以後で述べることとする.

**a. SEM** 電子源には W 線で作られたヘアピン形の陰極から熱電子として

放出されたものを用いるのが普通で，電子レンズにより直径数十Å程度に集束される．SEMでは，この電子線を走査用コイルの働きにより，試料表面上を二次元的に走査させ，上述した各種情報を得るものである．試料から出る二次電子は図5.37に示した如く，最もエネルギーの低い電子であり，試料表面近くの数十Åまでの浅い層に存在する電子が入射電子により励起されて出てくるものである．この低エネルギーの二次電子を二次電子検出器と試料との間にかけられた200〜500Vの電界により集める．次にこれを10kV程度の電界で加速してシンチレータに照射し，その発光強度を光検知器で検出することにより二次電子の数に比例した信号を得る．

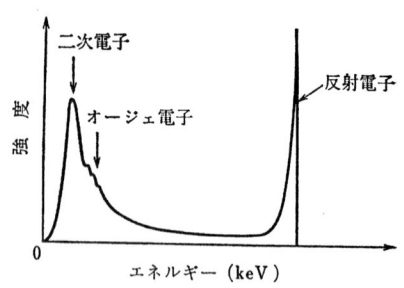

図5.37 各種電子のエネルギースペクトル

二次電子の検出強さは材料により異なることはもちろんであるが，二次電子検出器と試料との位置関係によっても異なる．たとえば図5.38に示したような凹凸のある試料表面を見るとき，二次電子の検出強さは図の配置ではA, B, Cの位置で異なり，

$$B > A > C$$

となることは明らかであろう．これがSEM像のコントラストとなって現われる．

図5.38 SEMによる凹凸の検出

SEMで表面の形状を知ることのできるのはこの原理によるのであるが，試料が絶縁物である場合，入射電子線により試料表面に電荷が溜まり，像がぼけてしまうことがある．このような場合は試料表面に薄い導電性膜を蒸着してから観察を行うのが普通である．

SEMの分解能を決める要因は主として電子レンズの収差と入射電子線のスポットの大きさの2点にある．前者は光学レンズの場合と同様の球面収差と電子のエネルギーがコヒーレントでないことによる色収差の2つがある．後者は入射電

子線の試料表面上でのスポット径にかかわるもので，スポットを小さくするために電子線の開き角 $\alpha$ を大きくすれば球面収差によるボケが増大しトレードの関係にある．

また信号強度を上げるために強い電子ビームを用いると，電子間のクーロン反発力のためにビームは広がってしまう．入射電流とスポット径とは，

$$S=\left(\frac{0.4I}{B}\right)^{\frac{1}{2}} \cdot \frac{1}{\alpha} \tag{5.31}$$

なる関係にあることが知られている．ここに $B$ は電子線源の輝度である．したがって輝度の高い電子線源を用いるのがよいことになる．

スポット径が小さいと分解能は二次電子の放出過程で制限される．入射電子が試料内で散乱を受けて広がること，二次電子が励起されてから試料外へ脱出するまでに生ずる散乱過程によっても広がることなどにより二次電子像はボケを生ずる．以上に述べたいろいろな要因により得られる SEM の分解能は通常 100 Å までである．

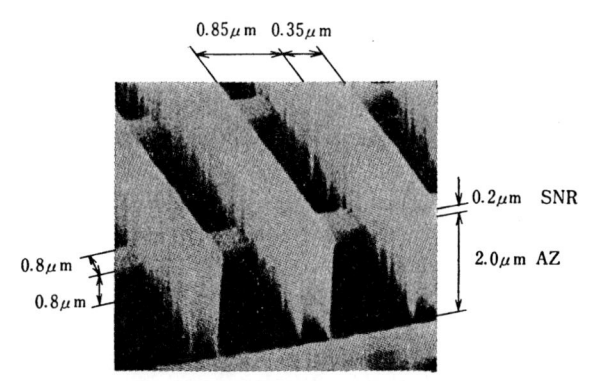

**図 5.39** サブミクロンデバイス用パターンの SEM 写真[16]

従来 SEM は上述の表面形状の観察に主に使われてきた．図 5.39 にサブミクロンのデバイス作製用パターンの SEM 写真の一例を示す．このように SEM 像は得られる像が立体的にみえ表面の形状をみるのに非常に都合がよい．二次電子放出量が材料や表面電位差により異なることを利用し，半導体ヘテロ構造や IC などの評価，検査にも用いられるようになった．特に IC では SEM 像のコントラストとなって現われる要因として表面の凹凸以外に，Si その他多くの材料で構成されていること，また動作中に誘起される電位分布などがある．

**b. TEM, STEM**　TEM は極めて薄い試料を透過した電子の強度を検出することにより，結晶欠陥などの内部構造や半導体ヘテロ構造などを観察するのに用いられている．この方法の分解能は主として入射電子線のスポット径で決まり，数Å程度のものが得られている．電子の透過能は電子のエネルギーにより決まる．高エネルギーの方が透過能は大きく，比較的厚い試料を用いることができるが高分解能が得られないという欠点がある．高エネルギーといえども電子線の透過能力はそれほど大きくないので，試料は数千Å以下の薄膜としなければならない．機械的研磨を行った後に，化学エッチングやイオンミリングなどを行い観察しようとする箇所のみ薄くして試料とする．

TEM による方法では，X 線による回折と同様，電子線の結晶格子による回折像（格子像という）を見ることもできる．回折線にはX線回折線と同様構造因子や形状因子の情報が含まれるのでこれを用いることにより，半導体ヘテロ接合構造の観察を行うこともできる．たとえば GaAs/AlAs ヘテロ構造の (200) 回折線を観測すると，Ga と As の形状因子（散乱振幅）はほとんど同じであり (200) 回折線は見えないが，Al と As の形状因子には差があるので (200) 回折線は消えない．このために (200) 回折線により TEM 像を見ると，GaAs 層は暗く，AlAs 層は明るく見える．図 5.40 はこの方法により得られた GaAs/AlGaAs 超格子の TEM 写真の例である．

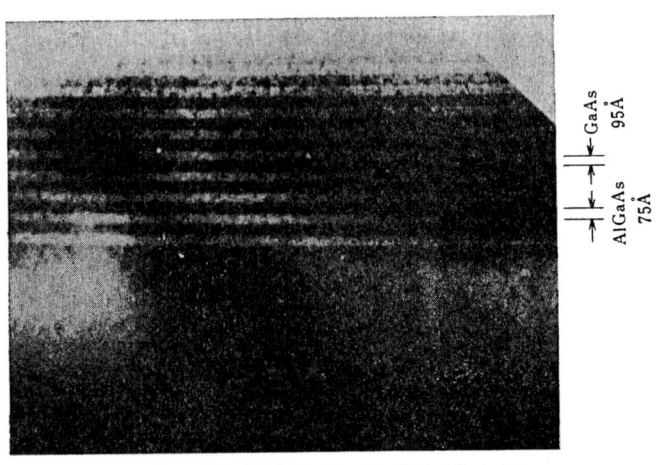

明るい部分が AlGaAs 層，暗い部分が GaAs 層
図 5.40　GaAs/AlGaAs 超格子構造の TEM 写真[17]

### 5.4.4 光学顕微鏡による方法

電子材料は半導体エピタキシャル膜,磁性薄膜,絶縁膜など薄膜の形で用いられることが多く,薄膜としての電気的,光学的特性の評価が必要となる場合がある.数 $\mu$m 以上の厚い膜や数 $\mu$m 以上の大きな表面の凹凸は通常の光学顕微鏡を用いて直接測定を行うことが可能であり,上記特性評価もバルクに対する方法を援用できる.しかし数 $\mu$m 以下の膜では薄膜特有の方法を必要とする.前項に述べた電子顕微鏡による表面形状の観察でも深さ方向(厚さ方向)の分解能は 100 Å の程度であり,測定にはそれなりの技術を必要とする.

数千Å以下の薄膜や表面形状の観察にはむしろ光の波としての性質を利用し,位相に関する情報を使うのがよく,数十Åの縦方向の分解能を容易に得ることができる.この方法では光干渉法と偏光解析法の2つが代表的である.本項では顕微鏡としての干渉法について述べ,次項で偏光解析法について述べる.

**a. 多重反射干渉法**　まず多重反射干渉法による膜厚測定法について述べよう.間隔 $d$ の2つの平行な反射面に波長 $\lambda$ の単色光を入射させると,多重反射により,

$$d = m\frac{\lambda}{2} \quad (m:整数) \tag{5.32}$$

の関係があるとき強い干渉が起こることはよく知られている.これを利用して膜厚を測定することができる.図 5.41 にこの方法の測定原理を示した.Al などを平ガラスに蒸着した半透膜を試料に傾き角 $\theta$ で重ね,上から波長 $\lambda$ の単色光を入射させると,半透膜と試料表面との間の多重反射干渉により,間隔,

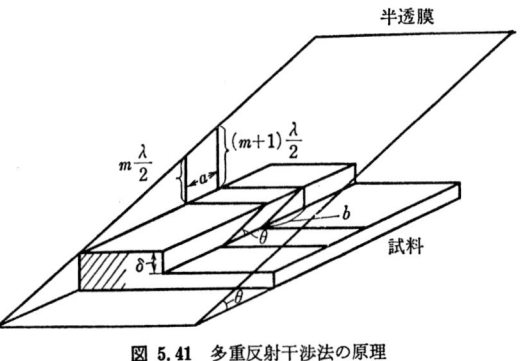

**図 5.41** 多重反射干渉法の原理

$$a = \frac{\lambda}{2} \frac{1}{\tan\theta} \tag{5.33}$$

の干渉縞が得られる.もし試料に $\delta$ の段差があればこの干渉縞は段差の上下で,

$$b = \delta \frac{1}{\tan \theta} \tag{5.34}$$

だけずれたところに現われるはずである．したがって，$a$ と $b$ を測定することにより段差 $\delta$ を，

$$\delta = \frac{\lambda}{2} \frac{b}{a} \tag{5.35}$$

によって決めることができる．もし $\delta$ が基板上に作られた薄膜によるものであればこの方法により膜厚を決定することができる．光源には水銀灯の特性線をフィルタを用いて選び単色光とするのが普通で，この方法により 20～30 Å 程度までの段差を測定することが可能である．試料表面での反射が弱い場合には強い干渉縞のコントラストを得ることが困難となるので，表面に Al や Au などを蒸着することにより反射面を作り測定する．

**b. 微分干渉顕微鏡**　装置の原理を図 5.42 に示した．光源から出た光をポーラライザ（A）を通して直線偏光とした後，偏光分離素子（B）を通して振動方向が互いに直角で距離が $s$ だけ離れた2つの光 O 波と E 波に分ける．これをレンズを通して試料にあてると，2つの光波による反射光には図 5.43 に示したように試料の凹凸に応じて位相差 $\phi$ を生ずる．この2つの反射光を再び偏光分離素子（C）とアナライザ（D）で1つの光波にもどすと，O 波と E 波は互いに干渉し，位相差 $\phi(x)$ に応じた干渉色が得られる．位相差 $\phi(x)$ は図 5.43 に示したように試料表面の形状に対し，

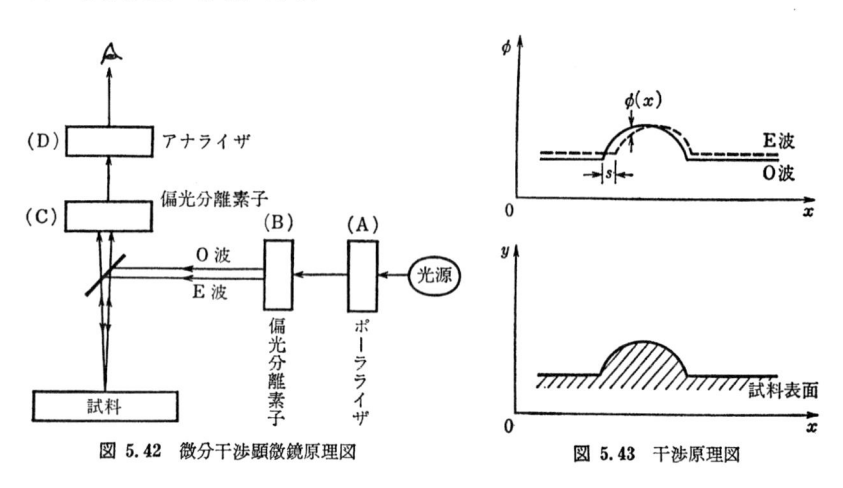

図 5.42　微分干渉顕微鏡原理図

図 5.43　干渉原理図

$$\phi(x) = \frac{dy}{dx} s \tag{5.36}$$

で与えられることから，微分干渉顕微鏡と名づけられた．

この原理では，凹凸のある試料面で平坦な部分からは干渉色はなく，凹凸部分の縁からの像が得られる．これは暗視野像と呼ばれている．偏光分離素子を傾けることにより平坦な部分にも位相差をつけ，明視野像とすることも，また立体感のある像とすることもできる．

試料は表面での反射率が高い方がよい結果が得られるので，AlやAuなどを蒸着し，反射率を上げることも行われている．横方向の分解能は用いる波長のオーダーで数千Åである．縦方向の分解能は高低差10Åまで可能とされているが，一般には数十Åである．これはSEMの分解能より優れており，結晶の表面形状，特にエッチピット，成長縞などの簡便な評価手段として用いられている．

### 5.4.5 偏光解析法（エリプソメトリ）

前項で述べた干渉法が表面形状を観測することに用いられたのに対し，エリプソメトリはもっぱら膜の厚さや屈折率などを評価するために用いられる方法である．

図5.44に示す基板上の屈折率 $n$，厚さ $d$ の薄膜に直線偏光を入射させる．この光波の試料表面に平行な振動成分の反射率を $R_p$，垂直な振動成分の反射率を $R_s$ とすると両者は同一ではなく，その比は，

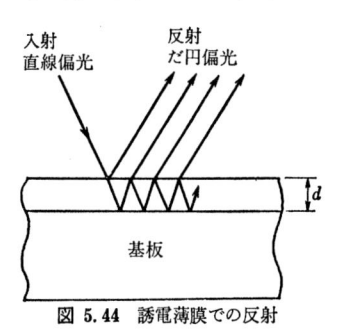

図5.44 誘電薄膜での反射

$$\frac{R_p}{R_s} = \tan \Phi \cdot \exp(i\varDelta) \tag{5.37}$$

のように書ける．このことは反射光がだ円偏光となることを意味している．$\Phi$ はだ円偏光のだ円率，$\varDelta$ はだ円の傾きに対応する量であり，スネルの法則とフレネルの公式を用いて $n$ と $d$ をパラメータとして計算で求めることができる．したがって $\Phi$ と $\varDelta$ を測定により求めることができれば，それに合う $n$ と $d$ を決めることができる．この作業には多くの計算を必要とするので，ミニコン等の計算機を用いて行うのが普通である．

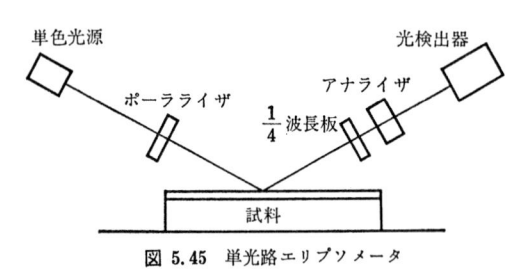

図 5.45 に単光路エリプソメータの光学系の原理を示した。水銀灯またはガスレーザなどから得られる単色光を偏光子を通して直線偏光とし、試料表面に入射させる。得られただ円偏光を 1/4 波長板を用いて直線偏光にもどし検光子を用いて $\Phi$ と $\Delta$ を求める。$\Phi$ と $\Delta$ との関係は $n$ と $d$ が与えられると一意に定まるので、もし $n$ が既知であれば1回の測定で $d$ を決めることができる。$n$ が未知の場合には $d$ をエッチングなどにより変化させながら測定を繰り返すと、$\Phi$ と $\Delta$ との関係はある一定の曲線上に並ぶ。これから $n$ を決定できる。測定の精度は $d$ が $\pm 5$ Å 程度、$n$ が $\pm 2\times 10^{-3}$ の程度得られ、膜厚も 100 Å 程度まで測定が可能である。光のスポットはある程度小さくできるが、この方法で得られる膜厚や屈折率の値は光のスポットの範囲の平均値であることはいうまでもない。

## 5.5 分光分析法

電気・電子材料の評価法は、材料の多様化、構造の複雑化、微細化に伴って、近年非常に多様な方法が開発され利用されている。電子線、分子線、イオン線などのエネルギーや強度を正確に制御することができるようになり、これらを用いた材料評価法は、従来の方法では不可能であった詳細な評価を可能にした。分光分析法とはその名前のとおり、入射ビームまたはそれにより励起される種々の物理量のエネルギースペクトルを測定、解析することにより、材料の表面状態や組成およびそのプロファイル、不純物、欠陥などの種類と分布などの評価を行うものである。不純物の格子位置を決定することのできる方法などの非常に洗練された評価法は現在も尚発展途上にあり、さらに進んだ方法が開発され、新しい電子材料の開発に役立つものと考えられる。

本節ではこれらの方法の中で、電子線、イオン線を用いたいくつかの材料評価法について紹介することとする。最初に述べる電子線回折法は分光分析法ではないが、X線回折や電子顕微鏡などに比べ、比較的新しく開発された方法である。

## 5.5.1 電子線回折

電子線回折の原理は5.4.2で述べたX線回折の原理とまったく同じで，電子線の波動としての性質が結晶格子による散乱波の合成により回折線となって現われることにある．X線回折法ではX線の透過能が比較的大きく試料の奥深く入るので，バルクとしての結晶の構造や内部の欠陥等を評価するのに適していたのに対し，電子線回折法は電子線の侵入深さが数十～数百 Å と比較的浅いために，結晶の表面の情報を得ることができることに特徴がある．表面に並んだ結晶格子の様子や表面に吸着した異種原子や分子の構造など調べることができる．

10～数百 eV のエネルギーをもつ電子線を試料に入射させると電子は試料表面の結晶格子により散乱を受け結晶格子の逆格子に対応する回折像を形づくる．この回折像を螢光面上に投影して観測し，試料表面の結晶格子の構造を解析する．

入射電子線の加速エネルギーの大きさにより低速電子線回折 (LEED) と高速電子線回折 (HEED) とに分けられる．前者では試料表面に垂直に電子線を入射させることが多いのに対して，後者は試料面に斜めから（小さな入射角で）入射させる．電子エネルギーの試料面に対する垂直成分はともに10～数百 eV の程度である．

5.4.2でも述べたように，結晶格子の散乱断面積が小さい場合には，一次散乱波の重ね合わせにより得られる回折像は逆格子空間におけるラウエ条件を満たすエバルト球により解釈することができる．試料表面に垂直に電子線を入射させるLEEDの方法で得られる回折像はX線回折により得られるのと同様スポットの列となる．図5.46には一般的なLEED装置の原理図を示した．電子銃から発射された電子線は数十～数百V程度の電界で加速され，試料にほぼ垂直に入射する．試料表面からは回折線のほか反射電子線などのノイズを伴った多くの電子が発射するので，グリッドを用いることにより回折線のみをエネルギー的に分離して螢光板にあて，回折像スポット

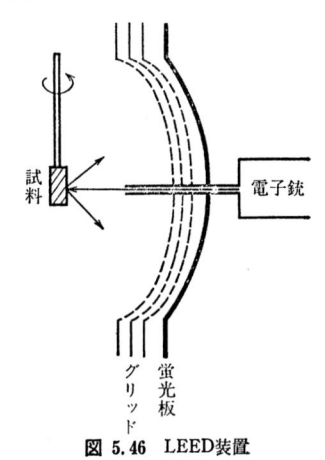

**図 5.46** LEED装置

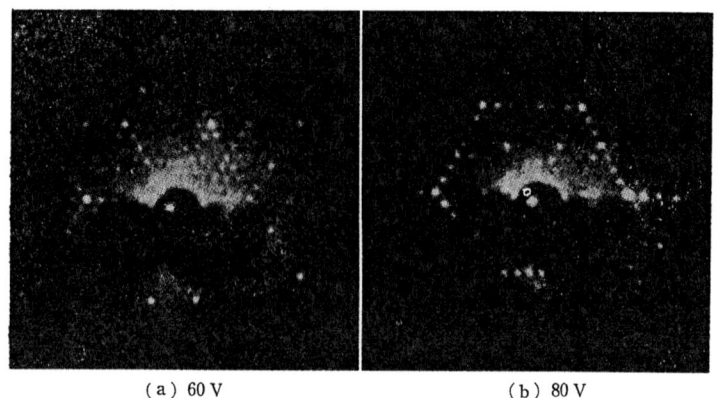

(a) 60 V　　　　　　　　(b) 80 V
図 5.47　Si(111) 表面の LEED 像[18]

のパターンを観察する．試料表面は清浄であることが必須であり，超高真空中でへき開などにより得られる表面をそのまま利用することが多い．図 5.47 に Si(111) 表面で得られた LEED 像の例を示した．3 回対称軸に見られるパターンに加えて，一列に並んだ (7×7) 周期構造を示す点列（超格子構造）がみられる．

LEED は清浄表面の超格子構造やその形成過程に関する研究に用いられるばかりではない．試料表面に凹凸がある場合には，各々の微小面から生ずる回折像が重なって見えることがある．入射電子線のエネルギーを変化させると，回折線スポットの位置が鏡面反射点（基準面が凹凸のない鏡面であるときに得られる点）を中心として蛍光板上を移動するので，微小面から生ずるスポットを識別することができる．

LEED の回折線は入射ビームのエネルギーだけでなく，入射角を垂直入射からずらすことによっても変化することが知られている．入射電子線に対する表面格子の散乱断面積が小さい場合には一次回折像を考える運動学的理論のみで解析が可能であるが，LEED では多重散乱の効果が無視できず，動力学的理論によらなければならない部分があることの反映であると考えられている．

HEED は 10 keV～50 keV 程度の高エネルギー電子線を試料表面に入射角 1°くらいの小さい角度で入射させ，これによる回折を見るもので，反射線を用いることから RHEED とも呼ばれる．入射角が小さい上に，表面のみの格子からの反射線をみるので，回折像はスポットとならず直線状の像となる．図 5.48 にこ

## 5.5 分光分析法

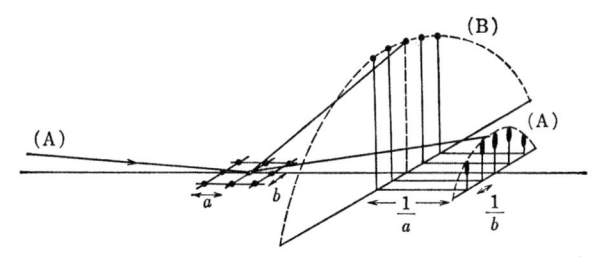

図 5.48 RHEED のエバルト球

の原理図を示した．格子定数 $a, b$ の二次元格子に波数 $k_0$ の波を入射させる．これにより得られるエバルト球と交わる逆格子点は，散乱角の大きい点列（B）に対してはスポットとなるが，散乱角の小さな点列（A）に対しては回折線のぼけにより細長く伸びた棒状の線となってしまう．格子が純粋に二次元格子であれば，三次元空間でみる逆格子は二次元平面に垂直な成分が特定できず垂直な直線群となることに対応している．図 5.49 に RHEED 像の例を示した．

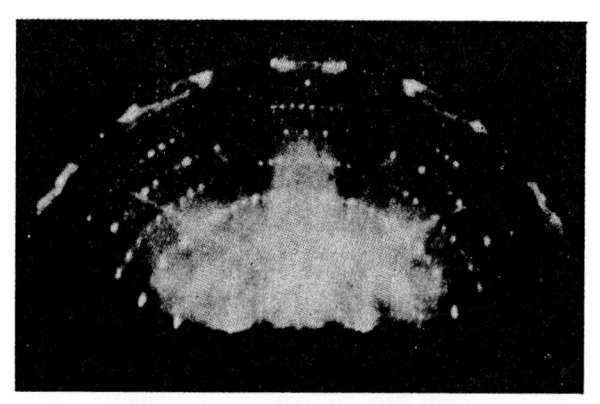

図 5.49 Si(111) 清浄表面の RHEED 像[19]

LEED では電子線径（0.5 mm φ 以下）程度の大きさの試料があれば測定ができるが，試料表面上の微結晶やウィスカーなどの検出は難しいのに対し，RHEED では照射面積が大きくなるために大きな試料を必要とする反面，試料表面上にある微結晶やウィスカーなどは透過像を作るのでこれらの検出が可能である．電子線回折像は X 線回折像と同様，試料が多結晶であったり，アモルファスであったりすると，それ相当のパターンが得られ，しかも表面の数原子層の情報を与える

ので，超高真空中で薄膜を堆積しながら回折像を観測することにより，試料表面上の原子の並び方を推定できるのが一つの大きな特徴となっている．

### 5.5.2 オージェ電子分光

オージェ効果とは，その発見者オージェにちなむものである．原子を電子ビームなどにより励起するとき，励起エネルギーが大きければ内殻電子を励起することができる．今，K殻にある電子を励起したとすると，K殻には空孔ができる．この空孔はL殻よりエネルギーの高い電子で埋めることができる．もしL殻の電子が落ち込むとすればこの遷移 (L→K) に伴う余分のエネルギー $|E_K-E_L|$ は特性X線または二次電子として外部に放出される．前者を検出する方法は次項で述べるX線マイクロアナリシスと呼ばれ，後者を検出する方法をオージェ電子分光 (AES) と呼び，もし二次電子がM殻から放出されると，これらの過程で出る二次電子をKLMオージェ電子と呼ぶ．一般に $\alpha\beta\gamma$ オージェ電子の運動エネルギーは，

$$T_{\alpha\beta\gamma}=E_\alpha-E_\beta-E_\gamma \tag{5.38}$$

で与えられ，このエネルギーはオージェ電子の種類によって，すなわち原子の種類により決まり，特性X線と同様，原子に付随したものとなる．したがってオージェ電子のエネルギースペクトルを測定することにより材料中の原子の種類と濃度を決めることができる．

オージェ電子の収量は電子線励起による内殻電子のイオン化率とオージェ遷移の確率との積で与えられる．詳しい理論解析や実験結果からスペクトル中の特定エネルギーのものに注目すれば，ほとんどの原子について97％以上の収量が得られることが確かめられている．オージェ電子が外に出てくることのできる試料表面からの深さを脱出深さと呼ぶ．これはSEMの場合と同様二次電子のもつエネルギーに強く依存するが，多くの実験データによれば，50～500 eVのエネルギーをもったオージェ電子の平均脱出深さは10 Å以下，2 keVでも20 Åの程度である．すなわち，オージェスペクトルの測定により，試料表面に存在する原子を評価することが可能となる．

オージェスペクトルの測定には $10^{-10}$ Torr 程度の超高真空を必要とし，二次電子のエネルギースペクトル（エネルギーに対するオージェ電子の個数）を円筒鏡面形分析器 (CMA) などのエネルギー分析器を用いて計測する．最近のオージ

ェ測定装置にはスパッタリングの機構も設けられていて，試料表面を削りながら深さ方向の原子の分布を測定できるものが多く，電子ビームを試料表面上で走査できるもの (SAM) もある．

AESを定量分析に用いる際の検出感度は，元素にもよるが通常 0.1% 程度の表面濃度までであり，ppm オーダの不純物の検出はできない．SAM の横方向分解能は SEM と同程度である．深さ方向の分解能はオージェ電子の脱出深さにより決まる．図 5.50 は Si 表面に薄い酸化膜を形成し超高真空中で加熱すると表面の酸化膜が除去されることを調べた AES の例である．この試料の酸化膜の厚さは 5 Å 程度と推定され熱処理により酸素のピークが消えることがわかる．AES は半導体ヘテロ接合界面の組成分析にも広く用いられ，金属材料でもそのぜい性が結晶粒界への不純物の析出によるものであることが AES により確かめられた．

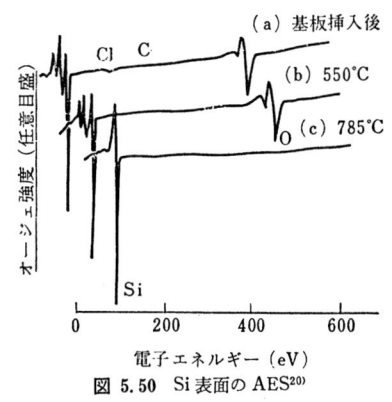

図 5.50 Si 表面の AES[20]

### 5.5.3 X線マイクロアナリシス

前項でも述べたように，試料に電子ビームを入射し，放出される特性X線のエネルギーと強度をX線分析器で測定することにより試料に含まれる元素の種類と濃度を評価する方法は，X線マイクロアナリシス (XMA) または，電子線プローブX線マイクロアナリシス (EPMA) と呼ばれる．

特性X線 $|E_K-E_L|$ または $|E_K-E_M|$ (各々を $K_\alpha$ 線，$K_\beta$ 線と呼ぶ) のエネルギーは元素特有のもので，そのエネルギー (波数) と強度を測定することにより組成分析を行うことができる．検出感度は AES とほぼ同じであるが，X線は，脱出深さに相当するものが大きいので，深さ方向の分解能は入射ビームの侵入深さで決まり，0.1 $\mu$m の程度と大きい点が異なる．電子ビームを試料表面上で走査して二次元像を得ることのできるのも AES と同じである．

X線を検出する分析法には電子ビーム励起による XMA の他に，X線を励起源とする蛍光X線分析 (XRFS) もある．電子線を用いる方法で定量分析を行う場合には各種の補正を必要とするが，XRFS ではその必要が少なく精度のよい測定

が可能である．

### 5.5.4 光電子分光

化合物材料の評価には，組成分析だけでなく組成元素の結合状態に関する情報を必要とすることがある．前項までに述べた方法は，いずれも組成の定量化にはすぐれた方法であるが，結合状態を知ることはできない．光電子分光法はESCA（化学分析のための電子分光）とも呼ばれ，固体材料の電子状態，状態密度，バンド構造などに関する情報を与えてくれるので，元素の結合状態などの知見を与える．

励起源として紫外線を用いるUPSと，X線を用いるXPSとがあり，最近ではSOR光（シンクロトロン軌道放射光）も用いられている．これらにより励起された固体中の電子が試料外に放出される．この放出電子（一次電子）のエネルギースペクトルを測定する．この方法で測定される一次電子は内殻電子からのもののみでなく，価電子帯からのものも含まれていて，これらの電子のエネルギースペクトルを測定することにより，元素分析と化学結合状態の評価を行うことができる．

固体表面からの光電子の放出過程は励起，輸送，放出の「三段モデル」で説明されている．これは励起により伝導帯に生じた光電子が拡散により試料表面に輸送され，その後表面のポテンシャル障壁を越えて放出されると考えられている．

光励起がバルク内で生ずるものとすると，価電子帯からの光電子スペクトルは，

$$I \propto \int P_{ij} \rho_i \rho_j DT \, \mathrm{d}k \, \mathrm{d}E \tag{5.39}$$

で与えられる．$P_{ij}$は価電子帯から伝導帯への励起確率，$\rho_i, \rho_j$は各々の状態密度，$D$は励起場所から表面までの輸送確率，$T$は表面からの放出確率である．光電子のエネルギーが大きいときには，$T$はほとんど1とみなされ，これを考える必要はない．またこのような高エネルギー電子に対する伝導帯の状態密度もほぼ一定でスペクトルに対する影響は無視できることがわかっている．$D$は光電子が電子-格子相互作用，電子-電子相互作用などいろいろな散乱を受けてエネルギーを変えながら表面に達することを考慮して決めるべきもので，角度依存性のある量で，光電子の脱出深さとも関係がある．脱出深さはエネルギーの関数である．

UPSでは光電子のエネルギーが小さいので，脱出深さは数Åとなりスペクトルは表面の単原子層程度の情報を与える．XPSではエネルギーが大きく，10〜数十Å程度の脱出深さとなり，スペクトルには必ずしも表面としてではなく，バルクとしての性質を反映したものが現われる．

以上のことから光電子スペクトルを測定することにより，価電子帯の状態密度，表面近傍での電子との相互作用により生ずる各種素励起に関する情報を得ることができることが理解できよう．図 5.51 には Au に対して得られた光電子スペクトルの例を示した．励起エネルギーが 50 eV より高ければ，スペクトルはほぼ一定となり，Au の価電子帯の状態密度に対応するスペクトルを与えているものとみなされる．

励起がバルク内でなく表面のみで行われる場合には上述した三段モデルは適用できないが，表面の電子状態を直接反映した形で光電子が放出されるので，表面電子の状態，すなわち表面への異種原子の化学吸着や表面構造の再構成などを調べることができる．XPSでは励起エネルギーが大きいので内殻電子の放出を行うことができ，光電子スペクトルは内殻準位に対応した鋭いピークを与える．このピークエネルギーは原子の結合状態により若干の差（化学シフトという）があることが知られている．光電子スペクトルからこの化学シフトを検出することにより，原子の結合状態を推定することができる．

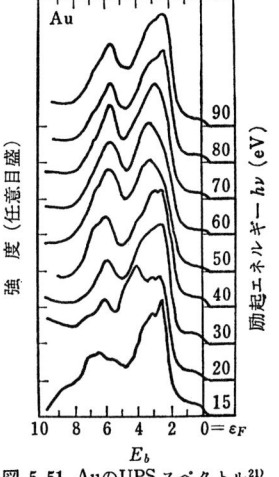

図 5.51 Au の UPS スペクトル[21]

### 5.5.5 二次イオン質量分析

前項までに電子あるいは電子線を用いた分光分析法のいくつかを紹介したが，イオンを用いる方法も最近急速に発達した．本項ではその中でも代表的な二次イオンを用いた二次イオン質量分析法を，次項では一次イオンのエネルギー損失を測定するラザフォード散乱について述べることとする．

数 keV から数十 keV に加速されたイオンビーム（一次イオンビームと呼ぶ）を試料に照射すると，試料表面は破壊され（スパッタリングと呼ぶ），試料を構成する原子がそのままあるいはイオンとなって放出される．この二次イオンが電

荷を持っていることを利用してイオン質量分析器によりこの質量を測定し，試料の構成原子を知るのが二次イオン質量分析法である．微小面積の分析を目的としたIMAと，比較的大面積の試料の分析を目的として一次イオンビームを走査できるSIMSを区別して呼ぶこともあるが，原理的な相違はない．

SIMSの特徴は，

（1） 分析感度が極めて高く，ppmからppbオーダの不純物の定量が可能である．

（2） 質量分解能が高く，多くの元素を同時に同定できる．

（3） スパッタリングを行いながら測定するため，深さ方向の元素分析が容易にでき，三次元分析が可能である．

などであるが，水素および水素化合物などの軽元素の分析も可能であるのは本方法だけのもつ特徴である．

一次イオンビームはビーム径2〜100 $\mu$mとして試料面を照射し，ビームの中央部のみから出る二次イオンを質量分析計に入れて計測する．これは一次イオンによりスパッタされる穴（クレータ）の縁から出るイオンによる測定誤差を除くためである．SIMSによる深さ方向の元素分析では，一次イオンビームの空間的，時間的均一性，安定性などが重要な要素であることはいうまでもないが，スパッタすることにより生じたガスが装置内に付着したり，残留ガスとして残り，測定誤差の要因となることがある．

二次イオンの脱出深さは元素にもよるが20 Åまでと考えられており，平均として10 Å程度の表面層のイオンを検出していると考えてよい．この値は一次イオンのエネルギーにもよるので，表面分析を目的とする場合には一次イオンのエネルギーは数keV以下と低くして行うのがよいとされている．深さ方向の分解能は材料や条件にもよるが数十Å程度である．一次イオンとしては$He^+$や$O_2^+$などのイオンが用いられることが多い．Siを$O_2^+$ビームを用いて測定する場合，Si表面に酸化膜などの変質層があると酸素イオンのSi中への注入がおこり深さ方向の測定精度を下げることがある．また一次イオンが試料原子と衝突し，試料原子を奥へ押し込むこと（ノックオン効果）もありこれも分析精度を悪くする要因となる．

半導体デバイスではイオン注入による材料の不純物プロファイルやヘテロ接合

### 5.5.6 イオン後方散乱法

1 MeV 以上のエネルギーをもつイオンを試料に照射すると，イオンは試料表面をスパッタせず試料の内部へ侵入する．試料内部に入ったイオンは試料の構成原子と種々の相互作用をして散乱を受ける．散乱されたイオンのエネルギースペクトルより試料内部での相互作用を推定し，材料の分析を行う方法がイオン後方散乱法，あるいはラザフォード後方散乱法 (RBS) と呼ばれる方法である．

入射イオンの速度が試料の構成原子のもつ電子の軌道速度より大きい場合，高速イオンはこの軌道電子を励起し，散乱は非弾性散乱となる．すなわち散乱された後のイオンのエネルギーは散乱前のエネルギーから変化する．

質量 $M_1$，エネルギー $E_1$ のイオンを入射させ，質量 $M_2$ の原子により $\theta$ 方向に散乱された場合，散乱後のイオンのエネルギーは，

$$E' \simeq K(M_1, M_2, \theta) E_1 \tag{5.40}$$

のように表わされ，散乱定数 $K$ は，

$$K^2 = \frac{M_1 \cos\theta}{M_1 + M_2} + \left\{ \left(\frac{M_1 \cos\theta}{M_1 + M_2}\right)^2 + \frac{M_2 - M_1}{M_1 + M_2} \right\}^{1/2} \tag{5.41}$$

で与えられる．もし質量 $M_2$ の原子が試料表面から距離 $l$ の位置にあれば，入射イオンビームが $l$ だけ進むのに一定のエネルギーを失い，また散乱後表面に達するのに同量のエネルギーを失うので，散乱後検出器で検出されるイオンのエネルギーは，

$$E_S = K(M_1, M_2, \theta) \left\{ E_0 - \left(\frac{dE}{dx}\right) l \right\} - \left(\frac{dE}{dx}\right) l \tag{5.42}$$

のように書くことができる．ただし $E_0$ は試料への入射イオンのエネルギー，$(dE/dx)$ はイオンが試料中を進むうちに失うエネルギーを与える微係数である．

散乱後のイオンのエネルギー $E_s$ は試料内で失うエネルギーが小さいときは，およそ，

$$E_s \simeq K(M_1, M_2, \theta) E_0 - S \cdot l \tag{5.43}$$

で与えられ，$S$ を $S$-因子と呼んでいる．

散乱係数 $K$ は標的となる原子の質量 $M_2$ の関数であり，入射イオン（質量 $M_1$）のエネルギー $E_0$ 一定の条件で $E_s$ を測定すると，原子の種類と深さ $l$ の値を決定

図 5.52 に後方散乱スペクトルの原理図を Si 基板上に Au を薄く蒸着した試料の場合について示した.エネルギー $E_0$ で入射されたイオンは Au の表面で散乱され,$E_1$ なるエネルギーで放出される.膜厚 $t$ の Au の膜内の Au 原子で散乱されたイオンは,Au の S-因子 $S_{Au}$ で決まるエネルギーだけ低いエネルギーで放出される.膜厚 $t$ に対応するエネルギー $S_{Au} \cdot t$ だけ低いエネルギー $E_2$ までの散乱イオンは,Au 膜からの散乱によるものである.収量は Au の密度により決まる.厚さ $t$ より深いところにある Si により散乱されたイオンは $E_4$ より低いエネルギーをもって放出されるが,このエネルギーは,表面に Au がない場合に得られるエネルギー $E_3$ より $S_{Au} \cdot t$ だけ低いエネルギーとなることはいうまでもない.

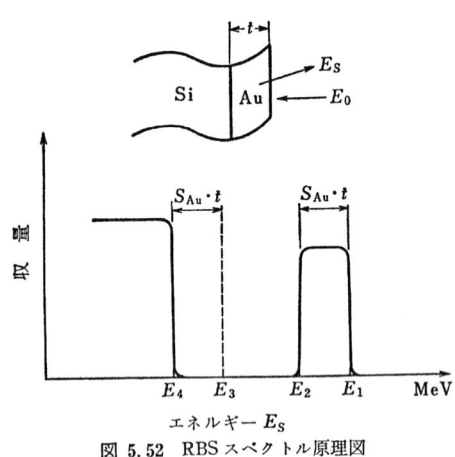

散乱されたイオンの数(後方散乱の収量)は標的原子の数に比例するので,後方散乱イオンのエネルギースペクトルを測定すれば,試料中の原子のプロファイルを決定することができる.しかもこの方法はイオン照射によるスパッタリングを伴わないので,分析を非破壊で行えるという利点がある.

図 5.52 RBS スペクトル原理図

後方散乱法 (BS) 法はほとんどの元素に対して適用できるが,質量が非常に近い元素の識別に対してはそれほど有効な方法ではない.検出器の分解能も今のところよいものがなく,深さ方向の分解能は元素にもよるが 50〜200 Å の程度である.

単結晶に対して BS 法を適用すると,結晶軸の方向により収量が変化することがある.これはチャネリングと呼ばれる現象で,これを用いると単結晶としての結晶性やヘテロ接合での格子整合度などが評価でき,また不純物の入る格子位置などを推定することもできるなど BS 特有の利点があり,上述の欠点はあるものの材料評価の有力な手段となっている.

## 参 考 文 献

1) H. E. Bridgers, *et al.* ed.: "Transistor Technology", Van Nostrand Co., New York, 1958.
2) 筧　昌浩：名古屋大学学位論文, 1970.
3) 鈴置保雄：名古屋大学学位論文, 1978.
4) D. V. Lang: J. Appl. Phys., **45**, 7, p. 3023, 1974.
5) 物理測定技術 5, 光学的測定 (第4章), 朝倉書店, 1967.
6) J. Mort and D. M. Pai ed.: "Photoconductivity and Related Phenomena", Elsevier Scientific Pub. Co., Amsterdam, 1976.
7) J. I. Pankove: "Optical Process in Semiconductors", Prentice-Hall Inc., Englewood Clifts, 1971.
8) P. J. Dean: "Topics in Applied Physics", ed. by J. I. Pankove, Vol. 17, p. 73, Springer-Verlag, 1977.
9) M. Tajima, *et al.*: Proc. Int. Conf. Solid State Devices, p. 97, Tokyo, 1977.
10) R. H. Bube, *et al.*: Phys. Rev., **110**, p. 1040, 1958.
11) B. Monemar, *et al.*: J. Appl. Phys., **47**, p. 2604, 1976.
12) D. G. Thomas, *et al.*: Phys. Rev. Lett., **15**, p. 857, 1965.
13) W. Paul: Proc. Kyoto Summer Institute, Kyoto Japan, p. 72, 1980.
14) A. J. R. de Kork: "Handbook on Semiconductors", ed. by S. P. Keller, Vol. 3, p. 247, North Holland, 1980.
15) C. Kittel: "Introduction to Solid State Physics", p. 60.
16) Morita, *et al.*: Jpn. J. Appl. Phys., Letter, **22**, p. L659, 1983.
17) H. Okamoto *et al.*: Jpn. J. Appl. Phys., Letter, **22**, p. L367, 1983.
18) 菅野他編：表面電子工学, コロナ社, 1979.
19) 白木靖寛：固体物理, **20**, p. 189-196, 1985.
20) D. E. Eastman, *et al.*: Phys. Rev. Lett., **28**, p. 1327, 1972.
21) N. G. Einspruch, *et al.* ed.: "VLSI Electronics-Microstructure Science", Vol. 1〜8, Academic Press Inc.

# 索　引

## あ 行

IMA　222
RBS　223
RDF　205
RHEED　216
アインシュタインの関係　13
アクセス時間　165
アクセプタ　52
圧電結晶　121
圧電効果　104
圧電磁器　121
圧電定数　104
圧粉磁心　162
アニール　38
アバランシェ降伏　68
網状高分子　116
アモルファス　30
アモルファス合金　161
アモルファス半導体　46
アルカリ金属　4
アルニコ　150

EBIC　196
EL　191
EPMA　219
ESCA　220
ESR　188
イオン打込法　85
イオン化不純物散乱　32, 57
イオン後方散乱法　223
イオン性結合　6
イオン分極　92
異常うず電流損　141
移動度　33, 56

異方性磁界　137
インパット　81
インヒビター　157

うず電流損　141

LBIC　197
MO(metal organic)-CVD 法　83
n 形半導体　50
NMR　188
S-因子　223
SEM　207
SIMS　222
STEM　210
X 線回折　203
X 線トポグラフィー　206
X 線マイクロアナリシス　219
XMA　219
XPS　220
XRFS　219
液相　34
液相成長法　41, 170
液体絶縁材料　112
エッチング　201
エネルギーギャップ　24
エネルギー帯　21
エネルギー帯図　47
エバルト球　215
エピタキシャル成長　41
エピタキシャル成長法　83
エポキシ樹脂　116
エミッタ　70
エミッタ効率　70
エリプソメトリー　213
エレクトロルミネセンス　191

オージェ電子分光　218
オーム性接触　65

## か 行

回折像　210
回転磁化　136
界面分極　93
化学シフト　221
可逆磁化率　127
拡散　12
拡散係数　13
拡散定数　58
拡散電位　64, 66
拡散法　84
核磁気共鳴　188
カー効果　107, 188
化合物形　39
化合物半導体　45
カソードルミネセンス　191, 194
価電子帯　21, 48
ガーネット形フェライト　146
可変容量ダイオード　68
ガラス　118
干渉縞　211
間接遷移形　49, 198
ガンダイオード　80
還流磁区　135
緩和時間　32

記憶容量　165
気相　34
気相成長法　41
基礎吸収端　198
気体絶縁材料　112

希土類金属　144
希土類コバルト磁石　152
逆格子ベクトル　25
逆方向　65, 67
キャリヤ　48
吸収係数　197
吸収電流　94
キュリー温度　131
キュリー点　102
キュリー-ワイスの法則　102
強磁性共鳴　140
強磁性体　125
共晶　39
共晶形　38
共晶点　39
強誘電体　101, 120
共有結合　5, 6
許容帯　21
記録容量　165
禁止帯　21
金属　27
金属間化合物　40, 41
金属結合　6, 7
金属磁性粉塗布形　167
金属-半導体接触　63

空間電荷制限形　98
屈折率　106
クラウジウス-モソッティの式　91
クラマース-クローニヒの関係　182, 197

蛍光 X 線分析　219
形状因子　210
形状磁気異方性　133
けい素鋼　156
結合エネルギー　5
結晶磁気異方性定数　132
ケミカルポテンシャル　16
減磁曲線　147
原子磁気モーメント　125
原子分極　92

元素半導体　45
顕微ラマン散乱法　201

交換相互作用エネルギー　130
交換力　125
光起電力効果　76
合金　40
合金散乱　40
格子散乱　57
格子振動　19, 33
格子像　210
硬質磁性材料　147
合成油　113
構造因子　204, 210
高速電子線回折　215
高電界電気伝導　97
光電子分光　220
高透磁率フェライト　162
光導電効果　60
降伏現象　68
高分子物質　20
鉱油　112
小形電動機用磁性鋼帯　157
固相　34
コバルトフェライト　167
固溶体形　37
コール-コールの円弧則　97
コレクタ　70
混成軌道　7

## さ 行

再結合　59
再結合中心　59
再結晶層　40
歳差運動　139
最大エネルギー積　148
最大磁化率　127
最密構造　7
サイリスタ　74
鎖状高分子　113
酸化膜　85
三段モデル　220

残留磁化　127
残留損　141

$g$ 係数　128
磁化曲線　126, 186
磁化困難軸　132
磁化困難方向　132
磁化容易軸　132
磁化容易方向　132
磁化率　124
磁器　119
磁気異方性　132, 187
磁気回転比　128
磁気機械結合係数　174
磁気共鳴　188
磁気記録　165
磁気光学効果　171, 188
磁気光学性能指数　173
磁気光学ファラデー効果　**173**
磁気抵抗効果　62
磁気天秤　185
磁気トルク計　187
磁気バブル　168
磁気ひずみ　133, 187
磁気副格子　126
磁気振子　185
磁気補償温度　132
磁気モーメント　124
磁気余効　141
磁区　126, 133
磁区観察　188
自然共鳴周波数　140
磁束計　186
自発磁化　125
自発分極　101
磁壁　133
磁壁移動　137
磁壁共鳴　141
縞状磁区　135
ジャイロ磁気定数　**128**
周期律表　3
集積回路　87
受光素子　75

# 索　引

シュレディンガー方程式　1
準位(深い)　179
順方向　64, 67
衝撃検流計　186
常磁性　126
常磁性体　125
少数キャリヤ　51, 58
状態図　33
状態密度　30, 52
蒸着　167
焦電効果　105
焦電材料　122
焼鈍　38
消滅則　204
初磁化曲線　127
ショットキー効果　98
シリコン樹脂　117
真空蒸着法　171
真性破壊　99
真性半導体　49
振動試料形磁力計　186

水素結合　6, 8
垂直磁気記録　168
ストークスシフト　194, 201
Srフェライト　152
スパッタ法　171
スパッタリング　167
スピネル形フェライト　145
スピネル構造　145
スピノーダル分解　150
スピン　128
スヌークの限界　140
スレーターポーリング曲線　143

正孔　27, 48
精製　81
静的格子不整　32
静電誘導トランジスタ　74
静電容量　90
整流作用　63
析出層　40
絶縁紙　117
絶縁体　27
絶縁破壊　99
絶縁劣化　101
接合形FET　73
ゼーベック効果　62
セラミックス　119
遷移金属　4, 129, 142
センサ　81
全磁化率　127

走行時間　183
走査形反射電子顕微鏡　207
相図　34
相平衡　36
相律　36
ソフトフェライト　162
損失係数　142
ゾーン精製　82
ゾーンメルト法　162

## た 行

耐熱区分　110
太陽電池　77
多結晶　18
多重反射干渉法　211
多数キャリヤ　51
脱出深さ　218
単位胞　18
単結晶　18
単結晶作製　81
単磁区構造　135
単磁区粒子磁石　149
単磁区理論　136
弾性材料　117

チャネリング　224
中性子線回折　188
超格子構造　216
直接遷移形　49, 198
直線偏光　171

ツェナー降伏　68
ツェナー破壊　100

DLTS　180
TEM　207, 210
TSC　179
TSCAP　180
TSSP　180
$T$-$X$状態図　37
抵抗測定法　177
抵抗率　56
抵抗率測定　176
ディスアコモデーション　163
ディスアコモデーション係数　164
低速電子線回折　215
定電圧ダイオード　68
鉄損　141, 189
デバイの分散式　96
電界効果形トランジスタ　71
電界発光　191
電気・機械破壊　101
電気機器　111
電気光学効果　106
電気光学材料　122
電気絶縁特性　97
電気伝導　31
電子親和力　65
電子スピン共鳴　188
電子線回折　215
電子線プローブX線マイクロアナリシス　219
電子線誘起電流　196
電子的破壊　99
電子なだれ破壊　100
電子分極　92
伝導帯　47
電流増幅率　70

透過形電子顕微鏡　207
透磁率　124, 189
到達率　70
動的格子不整　32
導電率　56

特性X線 219
ドナ 50
ドーピング 51
塗布形記録媒体 165
トラップ 179
ドルーデの理論 21
トンネルダイオード 69

## な 行

内部電界 91
軟磁性材料 155

二次イオン質量分析 221
2相分離変態 150

熱可塑性高分子 113
熱硬化性樹脂 116
熱磁気記録 171
熱刺激電流 179
熱刺激表面電位法 180
熱刺激容量法 189
熱破壊 100
熱劣化 101

## は 行

配位座標 193
配向分極 92, 181
バイポーラトランジスタ 70
薄膜記録媒体 167
発光素子 78
発光ダイオード 78
バブル磁区 169
パーマロイ 158
パーミアンス 148
Baフェライト 151
バリスタ 81
バルクハウゼンジャンプ 127, 138
ハロー 205
ハロゲン 4
反強磁性体 126

反強誘電体 103, 121
半硬質磁性材料 154
反磁界 147
反磁性体 125
反射型電子顕微鏡 207
反ストークスシフト 201
半導体 44
半導体レーザ 79
バンドギャップ 47

HEED 215
P形半導体 52
pn接合の整流特性 66
光振幅変調 109
光の吸収 60
光クエンチ 196
光伝導 183, 195
光伝導度 195
飛行時間法 184
比磁化率 124
光磁気記録 170
非晶質 20
ヒステリシス曲線 126
ヒステリシス損 141
ビッター法 188
ビット 202
比透磁率 124
微分干渉顕微鏡 212
非放射遷移 198
比誘電率 181

ファラデー回転 172
ファラデー効果 188
ファン・デル・ワールス力 7
フェライト 144
フェリ磁性体 126
フェルミエネルギー 16
フェルミ準位 53
フェルミーディラック分布 52
フェルミ分布 14
フェルミ分布関数 15
フェロ磁性体 125
フォトリソグラフィ 86

フォトルミネセンス 191
フォトレジスト 86
フォノン 33
フォノンレプリカ 193
不活性ガス 3
複素透磁率 190
複素誘電率 93
不純物準位 193
不純物半導体 49
ふっ素樹脂 115
フランクーコンドン原理 194
プランク分布 17
ブリルアーン域 25
ブリルアーン散乱 200
ブロッキング電極 183
ブロッホの定理 24
分域 101
分極 90
分光分析法 214
分子磁界 130
分子磁界係数 130
分子性結合 6, 7
分子線エピタキシ 83
粉末図形法 188

平均自由行程 11
平板状磁区 135
ベース 70
ヘテロ接合半導体レーザ 79
ペルチェ効果 63
変位分極 181
偏光解析法 213
偏光面 171
偏析係数 82

ボーア磁子 128
ボーア半径 3
方向性けい素鋼板 157
放電劣化 101
飽和磁化 127
飽和蒸気圧 35
飽和電流 68
補償形半導体 52

# 索 引

保磁力 128
ボーズ分布 16
ポッケルス効果 107
ホッピング 185
ポリイミド 116
ポリエチレン 113
ポリエチレンテレフタレート 116
ポリスチレン 115
ポリプロピレン 115
ホール 27, 48
ホール移動度 61, 178
ホール効果 61, 178
ボルツマン定数 10
ボルツマン方程式 12

## ま 行

マイカ 118
マイクロ波素子 79
マクスウェル-ボルツマン分布 10
マグヘマイト 166
マーデルング定数 6

密度分布 205
無定形構造 20

無輻射遷移 193
無方向性けい素鋼板 157

メイズ磁区 169
迷路磁区 169
メスバウア効果 189

MOS FET 71
モビリティー 33

## や 行

UPS 220
融液成長 42
誘起双極子 90
有機半導体 46
有効質量 27
有効状態密度 53
誘電吸収 95
誘電正接 93
誘電損 181
誘電特性 89
誘電分極 89, 91
誘電分散 95
誘電余効 93
誘電率 89
誘導磁気異方性 133

ユニジャンクショントランジスタ 74
余効関数 94
四探針法 177

## ら 行

ライフタイム 58
ラウエの回折条件 204
ラウエ法 205
ラザフォード後方散乱法 223
ラザフォード散乱 221
ラマン散乱 200

LEED 215
立方晶系 19
履歴曲線 126
臨界温度 35

ルミネセンス 190

冷間圧延法 157
励起子吸収 199
ロッキングカーブ 206
六方晶フェライト 146

### 編　者

**赤﨑　勇**
1952 年　京都大学理学部卒業
1964 年　名古屋大学助教授
　　　　松下電器産業東京研究所基礎研究室長
1981 年　名古屋大学教授
1992 年　名城大学教授
　　　　名古屋大学名誉教授
2014 年　ノーベル物理学賞受賞

### 執筆者

**沢木宣彦**（1章, 5章（5.2を除く））
1968 年　名古屋大学工学部卒業
現　在　名古屋大学名誉教授・工学博士

**吉田　明**（2章）
1962 年　名古屋大学工学部卒業
現　在　豊橋技術科学大学名誉教授・工学博士

**水谷照吉**（3章）
1964 年　名古屋大学工学部卒業
現　在　愛知工業大学客員教授
　　　　名古屋大学名誉教授・工学博士

**綱島　滋**（4章, 5.2）
1968 年　名古屋大学工学部卒業
現　在　名古屋大学教授・工学博士

---

### 電気・電子材料（新装版）

定価はカバーに表示

1985 年 9 月 25 日　初　版第 1 刷
2008 年 10 月 25 日　　　　第 14 刷
2014 年 10 月 25 日　新装版第 1 刷

編　者　赤﨑　　勇
発行者　朝倉　邦造
発行所　株式会社　朝倉書店
　　　　東京都新宿区新小川町 6-29
　　　　郵便番号　162-8707
　　　　電　話 0 3（3 2 6 0）0 1 4 1
　　　　FAX 0 3（3 2 6 0）0 1 8 0
　　　　http://www.asakura.co.jp

〈検印省略〉

© 1985〈無断複写・転載を禁ず〉

新日本印刷・渡辺製本

ISBN 978-4-254-22060-5　C3054　　　Printed in Japan

**JCOPY** 〈(社)出版者著作権管理機構 委託出版物〉

本書の無断複写は著作権法上での例外を除き禁じられています．複写される場合は，そのつど事前に，(社)出版者著作権管理機構（電話 03-3513-6969，FAX 03-3513-6979，e-mail: info@jcopy.or.jp）の許諾を得てください．

東北大 八百隆文・東北大 藤井克司・産総研 神門賢二訳
## 発光ダイオード
22156-5 C3055　　　　　B5判 372頁 本体6500円

豊富な図と演習により物理的・技術的な側面を網羅した世界的名著の全訳版〔内容〕発光再結合／電気的特性／光学的特性／接合温度とキャリア温度／電流流れの設計／反射構造／紫外発光素子／共振器波路発光ダイオード／白色光源／光通信／他

前電通大 木村忠正著
電子・情報通信基礎シリーズ3
## 電子デバイス
22783-3 C3355　　　　　A5判 208頁 本体3400円

理論の解説に終始せず，応用の実際を見据え高容量・超高速性を念頭に置き解説。〔内容〕固体の電気伝導／半導体／接合／バイポーラトランジスタ／電界効果トランジスタ／マイクロ波デバイス／光デバイス／量子効果デバイス／集積回路

前鳥取大 小林洋志著
現代人の物理7
## 発光の物理
13627-2 C3342　　　　　A5判 216頁 本体4700円

光エレクトロニクスの分野に欠くことのできない発光デバイスの理解のために，その基礎としての発光現象と発光材料の物理から説き明かす入門書。〔内容〕序論／発光現象の物理／発光材料の物理／発光デバイスの物理／あとがき／付録

大阪大学光科学センター編
## 光科学の世界
21042-2 C3050　　　　　A5判 232頁 本体3200円

光は物やその状態を見るために必要不可欠な媒体であるため，光科学はあらゆる分野で重要かつ学際性豊かな基盤技術を提供している。光科学・技術の幅広い知識を解説。〔内容〕特殊な光／社会に貢献する光／光で操る・光を操る／光で探る

前電通大 木村忠正・東北大 八百隆文・首都大 奥村次徳・
前電通大 豊田太郎編

## 電子材料ハンドブック
22151-0 C3055　　　　　B5判 1012頁 本体39000円

材料全般にわたる知識を網羅するとともに，各領域における材料の基本から新しい材料への発展を明らかにし，基礎・応用の研究を行う学生から研究者・技術者にとって十分役立つよう詳説。また，専門外の技術者・開発者にとっても有用な情報源となることも意図する。〔内容〕材料基礎／金属材料／半導体材料／誘電体材料／磁性材料・スピンエレクトロニクス材料／超伝導材料／光機能材料／セラミックス材料／有機材料／カーボン系材料／材料プロセス／材料評価／種々の基本データ

黒田和男・荒木敬介・大木裕史・武田光夫・
森 伸芳・谷田貝豊彦編

## 光学技術の事典
21041-5 C3550　　　　　A5判 488頁 本体13000円

カメラやレーザーを始めとする種々の光学技術に関連する重要用語を約120取り上げ，エッセンスを簡潔・詳細に解説する。原理，設計，製造，検査，材料，素子，画像・信号処理，計測，測光測色，応用技術，最新技術，各種光学機器の仕組みほか，技術の全局面をカバー。技術者・研究者必備のレファレンス。〔内容〕近軸光学／レンズ設計／モールド／屈折率の計測／液晶／レーザー／固体撮像素子／物体認識／形状の計測／欠陥検査／眼の光学系／量子光学／内視鏡／顕微鏡／他

光化学協会光化学の事典編集委員会編
## 光化学の事典
14096-5 C3543　　　　　A5判 436頁 本体12000円

光化学は，光を吸収して起こる反応などを取り扱い，対象とする物質が有機化合物と無機化合物の別を問わず多様で，広範囲に応用されている。正しい基礎知識と，人類社会に貢献する重要な役割・可能性を，約200のキーワード別に平易な記述で網羅的に解説。〔内容〕光とは／光化学の基礎Ⅰ—物理化学—／光化学の基礎Ⅱ—有機化学—／様々な化合物の光化学／光化学と生活・産業／光化学と健康・医療／光化学と環境・エネルギー／光と生物・生化学／光分析技術(測定)

上記価格（税別）は2014年9月現在